高等职业院校精品教材系列

校级精品课
配套教材

# 机电一体化系统项目教程

何振俊　主　编

张　建　朱云开　覃嘉恒　副主编

电子工业出版社·

Publishing House of Electronics Industry

北京·BEIJING

## 内 容 简 介

本书是结合机电行业的技术发展和岗位技能要求，以培养应用型、创新型人才为目标，采用"思学做创"教学法而编写的一本创新型教材。全书以典型工作过程为引导开展教学活动，以"思"为主线实施项目任务的教学过程，学中做、做中学、学会思考、学会创新。主要模块内容包括：机械传动及支承零部件、检测技术、伺服传动控制、自动控制技术、典型机电一体化系统、工业机器人、柔性制造系统。通过创新案例开拓学生的创新思维，以资源为基石确保教学方便易行，提供优质仿真实验、工程录像配套资源。

本书为高职高专院校机电类、机械类、电子类、控制类等专业的机电一体化系统课程教材，也可作为应用型本科、成人教育、自学考试、开放大学、中职学校和培训班的教材，以及工程技术人员的参考工具书。

本书配有免费的电子教学课件（该课件获教育部 2013 全国多媒体课件大赛一等奖）、精品课网站，详见前言。

**图书在版编目（CIP）数据**

机电一体化系统项目教程 / 何振俊主编. —北京：电子工业出版社，2014.9

全国高等职业教育规划教材. 精品与示范系列

ISBN 978-7-121-24023-2

Ⅰ. ①机… Ⅱ. ①何… Ⅲ. ①机电一体化－系统设计－高等职业教育－教材 Ⅳ. ①TH-39

中国版本图书馆 CIP 数据核字（2014）第 182369 号

策划编辑：陈健德（E-mail：chenjd@phei.com.cn）
责任编辑：李　蕊
印　　刷：北京虎彩文化传播有限公司
装　　订：北京虎彩文化传播有限公司
出版发行：电子工业出版社
　　　　　北京市海淀区万寿路 173 信箱　邮编　100036
开　　本：787×1 092　1/16　印张：20.5　字数：524.8 千字
版　　次：2014 年 9 月第 1 版
印　　次：2021 年 7 月第 7 次印刷
定　　价：52.00 元

凡所购买电子工业出版社图书有缺损问题，请向购买书店调换。若书店售缺，请与本社发行部联系，联系及邮购电话：（010）88254888，88258888。

质量投诉请发邮件至 zlts@phei.com.cn，盗版侵权举报请发邮件至 dbqq@phei.com.cn。

本书咨询联系方式：chenjd@phei.com.cn。

# 前　言

　　"机电一体化"一词的英文名词是"Mechatronics"，它是取 Mechanics（机械学）的前半部分和 Electronics（电子学）的后半部分拼合而成。它是一个新兴的边缘学科，在国内外目前处于发展阶段，代表着机械工业技术革命的前沿方向。机电一体化实际上是机、电、液、气、光、磁一体化的统称，只不过机电之间的结合更为紧密和常见。因此，掌握机电一体化技术的设计与应用，是高职高专院校理工类专业学生必须具备的基本职业技能之一。

　　本书是结合机电行业的技术发展和岗位技能要求，以培养应用型、创新型人才为目标，采用"思学做创"教学法而编写的一本创新型教材。全书共精心设计了 22 个项目任务，由易入难，循序渐进，每章配以仿真实验和创新设计案例，使学生做中学、学中做，体现以学生为主导的教学特性。

　　全书编写中融合了"思学做创"创新教学法，此教学法的研究报告在 2012 年被评为南通市高等教育教学成果奖一等奖。"思学做创，四位一体"的职业教育创新教学法含义：(1)"思学做创"中的"思 —— 项目思考"是思考之意，要求学生勤思考，多动脑；(2)"学 —— 项目知识"是学习之意，学知识，学技能，学方法；(3)"做 —— 项目实践、仿真实验"是动手之意，做实践，做项目；(4)"创 —— 创新案例"是创造、创新之意，要求学生发挥创新思维，制作创新作品，完成创造发明。"思学做创，四位一体"教学法，以"思"为主线，贯穿于整个教学过程中；以"创"为最终教学目标，达到会创、善创、能创。

　　全书共分为 8 个部分：绪论、机械传动及支承零部件、检测技术、伺服传动控制、自动控制技术、典型机电一体化系统、工业机器人、柔性制造系统。通过创新案例开拓学生的创新思维，以资源为基石确保教学方便易行、手段丰富。

　　本书由何振俊任主编并统稿，张建、朱云开、覃嘉恒任副主编。具体分工为：何振俊编写绪论、模块 5，蔡军编写模块 1，张建编写模块 2 和 7，覃嘉恒编写模块 3，林小宁编写模块 4，朱云开编写模块 6。全书由陆建荣博士主审，康霞龙老师参与书中插图的绘制，张莉和赵娅老师对内容构建提出很好的建议，在此一并表示感谢！

　　由于时间仓促，内容较多，书中肯定存在错误之处，恩请读者提出宝贵意见。

　　本书还配有免费的电子教学课件（该课件获教育部 2013 全国多媒体课件大赛一等奖）、练习题参考答案和精品课网站，请有此需要的教师登录华信教育资源网（http://www.hxedu.com.cn）免费注册后再进行下载，有问题时请在网站留言或与电子工业出版社联系（E-mail：hxedu@phei.com.cn）。读者也可通过该精品课网站（http://210.28.216.200/cai/jdythxtjzhsx/index.html）浏览和参考更多的教学资源。对使用教材 20 册以上的学校，请与出版社联系，可提供实训课件、仿真实验、工程录像资源。

编　者

# 目 录

绪　论

### 1. 机电一体化的产生和发展

现代科学技术的发展极大地推动了不同学科的交叉与渗透，引起了工程领域的技术改造与革命。在机械工程领域，由于微电子技术和计算机技术的迅速发展及其向机械工业的渗透所形成的机电一体化，使机械工业的技术结构、产品机构、功能与构成、生产方式及管理体系发生了巨大变化，使工业生产从"机械电气化"迈入了"机电一体化"的发展阶段。

随着科学技术日益走向整体化、交叉化和数字化，以及微电子技术信息技术的迅速发展，机电一体化技术的应用也越来越广泛。机电一体化技术是跨学科技术，其发展趋势是光机电一体化、柔性化、智能化、仿生物系统化、微型化，其产品功能是通过其内部各组成部分功能的协调和综合来共同实现的。

"机电一体化"一词的英文名词是"Mechatronics"，它是取 Mechanics（机械学）的前半部分和 Electronics（电子学）的后半部分拼合而成的。它是一个新兴的边缘学科，在国内外处于发展阶段，代表着机械工业技术革命的前沿方向。机电一体化最早出现在 1971 年日本杂志《机械设计》的副刊上，随着机电一体化技术的快速发展，机电一体化的概念被人们广泛接受和普遍应用。随着计算机技术的迅猛发展和广泛应用，机电一体化技术获得前所未有的发展。现在的机电一体化技术，是机械和微电子技术紧密集合的一门技术，它的发展使冷冰冰的机器变得人性化、智能化。机电一体化是在以机械、电子技术和计算机科学为主的多门学科相互渗透、相互结合过程中逐渐形成和发展起来的一门新兴边缘技术学科，而机电一体化产品是在机械产品的基础上，采用微电子技术和计算机技术生产出来的新一代产品。机电一体化技术同时也是工程领域不同种类技术的综合及集合，它是建立在机械技术、微电子技术、计算机和信息处理技术、自动控制技术、电力电子技术、伺服驱动技术及系统总体技术基础之上的一种高新技术。所以说，"机电一体化"是机械技术与微电子技术相互交叉、融合的产物。

与传统的机电产品相比，机电一体化产品具有下述优越性。

（1）使用安全性和可靠性提高。机电一体化产品一般都具有自动监视、报警、自动诊断、自动保护等功能。在工作过程中，遇到过载、过压、过流、短路等故障时，能自动采取保护措施，避免和减少人身及设备事故，显著提高设备的使用安全性。

（2）生产能力和工作质量提高。机电一体化产品大都具有信息自动处理和自动控制功能，其控制和检测的灵敏度、精度及范围都有很大程度的提高，通过自动控制系统可精确地保证机械的执行机构按照设计的要求完成预定的动作，使之不受机械操作者主观因素的影响，从而实现最佳操作，保证最佳的工作质量和产品的合格率。同时，由于机电一体化产品实现了工作的自动化，使得生产能力大大提高。例如，数控机床对工件的加工稳定性大大提高，生产效率比普通机床提高 5 ～6 倍。

（3）使用性能改善。机电一体化产品普遍采用程序控制和数字显示，操作按钮和手柄数量显著减少，使得操作大大简化并且方便、简单。机电一体化产品的工作过程根据预设的程序逐步由电子控制系统指挥实现，系统可重复实现全部动作。高级的机电一体化产品可通过被控对象的数学模型及外界参数的变化随机自寻最佳工作程序，实现自动最优化操作。

（4）具有复合功能并且适用面广。机电一体化产品跳出了机电产品的单技术和单功能限制，具有复合技术和复合功能，使产品的功能水平和自动化程度大大提高。机电一体化产品一般具有自动化控制、自动补偿、自动校验、自动调节、自动保护等多种功能，能应用于不同的场合和不同领域，满足用户需求的应变能力较强。例如，电子式空气断路器具有保护特性可调、选择性脱扣、正常通过电流与脱扣时电流的测量、显示和故障自动诊断等功能，使其应用范围大为扩展。

（5）机电一体化产品在安装调试时，可通过改变控制程序来实现工作方式的改变，以适应不同用户对象的需要及现场参数变化的需要。这些控制程序可通过多种手段输入到机电一体化产品的控制系统中，而不需要改变产品中的任何部件或零件。对于具有存储功能的机电一体化产品，可以事先存入若干套不同的执行程序，然后根据不同的工作对象，只需给定一个代码信号输入，即可按指定的预定程序进行自动工作。机电一体化产品的自动化检验和自动监视功能可对工作过程中出现的故障自动采取措施，使工作恢复正常。

现代高新技术（如微电子技术、生物技术、新材料技术、新能源技术、空间技术、海洋开发技术、光纤通信技术及现代医学等）的发展需要具有智能化、自动化和柔性化的机械设备，机电一体化正是在这种巨大的需求推动下产生的新兴领域。微电子技术、微型计算机使信息与智能和机械装置与动力设备有机结合，使产品结构和生产系统发生了质的飞跃。机电一体化产品的功能，除了具有高精度、高可靠性、快速响应外，还将逐步实现自适应、自控制、自组织、自管理等功能。

由于机电一体化技术对现代工业和技术发展具有巨大的推动力，因此世界各国均将其作为工业技术发展的重要战略之一。20 世纪 70 年代，在发达国家兴起了机电一体化热；90 年代，中国把机电一体化技术列为重点发展的十大高新技术产业之一。

机电一体化技术在制造业的应用从一般的数控机床、加工中心和机械手发展到智能机器人、柔性制造系统（FMS）、无人生产车间和将设计、制造、销售、管理集成一体的计算机集成制造系统（CIMS）。机电一体化产品涉及工业生产、科学研究、人民生活、医疗卫生等各个领域，比如集成电路自动生产线、激光切割设备、印刷设备、家用电器、汽车电子、微型机械、飞机、雷达、医学仪器、环境监测等。

机电一体化技术是其他高新技术发展的基础，机电一体化的发展依赖于其他相关技术的发展。可以预料，随着信息技术、材料技术、生物技术等新兴学科的高速发展，在数控机床、机器人、微型机械、家用智能设备、医疗设备、现代制造系统等产品及领域，机电一体化技术将得到更加蓬勃的发展。

以微电子技术、软件技术、计算机技术及通信技术为核心而引发的数字化、网络化、综合化、个性化信息技术革命，不仅深刻地影响着全球的科技、经济、社会和军事的发展，而且也深刻影响着机电一体化的发展趋势。专家预测，机电一体化技术将向以下几个方向发展。

（1）光机电一体化方向。一般机电一体化系统是由传感系统、能源（动力）系统、信息处理系统、机械结构等部件组成。引进光学技术，利用光学技术的特点，就能有效地改进机电一体化系统的传感系统、能源系统和信息处理系统。

（2）柔性化方向。未来机电一体化产品，控制和执行系统有足够的"冗余度"，有较强的"柔性"，能较好地应付突发事件，被设计成"自律分配系统"。在该系统中，各子系统是相互独立工作的，子系统为总系统服务，同时具有本身的"自律性"，可根据不同环境条件做出不同反应。其特点是子系统可产生本身的信息并附加所给信息，在总的前提下，具体"行动"是可以改变的。这样，既明显地增加了系统的能力（柔性），又不因某一子系统的故障而影响整个系统。

（3）智能化方向。今后的机电一体化产品"全息"特征越来越明显，智能化水平越来越高，这主要得益于模糊技术与信息技术（尤其是软件及芯片技术）的发展。

（4）仿生物系统化方向。今后的机电一体化装置对信息的依赖性很大，并且往往在结构上处于"静态"时不稳定，但在"动态"（工作）时却是稳定的。这有点类似于活的生物：当控制系统（大脑）停止工作时，生物便"死亡"，而当控制系统（大脑）工作时，生物就很有活力。就目前情况看，机电一体化产品虽然有向仿生物系统化发展的趋势，但还有一段很漫长的道路要走。

（5）微型化方向。目前，利用半导体器件制造过程中的蚀刻技术，在实验室中已制造出亚微米级的机械元件。当这一成果用于实际产品时，就没有必要再区分机械部分和控制器部分了。那时，机械和电子完全可以"融合"机体，执行结构、传感器、CPU 等可集成在一起，体积很小，并组成一种自律元件。这种微型化是机电一体化的重要发展方向。

机电一体化产品的发展趋势如下。

（1）智能化。智能化即要求机电产品具有一定的智能，使它具有类似人的逻辑思考、判断推理、自主决策等能力。比如在 CNC 数控机床上增加人机对话功能，设置智能 I/O 接口和智能工艺数据库，会给使用、操作和维护带来极大的方便。模糊数学、神经网络、灰色理论、心理学、生理学和混沌动力学等人工智能技术的进步与发展，为机电一体化技术的发展开辟了广阔天地。

（2）数字化。微控制器和接口技术的发展奠定了机电产品数字化的基础，如不断发展的数控机床和机器人；而计算机网络的迅速崛起，为数字化设计与制造铺平了道路，如虚拟设计、计算机集成制造等。数字化要求机电一体化产品的软件具有高可靠性、通用性、易操作性、可维护性、自诊断能力及友好的人机界面。数字化的实现将便于远程控制操作、诊断和修复。

（3）模块化。模块化是一项重要而艰巨的工程。由于机电一体化产品种类和生产厂家繁多，研制和开发具有标准机械接口、动力接口、环境接口的机电一体化产品单元模块是一项复杂而有前途的工作，如研制具有集减速、变频调速电动机一体的动力驱动单元；具有视觉、图像处理、识别和测距等功能的电动机一体控制单元等。这样，在产品开发设计时，可以利用这些标准模块化单元迅速开发出新的产品，从而避免利益的冲突，并能使之标准化、系列化。

（4）网络化。网络技术的兴起和飞速发展给社会各个领域带来了巨大变革。由于网络的普及，基于网络的各种远程控制和监视技术方兴未艾。而远程控制的终端设备本身就是机电一体化产品，现场总线和局域网技术使家用电器网络化成为可能，利用家庭网络把各种家用电器连接成以计算机为中心的计算机集成家用电器系统，使人们在家里可充分享受各种高新技术带来的好处，因此，机电一体化产品无疑应朝网络化方向发展。

（5）自源化。自源化是指机电一体化产品自身带有能源，如太阳能电池、燃料电池和大容量电池。由于在许多场合无法使用电能，因而对于运动的机电一体化产品，自带动力源具有独特的好处。

（6）人性化。人性化是各类产品的必然发展方向。机电一体化产品除了完善的性能外，还要求在色彩、造型等方面与环境相协调。使用这些产品，对人来说更自然，更接近生活习惯。

（7）微型化。微型化是机电一体化向微型机器和微观领域发展的趋势。微机电系统是指可批量制作的，集微型机构、微型传感器、微型执行器及信号处理和控制电路，直至接口、通信和电源等于一体的微型器件和系统。微机电系统产品体积小、能耗少、运动灵活，在生物医疗、信息等方面具有不可比拟的优势。

（8）绿色化。工业发达给人们的生活带来巨大变化，在物质丰富的同时也带来资源减少、生态环境恶化的后果，所以绿色产品的概念在这种呼声中应运而生。绿色产品是指低能耗、低材耗、低污染、舒适、协调且可再生利用的产品，在其设计、制造、使用和销毁时应符合环保和人类健康的要求。机电一体化产品的绿色化主要是指在其使用时不污染生态环境，产品寿命结束时，产品可分解和再生利用。

**2．机电一体化的相关技术**

机电一体化系统是多学科技术的综合应用，是技术密集型的系统工程，其技术组成包括精密机械技术、检测传感技术、信息处理技术、自动控制技术、伺服传动技术及系统总体技术等。现代的机电一体化产品甚至还包含了光、声、化学、生物技术应用，这些技术主要体现在以下6个方面（如图0-1所示）。

1）精密机械技术（基础）

实现机电一体化产品的主功能和构造功能，影响系统的结构、质量、体积、刚性、可靠性等。

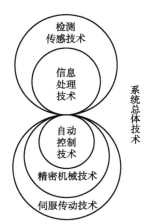

图 0-1　机电一体化的相关技术图

2）检测传感技术（感官）关键技术

研究对象：传感器及其信号检测装置（即变送器）。

作　　用：感受器官、反馈环节。

要　　求：能快速、精确地获得信息并在相应的应用环境中具有高可靠性。

3）信息处理技术（计算机）

主要完成信息的交换、存取、运算、判断和决策等，其主要工具是计算机。

4）自动控制技术（最佳化）

关于软件方面的技术，主要以控制理论为指导，包括控制系统设计、仿真、现场调试、可靠运行等。

5）伺服传动技术（传动，分液压、电动和气压）

研究对象：执行元件及其驱动装置。

执行元件种类：电动、液压、气压。

驱动装置：各种电动机的驱动电源电路。

6）系统总体技术（整体）

系统总体技术从整体目标出发，用系统工程的观点和方法，将系统各个功能模块有机结合起来，以实现整体最优。其重要内容为接口技术，接口包括电气接口、机械接口、人机接口。

**3．机电一体化系统的基本功能要素**

机电一体化系统由机械本体（机构）、信息处理与控制部分（计算机）、能源部分（动力源）、驱动部分、检测部分（传感器）、执行元件部分 6 个子系统组成，如图 0-2 所示。

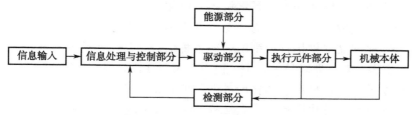

图 0-2　机电一体化系统组成

机电一体化系统是由若干具有特定功能的机械与微电子要素组成的有机整体，具有满足人们使用要求的功能（目的功能）。根据不同的使用目的，要求系统能对输入的物质、能量和信息（即工业三大要素）进行某一处理，输出所需要的物质、能量和信息。

因此，系统必须具有以下三大"目的功能"：变换（加工、处理）功能、传递（移动、输送）功能和存储（保持、积累、记录）功能，如图 0-3 所示。

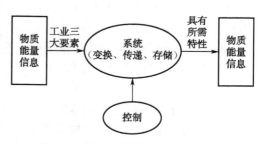

图 0-3　物质、能量和信息的流动图

1）机电一体化系统（或产品）的五大要素及其对应的五大功能

机电一体化产品的功能是通过其内部各组成部分功能的协调和综合来共同实现的。从其结构来看，机电一体化产品具有自动化、智能化和多功能的特性，而实现这种多功能一般需要机电一体化产品具备五种内部功能，即操作功能、动力功能、检测功能、控制功能和构造功能，如图 0-4（b）所示。而实现这些功能的各个组成部分及其技术就构成了机电一体化产品的总体或系统，如图 0-4（a）所示。

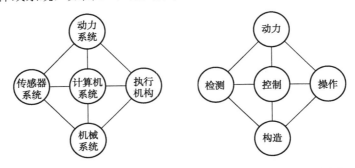

（a）机电一体化系统的五大要素　　（b）机电一体化系统的五大功能

图 0-4　机电一体化系统的五大要素及其对应的五大功能

（1）机械系统。机电一体化产品的机械系统包括机身、框架、机械传动和连接等机械部分。这部分是实现产品功能的基础，因此对机械结构提出了更高的要求，需在结构、材料、工艺加工上提高要求。

（2）动力系统。动力系统为机电一体化产品提供能量和动力，去驱动执行机构工作以完成预定的功能。动力系统包括电、液、气等动力源。机电一体化产品以电能为主，包括电源、电动机及驱动电路等。

（3）传感器系统。传感器的作用是将机电一体化产品在运行过程中所需要的自身和外界环境的各种参数转换成可以测定的物理量，同时利用检测系统的功能对这些物理量进行测定，为机电一体化产品提供运行控制所需的各种信息。传感与检测系统的功能一般由测量仪器或仪表来实现，对其要求是体积小、便于安装与连接、检测精度高、抗干扰等。

（4）计算机系统。根据机电一体化产品的功能和性能要求，计算机系统接收传感器系统反馈的信息，并对其进行相应的处理、运算和决策，以对产品的运行施以按照要求的控制，实现控制功能。在机电一体化产品中，计算机系统主要由计算机的软件、硬件及相应的接口组成。

（5）执行机构。执行机构在控制信息的作用下完成要求的动作，实现产品的预定功能。机电一体化产品的执行机构一般是运动部件，常采用机械、电动、液动、气动等机构。执行机构因机电一体化产品的种类和作业对象不同而有较大的差异。执行机构是实现产品目的功能的直接执行者，其性能好坏决定着整个产品的性能，因而是机电一体化产品中最重要的组成部分。

机电一体化产品的五个组成部分在工作时相互协调，共同完成所规定的目的功能。在结构上，各组成部分通过各种接口及其相应的软件有机地结合在一起，构成一个内部匹配合理、外部效能最佳的完整产品。

2）机电一体化系统的内部与外部接口

机电一体化系统的内部与外部接口如图 0-5 所示。

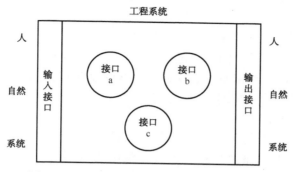

图 0-5　机电一体化系统的内部与外部接口

### 4. 机电一体化系统的分类及设计方法

1）机电一体化系统的分类

（1）从控制的角度分类，机电一体化系统可分为开环控制和闭环控制。

开环控制的机电一体化系统是没有反馈的控制系统，这种系统的输入直接送给控制器，并通过控制器对受控对象产生控制作用。一些家用电器、简易 NC 机床和精度要求不高的机电一体化产品都采用开环控制方式。开环控制机电一体化系统的优点是结构简单、成本低、维修方便，缺点是精度较低、对输出和干扰没有诊断能力。

闭环控制的机电一体化系统的输出结果经传感器和反馈环节与系统的输入信号比较产生输出偏差，输出偏差经控制器处理再作用到受控对象，对输出进行补偿，实现更高精度的系统输出。现在的许多制造设备和智能的机电一体化产品都选择闭环控制方式，如数控机床、加工中心、机器人、雷达、汽车等。闭环控制的机电一体化系统具有高精度、动态性能好、抗干扰能力强等优点。它的缺点是结构复杂，成本高，维修难度较大。

（2）从用途分类，机电一体化系统的种类繁多，如机械制造业机电一体化设备、电子器件及产品生产用自动化设备、军事武器及航空航天设备、家庭智能机电一体化产品、医学诊断及治疗机电一体化产品，以及环境、考古、探险、玩具等领域的机电一体化产品等。

（3）从产品的功能分类，可以将其分成下述几类：

① 数控机械类。主要产品包括数控机床、机器人、发动机控制系统及全自动洗衣机等。这类产品的特点是执行机构为机械装置。

② 电子设备类。主要产品包括电火花加工机床、线切割机、超声波加工机及激光测量仪等。这类产品的特点是执行机构为电子装置。

③ 机电结合类。主要产品包括自动探伤机、形状自动识别装置、CT 扫描诊断机及自动售货机等。这类产品的特点是执行机构为电子装置和机械装置的有机结合。

④ 电液伺服类。主要产品为机电液一体化的伺服装置，如电子伺服万能材料试验机。这类产品的特点是执行机构为液压驱动的机械装置，控制机构是接收电信号的液压伺服阀。

⑤ 信息控制类。主要产品包括传真机、磁盘存储器、磁带录像机、录音机、复印机

等。这类产品的主要特点是执行机构的动作由所接收的信息类信号来控制。除此之外，机电一体化产品还可根据机电技术的结合程度分为功能附加型、功能替代型和机电融合型三类。

2）机电一体化系统（或产品）设计方案的常用方法

机电一体化系统（或产品）的设计过程中，一直要坚持贯彻机电一体化技术的系统思维方法，要从系统整体的角度出发分析研究各个组成要素间的有机联系，从而确定系统各环节的设计方法，并用自动控制理论的相关手段，进行系统的静态特性和动态特性分析，实现机电一体化系统的优化设计。

（1）取代法。取代法就是用电气控制取代原系统中的机械控制机构。该方法是改造旧产品、开发新产品或对原系统进行技术改造常用的方法，也是改造传统机械产品的常用方法。

（2）整体设计法。整体设计法主要用于新产品的开发设计。在设计时完全从系统的整体目标出发，考虑各子系统的设计。

（3）组合法。组合法就是选用各种标准功能模块组合设计成机电一体化系统。

3）现代设计方法

现代设计方法是以计算机为辅助手段进行系统（或产品）设计方法的总称。

机电一体化设计方法与现代设计方法的融合是优质、高效、快速实现机电一体化系统（或产品）设计的有效方法和基本条件。其设计方法主要有计算机辅助设计与制造（CAD/CAM）、并行工程设计——全寿命周期设计、虚拟产品设计与实现、快速响应设计、绿色环保产品设计、反求设计、网络协同合作设计等。

**实例 1** 机电一体化系统在数控机床中的应用如图 0-6 所示。

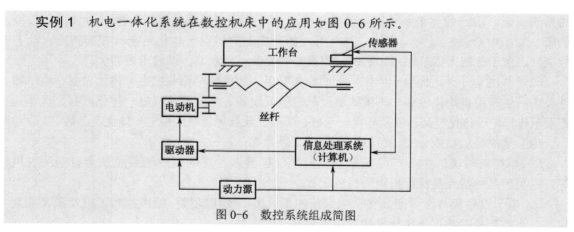

图 0-6　数控系统组成简图

# 小　结

机电一体化实际上是机、电、液、气、光、磁一体化的统称，只不过机电之间的结合更紧密和常见而已。

机电一体化通过综合利用现代高新技术的优势，在提高精度、增强功能、改善操作性和使用性、提高生产率和降低成本、节约能源和降低消耗、减轻劳动强度和改善劳动条件、提高安全性和可靠性、简化结构和减轻质量、增强柔性和智能化程度、降低价格等诸多方面都取得了显著的技术经济效益和社会效益，促使社会和科学技术又向前大大迈进了一步。

　　机电一体化是集机械、电子、光学、控制、计算机、信息等多学科的交叉综合，它的发展和进步依赖并促进相关技术的发展和进步。

## 课后练习 0

1. 什么是机电一体化？
2. 试分析机电一体化技术的组成及相关关系。
3. 试简述机电一体化系统的设计方法。
4. 试分析机电一体化系统中接口的作用。
5. 试分析机电一体化技术在打印机中的应用。
6. 试分析家用洗衣机脱水系统的工作原理，说明它是如何体现机电一体化技术的。
7. 列举各行业机电一体化产品的应用实例，并分析各产品中相关技术应用情况。

# 模块 1　机械传动及支承零部件

**教学导航**

| | |
|---|---|
| 学习目标 | 1. 掌握机电一体化对机械传动的基本要求；<br>2. 掌握滚珠丝杠副的工作原理、滚珠循环方式及结构设计；<br>3. 掌握常用直线滚动导轨的类型与选择；<br>4. 熟悉谐波齿轮减速器的工作原理、特点及典型部件的结构设计计算。 |
| 重点 | 1. 滚珠丝杠副的结构设计；<br>2. 直线导轨的工作原理及典型结构问题；<br>3. 谐波齿轮减速器主要零部件的设计计算。 |
| 难点 | 1. 滚珠丝杠副的结构设计计算；<br>2. 直线导轨的结构问题；<br>3. 谐波齿轮减速器主要零部件的设计计算。 |

## 模块导学

本章分别介绍滚珠丝杠传动、直线导轨机构和谐波齿轮减速器三个独立的机电一体化，学生主要从机械传动及支承零部件方面来分析这三个典型系统实例，从而找出机电结合的方法，关键在于机电一体化的机械系统。

传统的机械传动只是把动力部分产生的运动和动力传递给执行部分的中间装置，是一种扭矩和转速的变换器，若要实现复杂的机械传动，必然会带来复杂的机械机构。机电一体化机械系统是由计算机信息网络协调与控制的，用于完成包括机械力、运动和能量流等动力学任务的机械及机电部件相互联系的系统。其核心是由计算机控制的，包括机械、电力、电子、液压、光学等技术的伺服系统。它的主要功能是完成一系列规定的运动，而每一个规定的动作都可由控制电动机、传动机构和执行机构等组成的子系统来完成，各个子系统则由计算机来控制。

机电一体化系统的机械系统与一般的机械系统相比，除了要求较高的制造精度外，还应具有良好的动态响应特性，即快速响应和良好的稳定性。

### 1. 高精度

高精度的机械系统是机电一体化系统完成精确机械操作的基础。如果机械系统本身的精度都不能满足使用要求，那么无论其他子系统的控制工作如何精确，也都无法完成机电一体化系统规定的机械动作。

### 2. 快速响应

机电一体化系统的快速响应就是要求机械系统从接到指令到开始执行之间的时间间隔短，这样控制系统才能根据机械系统的运行情况及时获取信息，从而进行决策、下达指令，使其得以精确地完成任务。

### 3. 良好的稳定性

机电一体化系统要求其机械装置在温度、振动等外界干扰的作用下依然能够正常稳定地工作，即系统抵御外界环境的影响和抗干扰能力强。

此外，机电一体化的机械系统还要求具有体积小、质量轻、高可靠性和寿命长等特点。

# 项目 1-1 滚珠丝杠传动

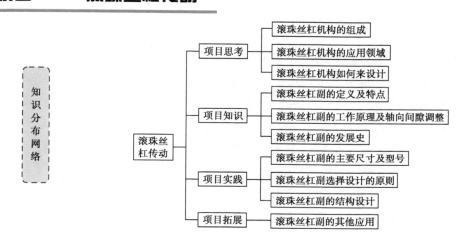

## 项目思考——机床工作台用精密滚珠丝杠副的组成与结构

如图 1-1 所示是一台大连机床 CKD 系列机床，该类机床为纵（Z）、横（X）两坐标控制的数控卧式车床。它能加工各种轴类和盘类零件，适用于多品种、中小批量产品的生产，同时该机床的工作台采用了精密滚珠丝杠副，所以对于复杂、高精度零件的加工尤能显示其优越性。本项目通过对滚珠丝杠副的熟悉、了解，进一步清楚知道滚珠丝杠副的结构组成、滚珠的循环方式、轴向间隙的调整、结构设计计算、未来发展趋势等。

图 1-1　大连机床 CKD6150 数控车床

从四个方面去思考：

（1）滚珠丝杠副的组成与原来的丝杠有哪些区别？

（2）滚珠丝杠副的滚珠循环方式有哪些？

（3）滚珠丝杠副的轴向间隙如何调整？

（4）滚珠丝杠副的结构如何设计？

### 1-1-1　滚珠丝杠副的定义及特点

滚珠丝杠副又名滚珠螺杆副，它是在丝杠与螺母间以钢球为滚动体的螺旋传动元件。它可将旋转运动转变为直线运动，或者将直线运动转变为旋转运动。因此滚珠丝杠副既是传动元件，也是直线运动与旋转运动的相互转化元件。

滚珠丝杠副是机电一体化系统中一种新型的螺旋传动机构，它虽然结构复杂、制造成本高、不能自锁，但其摩擦阻力矩小、传动效率高（92%～98%）、精度高、系统刚度好、运动具有可逆性、使用寿命长，因此在机电一体化系统中得到广泛的应用。滚珠丝杠的特点如下。

#### 1．传动效率高

滚珠丝杠传动系统的传动效率高达 92%～98%，为传统滑动丝杠系统的 2～4 倍，耗费的能量仅为滑动丝杠的 1/3。

#### 2．传动精度高

经过淬硬并精磨螺纹滚道后的滚珠丝杠副本身具有很高的制造精度，又由于是滚动摩擦，摩擦力小，所以滚珠丝杠传动系统在运动中温升较小，并可消除轴向间隙和对丝杠进行预拉伸以补偿热伸长，因此可以获得较高的定位精度和重复定位精度。

#### 3．可微量进给

滚珠丝杠传动系统是高副运动机构，在工作中摩擦力小、灵敏度高、启动平稳，低速时无爬行现象，因此可以精密地控制微量进给。

#### 4．同步性好

由于运动平稳、反应灵敏、无阻滞、无滑移，用几套相同的滚珠丝杠传动系统同时传动几个相同的部件，可以获得很好的同步效果。

### 5. 高可靠性

与其他传动机械相比，滚珠丝杠传动只需要一般的润滑与防尘，有的特殊场合甚至都无须润滑便可工作，系统的故障率也很低，其一般的使用寿命要比滑动丝杠高 5～6 倍。

## 1-1-2 滚珠丝杠副的工作原理及轴向间隙调整

滚珠丝杠传动机构的工作原理如图 1-2 所示，丝杠 4 和螺母 1 的螺纹滚道内置有滚珠 2。当丝杠转动时，带动滚珠沿螺纹滚道滚动，从而产生滚动摩擦。为了防止滚珠从螺纹滚道端面掉出，在螺母的螺旋槽两端设有滚珠回程引导装置 3 构成滚珠的循环返回通道，从而形成滚珠流动的闭合通路。

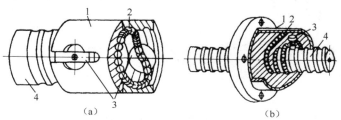

（a）　　　　　　　　　　（b）

1—螺母；2—滚珠；3—回程引导装置；4—丝杠

图 1-2　滚珠丝杠传动机构的工作原理

在滚珠丝杠副中，利用滚道内的滚珠，将丝杠与螺母之间的滑动摩擦转变成了滚动摩擦，同时滚珠在滚道内反复循环，滚珠循环的方式主要有内循环和外循环两种。

### 1. 内循环

当滚珠丝杠副采用内循环方式时，其滚珠在整个循环过程中始终与丝杠表面保持接触。内循环方式的特点主要是滚珠循环的路程短、循环流畅、效率高，结构尺寸也较小，但回程引导装置的加工困难，装配调整也不方便，最常用的结构如图 1-2（a）所示。在螺母 1 的侧面孔内装有接通相邻滚道的回程引导装置 3，利用它引导滚珠 2 越过丝杠 4 的螺纹顶部进入相邻的滚道，从而形成一个循环回路。一般在同一螺母上装有 2～4 个回程引导装置，并沿螺母四周均匀分部。

### 2. 外循环

外循环方式中，滚珠在循环返向时，有一段脱离丝杠螺旋滚道，在螺母体内或体外做循环运动。外循环方式的结构制造工艺简单，但其滚道接缝处很难做到平滑，从而会影响到滚珠滚动的稳定性，甚至发生卡珠现象，噪声也较大。外循环方式按结构形式来分，可分为螺旋槽式、插管式和端盖式三种。

#### 1）螺旋槽式

如图 1-3 所示，在螺母 2 的外圆表面上通过铣削加工，加工出螺纹凹槽，凹槽的两端通过钻削，钻出两个与螺旋滚道相切的通孔，同时在螺纹滚道内装有两个挡珠器 4 来引导滚珠 3 通过凹槽两端的通孔，再应用套筒 1 盖住凹槽，从而形成滚珠的循环回路。这类结构的特点是工艺简单，径向尺寸小，容易制造，但是挡珠器的刚性差，容易磨损。

2）插管式

如图 1-4 所示，在插管式结构中，利用弯管 1 来代替螺旋凹槽，将其两端分别插入与螺旋滚道相切的两个内孔，以其端部来引导滚珠 3 进入弯管，从而构成滚珠的循环回路，再用压板 2 和螺钉将弯管固定。这类结构的特点是结构简单，容易制造，但是它的径向尺寸较大，弯管端部用做挡珠器比较容易磨损。

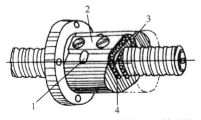

1—套筒；2—螺母；3—滚珠；4—挡珠器

图 1-3　螺旋槽式

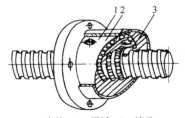

1—弯管；2—压板；3—滚珠

图 1-4　插管式

3）端盖式

如图 1-5 所示，该结构的滚子回程滚道主要是在螺母 1 上钻出的纵向孔，同时在螺母两端装有两块扇形盖板或套筒 2，这样就在盖板上形成了滚珠的回程道口。滚道半径为滚珠直径的 1.4～1.6 倍。这种方式结构简单、工艺性好，但滚道吻接处和弯曲处圆角不易加工准确而影响了其性能，故应用很少，常以单螺母形式用做升降传动机构。

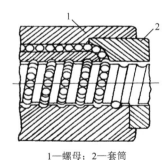

1—螺母；2—套筒

图 1-5　端盖式

滚珠丝杠副在使用过程中，除了要求本身单一方向的传动精度较高以外，还对其轴向间隙有着严格的要求，从而保证其反向的传动精度。滚珠丝杠副的轴向间隙是承载时在滚珠与滚道型面接触点的弹性变形所引起的螺母位移量和螺母原有间隙的总和。在滚珠丝杠机构中，一般采取双螺母预紧的方法，将弹性变形控制在最小限度内，从而减小或部分消除轴向间隙，提高滚珠丝杠副的刚度。

目前制造的单螺母式滚珠丝杠副的轴向间隙达 0.05 mm，而采用双螺母的结构方式后，通过施加预紧力进行调整，基本上可以消除轴向间隙。但采用双螺母的结构方式时应注意以下两点。

（1）在施加预紧力的时候，要严格控制预紧力的大小，切忌过小或过大。预紧力过小将不能保证无隙传动，预紧力过大会使空载力矩增加，从而降低传动效率，缩短使用寿命。因此，一般需要经过多次调整，以保证既能消除间隙又能灵活运转。施加的预紧力不能超过最大轴向负载的1/3。

（2）要特别注意减小丝杠安装部分和驱动部分的间隙，这些间隙仅仅依靠预紧的方法是无法消除的，但它对传动精度也有着直接的影响。

常用的双螺母消除轴向间隙的结构形式有以下三种。

（1）垫片调隙式，如图 1-6 所示。该结构通常用螺钉来连接滚珠丝杠两个螺母的凸缘，同时在凸缘间加垫片。通过调整添加垫片的厚度使螺母产生轴向位移，从而达到消除间隙和产生预紧力的目的。双螺母垫片预紧调隙式结构的特点是结构简单、可靠性好、刚度高、装卸方便、应用广泛，但调整过于费时，并且在工作中不能随意调整，除非更换厚度不同的垫片。

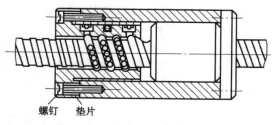

图 1-6　垫片调隙式滚珠丝杠副

（2）螺纹调隙式，如图 1-7 所示。该结构的两个螺母中，一个螺母的外端有凸缘，而另外一个螺母的外端没有凸缘，但制有螺纹，它伸出套筒外，并且由两个圆螺母固定。旋转圆螺母时，即可消除间隙并产生预紧力，调整之后再利用另外一个圆螺母将它锁紧。双螺母螺纹预紧调隙式结构的特点是结构简单、刚性好、预紧可靠，在使用过程中调整起来比较方便，但不能精确地调整。

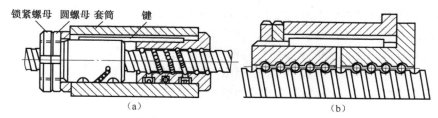

图 1-7　螺纹调隙式滚珠丝杠副

（3）齿差调隙式，如图 1-8 所示。该结构在两个螺母的凸缘上都制有圆柱齿轮，两者齿数相差一个齿，并装入内齿圈内，再利用螺钉或定位销将内齿圈固定在套筒上。在调整的过程中，先取下两端的内齿圈，当两个滚珠螺母相对于套筒同方向转动相同齿数时，一个滚珠螺母对另外一个滚珠螺母产生相对角位移，使滚珠螺母对于滚珠丝杠的螺母滚道相对移动，达到消除间隙并施加预紧力的目的。

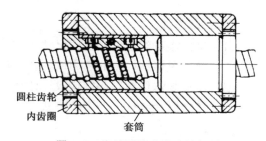

图 1-8　齿差调隙式滚珠丝杠副

假设两个圆柱外齿轮齿数分别为 $Z_1$、$Z_2$（$Z_2 - Z_1 = 1$），当两个螺母按相同方向转过一个轮齿时，所产生的相对轴向位移为：

$$\Delta S = \left(\frac{1}{Z_1} - \frac{1}{Z_2}\right)P_h = \frac{Z_2 - Z_1}{Z_1 Z_2}P_h = \frac{P_h}{Z_1 Z_2} \tag{1-1}$$

式中，$P_h$ 为导程。

若 $Z_1 = 99$，$Z_2 = 100$，$P_h = 6$ mm，则 $\Delta S = 0.6\ \mu m$。由此可以看出双螺母齿差预紧调隙式结构的特点是可实现定量调整，而且调整精度很高，工作可靠，使用中调整较方便，但其结构较为复杂，加工和装配的工艺性能较差。

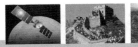

### 1-1-3 滚珠丝杠副的发展史

早在 19 世纪末就发明了滚珠丝杠副，并于 1874 在美国获得专利，至今已有 100 多年的历史了。1879 年的德国专利和 1906 年的英国专利，也都介绍了滚珠丝杠副不同的设计方法。但在发明后相当长的一段时间里，滚珠丝杠副都因制造难度太大、成本太高而未能得到实际的应用。

世界上第一个使用滚珠丝杠副的是美国通用汽车公司萨吉诺分厂，它将滚珠丝杠副机构应用于汽车的转向机构上，并且从 1940 年起，美国就开始成批生产用于汽车转向机构的滚珠丝杠副。由于设计技术、制造工艺的发展，到了 1943 年，精密滚珠丝杠副传动开始应用于航空机械。1947 年，随着数字控制机床的出现，滚珠丝杠副就成了数控机床较理想的传动元件。之后，精密螺纹磨床的出现使滚珠丝杠副在精度和性能上产生了较大的飞跃，并且数控机床和各种自动化设备的发展更促进了对滚珠丝杠副的研究，同时也加速扩大了滚珠丝杠机构的生产规模。从 20 世纪 50 年代开始，在工业发达的国家中，滚珠丝杠副生产厂家如雨后春笋般迅速出现，如美国的 WARNER-BEAVER 公司、GM-SAGNAW 公司，英国的 ROTAX 公司，日本的 NSK 公司、TSUBAKI 公司等。我国早在 20 世纪 50 年代末期就开始研制用于数控机床的滚珠丝杠副。近三十年来，滚珠丝杠副所具有的高速度、高精度等优良性能随着现代化机械的发展而得到前所未有的广泛应用。

应用领域：传统的应用行业，如数控机床、机械传动、汽车行业等；精加工后的精密滚珠丝杠副还广泛应用于某些特殊领域，如航空、宇航、石油钻井、核工业等，并且部分产品早已民用化。

## 项目实践——滚珠丝杠副设计

### 1. 实践要求

（1）掌握滚珠丝杠副的主要尺寸参数及型号标注；

（2）熟悉滚珠丝杠副的选用原则及选择设计的注意事项；

（3）掌握滚珠丝杠副的结构设计计算；

（4）熟悉滚珠丝杠副的安装方式。

### 2. 实践过程

1）滚珠丝杠副的主要尺寸参数及型号标注

滚珠丝杠副的主要尺寸参数如图 1-9 所示，它的主要尺寸参数如下所示。

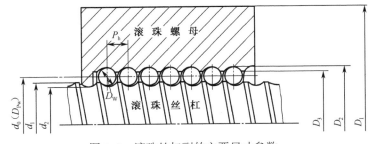

图 1-9 滚珠丝杠副的主要尺寸参数

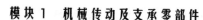
（1）公称直径 $d_0$：指滚珠与螺纹滚道在理论接触角状态时包络滚珠珠心的圆柱直径。它是滚珠丝杠副的特征尺寸，与承载能力直接相关，常用范围为 30～80 mm，一般大于丝杠长度的 1/35。

（2）导程 $P_h$：它是指丝杠相对于螺母旋转 $2\pi$ 弧度时，螺母上基准点的轴向位移。导程大小的确定主要根据机床加工精度的要求。加工精度较高时，导程就小一点；加工精度较低时，导程就选大些。但导程取小之后，不改变滚珠的直径，将会减小螺旋升角，从而降低传动效率。因此，一般选用导程时应遵循的原则是在满足机床加工精度的条件下应尽可能地取大一些。

（3）行程 $l$：它是丝杠相对于螺母旋转任意弧度时，螺母上基准点的轴向位移。

除此之外还有丝杠螺纹大径 $d$、丝杠螺纹小径 $d_1$，滚珠直径 $D_w$、螺母螺纹大径 $D$、螺母螺纹小径 $D_1$，丝杠螺纹全长 $l_1$ 等。

根据 GB/T17587.1—1998 的规定，滚珠丝杠副的型号根据其结构、规格、精度和螺纹旋向等特征，由字母和数字组成，共有 9 位代号，如图 1-10 所示。

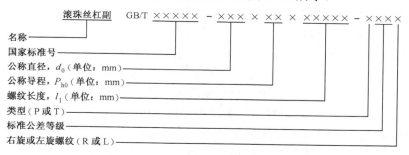

图 1-10　滚珠丝杠副的型号标注

一般厂商往往会省略 GB 字符，以其产品的结构类型号开头，其标注如图 1-11 所示。

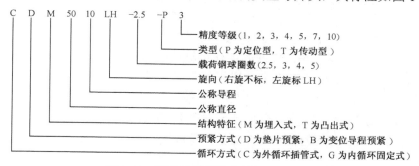

图 1-11　滚珠丝杠副的企业标注示例

滚珠丝杠副的结构、规格、精度和螺纹旋向等特征代号见表 1-1。

表 1-1　滚珠丝杠副的特征代号

| | 名　称 | 代号 | | 名　称 | 代号 | | 名　称 | 代号 | | 名称 | 代号 |
|---|---|---|---|---|---|---|---|---|---|---|---|
| 循环方式 | 内循环浮动式 | F | 预紧方式 | 单螺母变位导程预紧 | B | 负荷钢球圈数 | 1.5 圈 | 1.5 | 精度等级 | 1 级 | 1 |
| | 内循环固定式 | G | | 单螺母增大钢球直径 | Z | | 2.0 圈 | 2 | | 2 级 | 2 |
| | 外循环插管式 | C | | 单螺母无预紧 | W | | 2.5 圈 | 2.5 | | 3 级 | 3 |

续表

| | 名　称 | 代号 | | 名　称 | 代号 | 名　称 | 代号 | 名称 | 代号 |
|---|---|---|---|---|---|---|---|---|---|
| 结构 | 导珠管埋入式 | M | 预紧方式 | 双螺母垫片预紧 | D | 3.0 圈 | 3 | 4 级 | 4 |
| 特征 | 导珠管凸出式 | T | | 双螺母齿差预紧 | C | 3.5 圈 | 3.5 | 5 级 | 5 |
| 螺纹 | 右旋螺纹 | 不标 | | 双螺母螺帽预紧 | L | 4.0 圈 | 4 | 6 级 | 6 |
| 旋向 | 左旋螺纹 | LH | 类型 | 定位滚珠丝杠 | P | 4.5 圈 | 4.5 | 7 级 | 7 |
| | | | | 传动滚珠丝杠 | T | | | 10 级 | 10 |

例如，某机床厂标注为 CDM50 10-3-P3，表示外循环插管式、双螺母垫片预紧、导珠管埋入式的滚珠丝杠副，其公称直径为 50 mm，公称导程为 10 mm，右旋螺纹，载荷钢球为 3 圈，精度等级为 3 级的定位滚珠丝杠副。南京工艺装备制造厂的 CMFZD40×8-3.5-C3/1 400×1 000，表示循环外插管埋入式法兰直筒组合双螺母垫片预紧，公称直径为 40 mm，公称导程为 8 mm，载荷钢球为 3.5 圈，C 级精度检查 1~3 项，右旋螺纹。

2）滚珠丝杠副选择设计的原则

随着 NC 机床及精密数控技术的发展，滚珠丝杠副的性价比已经相当高，无特别大的载荷要求时，都选择滚珠丝杠副，它具有价格相对便宜、效率高、精度可选范围广、尺寸标准化、安装方便等优点。在精度要求不是太高时，通常选择冷轧滚珠丝杠副，以便降低成本；在精度要求高或载荷超过冷轧丝杠额定载荷时，需选择磨制或旋铣滚珠丝杠副。不管何类滚珠丝杠副，螺母的尺寸尽量在系列规格中选择，以降低成本、缩短货期。

（1）精度级别的选择。滚珠丝杠副在用于纯传动时，通常选用"T"类（《机械设计手册》中提到的传动类），其精度级别一般可选"T5"级（周期偏差在 1 丝以下）、"T7"级或"T10"级，在总长范围内偏差一般无要求（可不考虑加工时温差等对行程精度的影响，便于加工），因而价格较低（建议选"T7"，且上述 3 种级别的价格差别不大）。在用于精密定位传动（有行程上的定位要求）时，则要选择"P"类（《机械设计手册》中提到的定位类），精度级别为"P1"、"P2"、"P3"、"P4"、"P5"级（精度依次降低），其中"P1"、"P2"级价格很贵，一般用于非常精密的工作机械或要求很高的场合，多数情况下开环使用；而"P3"、"P4"级在高精度机床中应用得最多、最广，需要很高精度时一般加装光栅，需要较高精度时开环使用也很好；"P5"则使用于大多数数控机床及其改造，如数控车，数控铣、镗，数控磨及各种配合数控装置的传动机构，需要时也可加装光栅（因为"5"级的"任意 300 mm 行程的偏差为 0.023"，且曲线平滑，在很多实际案例中，配合光栅效果非常好）。

（2）规格的选择。首先是选有足够载荷（动载荷和静载荷）的规格，根据使用状态，选择符合条件的规格。同时，如果选用的是磨制或旋铣滚珠丝杠副（冷轧的不需要考虑长径比），则要估算长径比（丝杠总长除以螺纹公称直径的比值），但因长度在设计时已确定，在规格的确定上需要调整，原则上使其长径比小于 50（理论上长径比越小越好，对"P"类丝杠而言，长径比越小越利于加工和保证各项形位公差，故价格越便宜），所以"规格越小不等于越便宜"。

（3）预紧方式的选择。对于纯传动的情况，一般要求传动灵活，允许有一定的返向间隙（不大，一般为几丝），多选用单螺母，它的价格相对便宜、传动更灵活；对于不允许有

模块 1 机械传动及支承零部件

返向间隙的精密传动的情况，则需选择双螺母预紧，它能调整预紧力的大小，保持性好，并能够重复调整；另外，在行程空间受限制的情况下，也可选用变位导程预紧（俗称错距预紧），该方式预紧力较小，且难以重复调整，一般不选用。

（4）导程的选择。选择导程跟所需要的运动速度、系统等有关，通常在 4、5、6、8、10、12、20 中选择，规格较大，导程一般也可选择较大。在速度满足的情况下，一般选择较小导程（利于提高控制精度）；对于要求高速度的场合，导程可以超过 20；对于磨制丝杠而言，导程一般可做到约等于公称直径，如 32（32×32）、40（40×40）等，当然也可以更大（非磨削，但极少考虑）。导程越大，同条件下旋转分力越大，周期误差就会被放大，速度越快。所以，一般速度很高的场合要求的是灵活，而放弃部分精度要求，对间隙要求意义就变小了。因此，大导程丝杠一般都是单螺母预紧的。

完整的滚珠丝杠副设计选型时，除了要考虑传动行程（间接影响其他性能参数）、导程（结合设计速度和电动机转速选取）、使用状态（影响受力情况）、额定载荷（尤其是动载荷将影响寿命）、部件刚度（影响定位精度和重复定位精度）、安装形式（力系组成和力学模型）、载荷脉动情况（与静载荷一同考虑决定安全性）、形状特性（影响工艺性和安装）等因素外，还需要对所选规格的重复定位精度、定位精度、压杆稳定性、极限转速、峰值静载荷及循环系统极限速率等进行校核，修正选择后才能得到完全适用的规格，进而确定电动机、轴承等关联件的特征参数。

**3）滚珠丝杠副选择设计过程中的注意事项**

滚珠丝杠副在选择设计过程中还要注意以下几个事项。

（1）防逆转措施。滚珠丝杠副逆传动的效率也很高，但其不能自锁，所以当其用于垂直运动或其他需要防止逆转的场合时，就需要设置防逆转装置，以防止滚珠丝杠副的零部件因自身的重力而产生逆转。可用于防止逆转的常用装置主要有电液脉冲电动机或步进电动机，也可采用单向超越离合器、防逆转电器及液压机械的防逆转制动器，还可采用具有自锁能力的蜗杆传动来作为中间传动机构，但这样会大大降低其传动的效率。

（2）防护、密封与润滑。为防止意外的机械磨损，避免灰尘、铁屑等污染物进入丝杠螺母内造成磨粒磨损，应在丝杠轴上安装防护装置，如螺旋弹簧防护套、折叠式防护套等，同时在螺母的两端安装密封圈。

滚珠丝杠副在使用过程中，还应根据不同的载荷和转速，采用相应的润滑方式，从而提高传动效率并延长滚珠丝杠副的使用寿命。对于中等载荷、一般转速的滚珠丝杠副，可采用锂基脂或 20 号、30 号机械油润滑；对于重载荷、高速传动的滚珠丝杠副，可采用 NBU15 高速润滑油或 90 号、180 号透平油润滑。

（3）其他事项。

① 在重载荷情况下，应尽可能使丝杠受拉，避免受压产生横向位移；在安排螺母承载凸缘位置时，应尽量使螺母、螺杆同时受拉或受压，使两者变形方向一致，滚动体和滚道受载均匀，有利于长期保持精度，其正确的布置如图 1-12 所示。

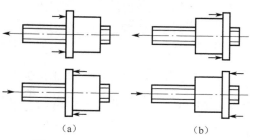

（a）　　　　　　　（b）

图 1-12 螺母承载凸缘的正确布置

② 滚珠丝杠副的传动质量，可通过增加滚珠丝杠副的负载滚珠有效圈数来提高。例如，负载滚珠有效圈数由 3 圈变为 5 圈，滚珠丝杠副的刚度和承受动载荷的能力就提高了 1.4～1.6 倍。此时如果工作载荷不变，滚珠丝杠副的寿命就可以提高了；如果保持寿命不变，则可减小丝杠的直径，可提高进给运动速度和减少原料的损耗。

4）滚珠丝杠副的结构设计

CKD 系列某一数控铣床工作台进给用的滚珠丝杠副，已知平均工作载荷 $F_m = 4\,000\ \text{N}$，丝杠工作长度 $L = 1.4\ \text{m}$，平均转速 $n_m = 100\ \text{r/min}$，最大转速 $n_{max} = 8\,000\ \text{r/min}$，使用寿命 $L_h = 16\,000\ \text{h}$，丝杠材料为 CrWMn 钢，滚道实际硬度 ≥58HRC，传动精度要求 $O = \pm 0.03\ \text{mm}$。

（1）求滚珠丝杠副的计算载荷 $F_c$：

$$F_c = f_w f_h f_a F_m \tag{1-2}$$

查表 1-2、表 1-3、表 1-4 可得：$f_w = 1.2$，$f_h = 1.0$，$f_a = 1.0$。

$$F_c = 1.2 \times 1.0 \times 1.0 \times 4\,000 = 4\,800\ \text{N}$$

表 1-2　载荷系数 $f_w$

| 载荷性质 | 无冲击平稳运载 | 一般运转 | 有冲击和振动运转 |
|---|---|---|---|
| $f_w$ | 1～1.2 | 1.2～1.5 | 1.5～2.5 |

表 1-3　硬度系数 $f_h$

| 滚道实际硬度 HRC | ≥58 | 55 | 50 | 45 | 40 |
|---|---|---|---|---|---|
| $f_h$ | 1.0 | 1.11 | 1.56 | 2.4 | 3.85 |

表 1-4　精度系数 $f_a$

| 精度系数 | 1.2 | 3.4 | 5 | 10 |
|---|---|---|---|---|
| $f_a$ | 1.0 | 1.1 | 1.25 | 1.43 |

（2）根据寿命计算滚珠丝杠副的额定动载荷 $C_{am}$：

$$C_{am} = F_c \sqrt[3]{\frac{60 n_m L_h}{10^6}} = 4\,800 \sqrt[3]{\frac{60 \times 100 \times 16\,000}{10^6}} \approx 21\,979\ \text{N} \tag{1-3}$$

（3）查找《机械设计手册》进行选型，根据 $C_a \geq C_{am}$ 的原则确定滚珠丝杠副的相关尺寸，见表 1-5。

表 1-5　滚珠丝杠副的相关尺寸

| 规格型号 | 公称直径 $d_0$ | 导程 $P_h$ | 丝杠螺纹大径 $d$ | 滚珠直径 $D_w$ | 丝杠螺纹小径 $d_1$ | 动载荷 $C_a$（kN） |
|---|---|---|---|---|---|---|
| FF2D3210-3 | 32 | 10 | 32.5 | 7.144 | 27.3 | 25.7 |
| FF2D5006-5 | 50 | 6 | 48.9 | 3.969 | 45.76 | 26.4 |

综合考虑各种因素，选型 FF2D5006-5，得到滚珠丝杠副的主要参数为公称直径 $d_0$=50 mm，导程 $P_h$=6 mm，螺旋角 $\lambda = \arctan \dfrac{6}{50\pi} = 2°11'$，滚珠直径 $D_w = 3.969\ \text{mm}$，丝杠螺纹小径 $d_1 = 45.76\ \text{mm}$。

（4）对滚珠丝杠副进行稳定性验算。

① 滚珠丝杠副的一端轴向固定的长丝杠在工作时很有可能发生失稳，所以在设计时应验算其安全系数，使 $S \geq [S]$。

滚珠丝杠副不会发生失稳的最大载荷称为临界载荷 $F_{cr}$：

$$F_{cr} = \frac{\pi^2 E I_a}{(\mu_1 L)^2} \tag{1-4}$$

式中　$E$——丝杠的弹性模量，该滚珠丝杠副的材料为 CrWMn 钢，故取得 $E = 206\ GPa$；

$I_a$——丝杠危险截面的轴惯性矩，大小为

$$I_a = \frac{\pi d_1^4}{64} \tag{1-5}$$

$$= \frac{\pi \times 0.045\ 76^4}{64} = 2.15 \times 10^{-7}\ m^4$$

$\mu_1$——长度系数，双推—支承时，查表 1-6，取 $\mu_1 = \frac{2}{3}$。

表 1-6　滚珠丝杠副的有关系数

| 支承方式　有关系数 | 双推—自由 F—O | 双推—支承 F—S | 双推—双推 F—F |
|---|---|---|---|
| $[S]$ | 3～4 | 2.5～3.3 | — |
| $\mu_1$ | 2 | $\frac{2}{3}$ | — |
| $\mu_c$ | 1.875 | 3.927 | 4.730 |

代入式（1-4）可得：

$$F_{cr} = \frac{\pi^2 \times 206 \times 10^9 \times 2.15 \times 10^{-7}}{\left(\frac{2}{3} \times 1.4\right)^2} = 5.02 \times 10^5\ N$$

安全系数

$$S = \frac{F_{cr}}{F_m} = \frac{5.02 \times 10^5}{4\ 000} = 125.5$$

查表 1-6 可得，$[S] = 2.5～3.3$，$S > [S]$，所以丝杠是安全的，不会失稳。

② 验证滚珠丝杠副的临界转速 $n_{cr}$。滚珠丝杠副在高速运转时，必须防止其产生共振，以免造成损坏，所以必须验算其最高转速 $n_{max}$ 满足 $n_{max} < n_{cr}$ 的条件。

临界转速可按公式计算：

$$n_{cr} = 9\ 910 \frac{\mu_c^2 d_1}{(\mu_1 L)^2} \tag{1-6}$$

查表 1-6 可得：　　　$\mu_c = 3.927$

$$n_{cr} = 9\ 910 \times \frac{3.927^2 \times 0.045\ 76}{\left(\frac{2}{3} \times 1.4\right)^2} \approx 8\ 028\ r/min$$

$$n_{cr} > n_{max} = 8\ 000\ r/min$$

满足使用要求。

（5）对滚珠丝杠副进行刚度验算。滚珠丝杠副在工作过程中，同时受到工作负载 $F$（N）和转矩 $T$（N·m）的作用，从而引起弹性变形，每个导程的变形量 $\Delta l_0$ 为：

$$\Delta l_0 = \frac{P_h F}{EA} + \frac{P_h^2 T}{2\pi G I_p} \tag{1-7}$$

式中　$A$——滚珠丝杠的横截面积，$A = \frac{\pi}{4} d_1^2 (\text{m}^2)$；

$\quad\quad I_p$——滚珠丝杠的极惯性矩，$I_p = \frac{\pi}{32} d_1^4 (\text{m}^4)$；

$\quad\quad G$——滚珠丝杠的切变模量，对于钢 $G = 83.3\,\text{GPa}$；

$\quad\quad T$——转矩（N·m）。

$$T = F_m \frac{D}{2} \tan(\lambda + \rho)$$

$$= 4\,000 \times \frac{50}{2} \times 10^{-3} \tan(2°11' + 8'40'')$$

$$\approx 4\,\text{N·m}$$

按照最不利的情况来计算，即取 $F = F_m$，则：

$$\Delta l_0 = \frac{P_h F}{EA} + \frac{P_h^2 T}{2\pi G I_p} \tag{1-8}$$

$$= \frac{4 P_h F}{\pi E d_1^2} + \frac{16 P_h^2 T}{\pi^2 G d_1^4}$$

$$= \frac{4 \times 6 \times 10^{-3} \times 4\,000}{3.14 \times 206 \times 10^9 \times 0.045\,76^2} + \frac{16 \times (6 \times 10^{-3})^2 \times 4}{(3.14)^2 \times 83.3 \times 10^9 \times 0.045\,76^4}$$

$$\approx 7.15 \times 10^{-2}\,\mu\text{m}$$

丝杠在工作长度上的弹性变形引起的导程误差为：

$$\Delta l = l \frac{\Delta l_0}{P_h} = 1.2 \times \frac{7.15 \times 10^{-2}}{6 \times 10^{-3}} \approx 14.3\,\mu\text{m}$$

通常要求丝杠的导程误差小于其传动精度的 $\frac{1}{2}$，即 $\Delta l < \frac{1}{2}\sigma = \frac{1}{2} \times 0.03\,\text{mm} = 15\,\mu\text{m}$，所以刚度满足要求。

（6）对滚珠丝杠副进行传动效率验算。

滚珠丝杠副的传动效率为 $\eta = \frac{\tan\lambda}{\tan(\lambda+\rho)} = \frac{\tan(2°11')}{\tan(2°11'+8'11'')} = 0.939$，在使用时要求 90%~95%，所以该滚珠丝杠副满足设计使用要求。

综上所述，FF2D5006-5 各项性能指标均符合设计使用要求，所以可选用。

### 5）滚珠丝杠副的安装方式

CKD 数控机床的进给系统为了获得较高的传动精度，除了要加强滚珠丝杠副丝杠与螺母本身的刚度之外，其正确的安装方式及其支承的结构刚度也是不可忽视的因素。螺母座及支承座都应具有足够的刚度和精度，通常都是通过加大和机床结合部件的接触面积，以提高螺母座的局部刚度和接触强度。为了提高支承的轴向刚度，选择适当的滚动轴承也是十分重要的。目前我国主要采用两种方式，一种是把向心轴承与圆锥轴承组合使用，这种结构简单，但轴向刚度不足。另一种是把推力轴承或向心推力轴承和向心轴承组合使用，这样轴向刚度虽有了提高，但增大了轴承的摩擦阻力和发热，而且还增加了轴承支架的结构尺寸。

目前滚珠丝杠副常用的安装方式主要有如下几种。

（1）丝杠固定、螺母旋转方式。这种方式螺母一边转动、一边沿固定的丝杠做轴向移动。螺母惯性小、运动灵活，可实现高的转速，但由于丝杠不动，就避免了细长滚珠丝杠高速运转时出现的种种问题，以及受临界转速限制的问题。这种方式可以对滚珠丝杠副施加较大的预拉力，提高补偿丝杠的热变形和丝杠支承刚度。

（2）双推—双推方式。滚珠丝杠副两端均固定，固定端的轴承都可以同时承受轴向力。双推方式可以对丝杠施加适当的预拉力，提高丝杠支承刚度和部分补偿丝杠的热变形，因此大型机床、重型机床及高精度镗铣床大多采用这种结构。但采用这种结构时，调整工作就变得比较烦琐，需严格按照说明书来进行调整，或者借助仪器来调整，以避免一些不必要的损失。

（3）双推—自由方式。滚珠丝杠副一端固定一端自由，固定端的轴承可以同时承受轴向力和径向力，这类结构适用于行程小的短丝杠或者全封闭式的机床。因为当采用这种结构的机械定位方式时，其精度是最不可靠的，因此在采用这种结构时必须加装光栅，采用全封闭环来反馈，以便能够充分体现丝杠的性能。

（4）双推—支承方式。丝杠一端固定一端支承。固定端的轴承同时可以承受轴向力和径向力。支承端轴承只承受径向力且能做微量的轴向浮动，滚珠丝杠的热变形可以自由地向一端伸长，同时也避免或减少滚珠丝杠副因自重而出现的弯曲。这种结构是使用最广泛的一种结构，目前国内中小型数控车床、立式加工中心等都采用这类结构。

### 3．项目小结

1）滚珠丝杠副的发展

进入 21 世纪，按照新型工业化的道路，数控机床及各类机电一体化自动化机械正向着高精度、高速度、高可靠性及智能化、数字化、绿色环保方向发展。高速切削加工已成为金属切削加工技术的发展趋势。

（1）空心强冷技术的新发展。最早将空心强冷技术用于精密高速滚珠丝杠副的是日本的 NSK 公司，该公司于 1998 年推出用于高速数控机床的 HZC、HZF 和 HDF 系列高速滚珠丝杠副产品，直径达 36～55 mm，导程达 16～30 mm，最高线速度可达 100 m/min，加速度达 1.3 g，双头螺纹。为了增强丝杠轴的抗振能力，NSK 公司发明了在中空丝杠孔内配置"内藏减振阻尼器"的专利技术，使临界转速及直径值得到了进一步的提高，采用较为简便的方法降低成本，提高转速，而且将行程范围也扩大到了 4 m 以上。空心丝杠轴还有助于减小高速运转时的惯性，增加丝杠轴的扭曲刚度。台湾 HIWIN 公司通过实验和有限元分析发现，在高速运转时滚珠丝杠副螺母的温升达 25℃，远高于丝杠轴的温升，所以该公司推出了对于螺母实施强冷的 COOL Type1 型和 2 型低温式高速滚珠丝杠副，已在 CNC 机床、加工中心和电动注射成型机、高速冲压机机床等设备上得到了广泛的应用。

（2）提高滚珠丝杠副的精度。自 20 世纪 60 年代以来，我国在精密机床的研究上投入了大量的人力和物力，为精密螺纹磨削技术奠定了坚实的基础。例如，我国汉江机床厂于20 世纪末成功研制的 SK7432 型 CNC 丝杠磨床、HJ031 型 CNC 滚珠螺母磨削中心、SK7450 型 CNC 大型丝杠磨床，可以使 3 m 以内的滚珠丝杠副的精度达到 P1 级，大大缩短了我国与世界先进国家螺纹磨削技术水平的差距。

（3）注重节能环保。机械制造业发展到 21 世纪时，除了向自动化、智能化、高速化发展外，同时还必须将节能和环保放在重要的位置。很多企业为了解决滚珠丝杠副在高速运转时润滑剂产生雾化、蒸发对环境的污染及废油回收等问题，投入了大量的物力、人力来对润滑、密封、防尘等方面进行研究，从而推出各项新技术。例如，THK 公司推出了采用高含油率、高密度纤维网的 QZ 自润滑装置，NSK 公司推出了 NSK-K1 润滑装置等，我国台湾 HIWIN 公司也积极推出了自己的新技术，步入同行业绿色制造的前列。

2）滚珠丝杠副的制约因素

随着数控机床的发展，"高速、高效"已成为各个厂家所追求的共同目标，但滚珠丝杠副在高速驱动时也存在大量的问题，其中最主要的问题是噪声、温升、精度。滚珠丝杠副噪声产生的原因主要有：滚珠在循环回路中的流畅性、滚珠之间的碰撞、滚道的粗糙度、丝杠的弯曲等。滚珠丝杠副的温升主要是由滚珠与丝杠、螺母、反向器之间的摩擦及滚珠之间的摩擦产生的。要解决上述问题，首先应从滚珠丝杠副的结构设计开始，对存在的问题采取措施；另一方面，从工艺上解决，通过合理的工艺流程，提高产品的内在质量；选取适当的滚珠丝杠副预紧转矩；减小滚珠丝杠副的预紧转矩的变动量，使滚珠丝杠副适应高速驱动的要求。总之，随着社会的不断发展，用户对滚珠丝杠副的要求越来越严，要求也多样化，促使滚珠丝杠副生产厂不断提高产品质量、开发新品种，以满足用户的需求。

### 4. 项目评价

项目评价表如表 1-7 所示。

表 1-7　项目评价表

| 项　　目 | 目　　标 | 分　值 | 评　　分 | 得　　分 |
|---|---|---|---|---|
| 叙述滚珠丝杠副的定义及工作原理 | 能正确地说明 | 20 | 不完整，每处扣 2 分 | |
| 说明滚珠丝杠副的应用领域 | 至少举出 5 个例子 | 20 | 不完整，每个扣 4 分 | |
| 学会滚珠丝杠副的设计、校核 | 设计计算正确 | 40 | 每错一步酌情扣 5～10 分 | |
| 说明滚珠丝杠副的最新技术 | 能正确地说明 | 20 | 不完整，每处扣 5 分 | |
| 总分 | | 100 | | |

## 项目拓展——滚珠丝杠副的其他应用

随着机械制造业的发展，滚珠丝杠副不但是各类数控装备的核心功能部件，而且还是机械工业领域中资本密集型和技术密集型的重要通用零部件。在线性传动家族中（普通滑动丝杠副、静压丝杠副、油缸传动、齿轮—齿条、直线电动机等），滚珠丝杠副是应用面很广、产业化程度较高的产品。

### 1. 在航空、航天领域的应用

用于航空、航天领域的机械零部件要求具有高可靠性、轻量化及高度的环境适应性，

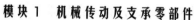

而滚珠丝杠副对于特殊恶劣环境的适应能力使它在这个领域大展宏图。美、英、法、德等国用于这个领域的滚珠丝杠副产品大约占市场份额的 30%左右（包括定期强制更换的备件）。由于需求量大，对产品的质量和可靠性要求很高，大都有专门的工厂生产，其所用材料、工艺及装备、特殊检测手段都与一般滚珠丝杠副有很大区别，生产过程和产品质量都要经过航空、航天质检部门的严格认证。

近年，随着飞机的大型化、高性能化及高速化，对滚珠丝杠副的应用有增无减。除襟翼的同步驱动外，滚珠丝杠副还用于喷气发动机的推力换向、燃烧喷嘴位置调节、涡轮发动机透平叶片变角操纵装置、尾翼操纵等；在直升机上用于转翼俯仰控制伸缩的驱动器；军用飞机的机载雷达倾斜装置、导弹发射装置、飞行员驾座应急弹射装置等；在航天装备中，滚珠丝杠副用于火箭发动机喷嘴控制用驱动器、空间站实验操纵器、阿波罗飞行模拟器、气象及资源卫星的遥控系统等。

### 2. 在核反应堆及其他恶劣环境中的应用

核电作为清洁能源在总发电量中所占的比例正在上升。在某些核电站中（如 A—BWR 沸腾水轻水反应堆）特殊制造的滚珠丝杠副被用于控制棒驱动系统、危急状态时的急停装置、压力管检测系统等。这类产品多为空心伸缩式结构，它们在 150～350℃的高温、无润滑和核辐射的环境中运行，所有零件均采用耐高温、耐辐射的高强度优质合金钢制造，其冷热工艺也有别于一般产品，产品质量和可靠性要求极严格。除核电站外，滚珠丝杠副和行星式滚珠丝杠副还用于核潜艇、核动力航母等装备。

### 3. 在重型机床、重型机械和钢铁冶金装备中的应用

用于在机床行业中的大型重载 CNC 龙门镗铣床、大型 CNC 车床、大型立/卧加工中心、CNC 大型轧辊磨床、大型曲轴磨床等。在钢铁冶金装备中的转炉行走装置；连续铸造浇包提升装置；铸型振动装置；热轧加热炉、整边机、矫平机、垛板机、钢板剪切设备；薄板酸洗、冷轧、剪切、纵切、电解清理；钢管和线材生产设备；冶金检验与测量装置等。在塑料成形机械中，近年出现以"电"代"油"的趋势，CNC 电动注塑成形机因其具有节能（省电 1/3～1/4）、节水（省水 70%～80%）、定位精度高、易于实现 CNC 控制、降噪、不污染环境等优点，受到业界的关注和青睐，产量逐年上升。专用于 CNC 电动注塑成形机的高速、高负荷滚珠丝杠副，经过"均载设计"并在产品结构、参数和制造技术上做了重大改进以适应电动注塑成形的工况要求。例如，NSK 公司推出了 HTF、HTF-SRC、HTF-SRD 高负荷系列产品，其中 HTF20032-7.5 规格的额定动负荷高达 6840 kN。

### 4. 在"高铁"等交通运输装备领域的应用

汽车工业作为国民经济的支柱产业，带动了相关产业的发展。滚珠螺旋式转向机构在汽车中用得很早，很广泛，产量很大，由于它的受力状况比较复杂，对滚珠丝杠副的反向间隙、疲劳寿命、操作的稳定性、安全性要求很高，在汽车产业链中有专业厂家大批量配套生产。由于车辆的增加，大城市的停车场已出现立体化的趋势，立体停车车库的车位升降机构采用滚珠丝杠副来完成对轿车的提升传送。

国家投巨资用于城铁、高铁及轨道机车的发展，我国已迈入"高铁时代"。滚珠丝杠副除了用于铁道专用 CNC 机床外，动车组、地铁列车和安全门的自动开启/关闭装置，铁道轨距自动跟踪监测系统，机车底盘定期维修用大型抬举装置，高速列车轨道转辙装置等都直接采用滚珠丝杠副产品。无论是大导程或重载荷的滚珠丝杠副都对寿命、安全可靠性有严格要求。在造船工业中，某些轮船的可变倾角螺旋桨叶片的控制、大型造船基地的某些装备也都采用滚珠丝杠副承担驱动功能。

### 5. 在电子设备、仪器仪表、医疗器械及微型机械中的应用

在电子设备中的应用包括计算机磁盘存储器、磁鼓记忆装置、纸带进给读出器、印制电路衬底钻孔机、视频和声频设备、液晶设备、半导体装备的微进给装置等。在仪器仪表中的应用包括 X 射线测量仪的微进给装置、反光镜进给机构、扫描显微镜的行程调节等。在医疗器械中的应用包括微型医疗机械和微型机械手指、伽马刀设备等。此外，在纳米技术及装备、卫星、导弹等领域都对微型滚珠丝杠副有日益增长的需求。高效、轻快、省力的微型滚珠丝杠副借助于小功率伺服电动机完成轻载微小进给。根据微型滚珠丝杠副结构特征和制造技术的差异，国外都有专门生产这类产品的企业。

# 项目 1-2 直线导轨机构

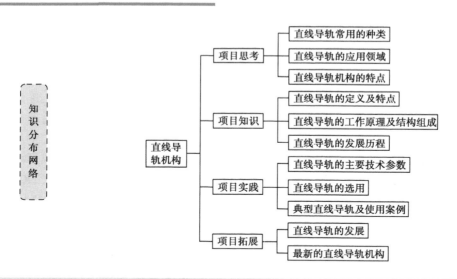

## 项目思考——活塞车床用直线导轨机构的种类和特点

如图 1-13 所示是一台活塞车床，为了尽可能地减小滑台质量以提高进给系统的快速响应性能和加速度，该导轨采用了直线导轨机构。

随着现代制造技术的不断发展，使得传统的制造业发生了巨大的变化，数控技术、机电一体化和工业机器人在生产中得到了更加广泛的应用，同时对于机械传动机构的定位精度、导向精度和进给速度的要求也越来越高。那么，在机械传动机构中，采用哪种机构才能适应这些技术的发展呢？随着直线导轨机构研发技术的日趋成熟，直线导轨机构逐步适

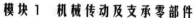

应了机电一体化系统中对于机械传动高精度、高速度、节约环保和缩短产品开发周期的要求，已被广泛应用于各类机电一体化产品中。

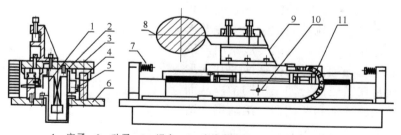

1—定子；2—动子；3—滑台；4—直线导轨副；5—光栅；6—底座；

7—机械挡块；8—非圆截面工件；9—刀架；10—限位开关；11—导线抱链

图 1-13　活塞车床

从两个方面去思考：

（1）直线导轨常用的种类有哪些？同时对于导轨的基本要求有哪些？

（2）直线导轨机构的特点有哪些？

## 1-2-1　直线导轨的定义及特点

直线导轨又称为线轨、滑轨、线性导轨、线性滑轨，主要用于直线往复运动场合，但它又拥有比直线轴承更高的额定负载，同时可以承受一定的扭矩，可以在高负载的情况下实现高精度的直线运动。在中国大陆称直线导轨，中国台湾一般称线性导轨、线性滑轨。

常用的直线导轨具有以下几方面的特点。

1）具有良好的自动调心能力

因为采用的是圆弧沟槽的 DF 组合，所以在安装的时候，即使安装面产生一定的误差，但通过中间钢珠的弹性变形及接触点的转移，还有线轨滑块内部的吸收，可以消除这部分位移误差，从而产生自动调心能力，以获得高精度稳定的平滑运动。

2）具有良好的互换性

由于严格掌控着生产制造精度，所以生产出来的直线导轨质量都能维持在一定的水准内。而且为了防止钢珠的脱离，专门设计了保持器，所以这部分系列具有可换性，客户可以根据自己不同的需要来订购导轨和滑块，也可将其分开存储，从而减少存储空间。

3）所有方向都具有高刚性

运用四列式圆弧沟槽，配合四列钢珠等 45° 的接触角度，让钢珠达到理想的两点接触构造，从而能承受来自上下和左右方向的负荷，同时在必要时可施加预压以提高刚性。

## 1-2-2　直线导轨的工作原理及结构组成

直线导轨可以理解为是一种滚动导引，它由钢珠在滑块跟导轨之间无限循环滚动，从而带动工作平台沿着导轨做高精度的线性运动，同时将摩擦系数降为传统滑动导引的 $\dfrac{1}{50}$，能轻易地达到很高的定位精度。直线导轨在工作时同时承受上、下、左、右等多个方向的负荷。

常用的直线导轨结构如图 1-14 所示，它由导轨和滑块两部分组成，导轨是固定组件，主要起导向作用，滑块是移动组件。导轨一般采用淬硬钢，使用时还需精磨处理，它的横截面的几何形状比较复杂，通常在其表面会加工出沟槽，从而使滑块包裹着导轨的顶部和两侧面。滚动钢珠适用于高速运动，同时其摩擦系数小、灵敏度高，所以一般将滚动钢珠作为导轨和滑块之间的动力传输机构。钢珠在滑块支架沟槽中循环流动，各个钢珠上的磨损分摊了滑动支架的磨损，从而延长了直线导轨的使用寿命。

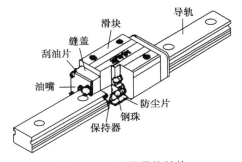

图 1-14　直线导轨结构

直线导轨系统的固定元件（导轨）的基本功能如同轴承环。安装钢珠的支架，形状为"V"字形，包裹着导轨的顶部和两侧面。为了支撑机床的工作部件，一套直线导轨至少有四个支架。用于支撑大型的工作部件时，支架的数量可以多于四个。

### 1-2-3　直线导轨的发展历程

直线导轨早在 18 世纪就被欧洲人发明，但当时的直线电动机气隙过大导致效率很低，无法应用，只能简单地处理一些实验上的问题。直到最近的 30 年，直线电动机才逐步发展并应用于一些领域。现在世界上一些滚珠丝杠副技术先进的加工中心厂家开始在其高速机床上应用，技术也在不断成熟。

80 年前，SCHNEEBERGER（施耐博格）设计并生产了世界上第一根直线导轨，为今天全世界的直线技术奠定了基础。我国对于直线导轨的研究也是很早的，早在 1986 年，南京工艺装备制造厂就成功研制了 GGA25 径向型滚动导轨副，并荣获当年机械工业部颁发的"春燕奖"，从而拉开了我国自主研发直线导轨的大幕。到了 1988 年，华中科技大学的孙健利教授等一批高级技术人员开始对于直线导轨系统的理论进行研究，同时也培养了一大批直线导轨领域的科技专业人才，大大推动了我国的技术发展，缩短了我国与国际先进工业技术国家的差距。直线导轨实物图如图 1-15 所示。

图 1-15　直线导轨实物图

直线导轨目前的应用领域主要有：

（1）数控龙门铣、数控落地镗、大型五面加工中心等高精度、大型专用设备；

（2）精密电子机械、自动化设备等工业生产领域。

随着中国电力工业、数据通信业、城市轨道交通业、汽车业及造船业等行业规模的不断扩大，对直线导轨的需求也将迅速增长，未来直线导轨行业还有巨大的发展潜力。

# 项目实践——直线导轨的主要技术参数与选用

### 1. 实践要求

（1）熟悉直线导轨的主要技术参数；

（2）熟悉直线导轨的选用；

（3）熟悉典型直线导轨的使用。

### 2. 实践过程

1）直线导轨的主要技术参数及精度等级

（1）额定静载荷 $C_0$。当滚动体和滚道面之间产生塑性变形，其压痕深度为滚动体直径万分之一时的静载荷为额定静载荷。滚道截面形状如图 1-16 所示。

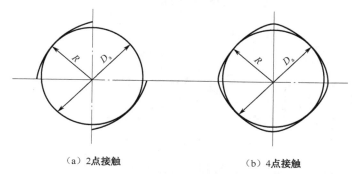

（a）2点接触　　　　　　　　（b）4点接触

图 1-16　滚道截面形状

当直线导轨在静止或低速运行中受到过大的负载或冲击载荷时，轨道沟槽及钢珠便会发生塑性变形。当塑性变形量达到某一个值时，此直线导轨就无法运行顺畅。

（2）额定动载荷 $C_a$。直线导轨一般都是批量生产的，但在生产过程中，即使都采用相同的材料和加工工艺，同时又在相同的条件下运作，各个直线导轨也不一定具有相同的运转寿命。所谓额定寿命是指在相同条件下连续运作，其中 90% 的直线导轨不会产生表面疲劳点蚀、表面磨损等失效时，直线导轨所能行走的总距离。

直线导轨额定寿命的计算公式为：

$$L = 50\left(\frac{f_h f_t f_c f_a}{f_w} \cdot \frac{C_a}{F_c}\right)^3 \quad \text{（km）} \tag{1-9}$$

式中　$L$——额定寿命；

　　　$C_a$——额定动载荷；

　　　$F_c$——计算载荷；

　　　$f_t$——温度系数（见表 1-8）；

　　　$f_c$——接触系数（见表 1-9）；

　　　$f_a$——精度系数（见表 1-10）；

　　　$f_w$——负荷系数（见表 1-11）；

　　　$f_h$——硬度系数（由于产品的技术要求规定，滚道硬度不得低于 HRC58，故通常可取 $f_h = 1$）。

滚动直线导轨副的额定寿命为 $L=50$ km 时，作用在滑块上大小和方向不变化的载荷称为额定动载荷。

（3）基本容许静力矩（$M_x$，$M_y$，$M_z$）。当直线导轨受到负荷或冲击作用时，必然会产生力矩，从而使直线导轨的轨道沟槽和钢珠发生塑性变形。当塑性变形量达到钢珠直径的万分之一时，称这种作用力矩为基本容许静力矩，其 $X$、$Y$、$Z$ 三个轴向的值分别以 $M_x$、$M_y$、$M_z$ 来表示，如图 1-17 所示。

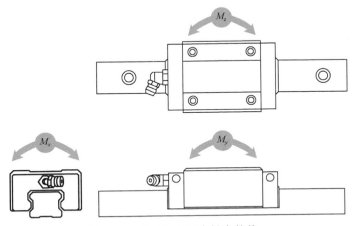

图 1-17　$X$、$Y$、$Z$ 三个轴向的值

（4）温度系数。直线导轨的工作温度超过 100 ℃时，导轨表面的硬度就会下降，与在常温下使用相比，寿命会大大缩短。计算时要将额定动载荷 $C_a$ 乘以温度系数 $f_t$。温度系数 $f_t$ 的值见表 1-8。同时，在高温下运行时，还应考虑材料产生的尺寸改变及润滑方式的不同。

表 1-8　温度系数 $f_t$

| 工作温度（℃） | <100 | 100~150 | 150~200 | 200~250 |
|---|---|---|---|---|
| $f_t$ | 1.00 | 0.90 | 0.73 | 0.60 |

（5）接触系数。大多数情况下，导轨为了实现直线运动，至少需要安装两个以上的滚动滑块。但安装滑块之后，由于受安装精度和滑块自身精度的影响，滑块上并不一定受到均匀分布的载荷。因此，在进行寿命计算时应将额定动载荷 $C_a$ 乘以接触系数 $f_c$，接触系数 $f_c$ 的值见表 1-9。

表 1-9　接触系数 $f_c$

| 每根导轨上的滑块数 | 1 | 2 | 3 | 4 | 5 |
|---|---|---|---|---|---|
| $f_c$ | 1.00 | 0.81 | 0.72 | 0.66 | 0.61 |

（6）精度系数。直线导轨是一种高精密度的机械零部件，其精度系数 $f_a$ 的值见表 1-10。

表 1-10　精度系数 $f_a$

| 精度等级 | 2 | 3 | 4 | 5 |
|---|---|---|---|---|
| $f_a$ | 1.0 | 1.0 | 0.9 | 0.9 |

（7）负荷系数。在计算作用于直线滚动导轨上的负荷时，必须正确地计算出因物体质量而产生的负荷，包括因运动速度变化而产生的惯性负荷和由于悬重部分而造成的力矩负荷。另外，机床在做往复运动时，常常伴随着振动和冲击，特别是在高速运动时产生的振动及正常工作时因反复启动、停止等操作而产生的冲击等，往往很难正确计算出来。因此，进行寿命计算时应将额定动载荷 $C_a$ 乘以负荷系数 $f_w$。负荷系数 $f_w$ 的值见表 1-11。

表 1-11　负荷系数 $f_w$

| 工作条件 | 无外部冲击或振动的低速运动场合，速度小于 15 m/min | 无明显冲击或振动的中速运动场合，速度为 15～60 m/min | 有外部冲击或振动的高速运动场合，速度大于 60 m/min |
|---|---|---|---|
| $f_w$ | 1～1.5 | 1.5～2.0 | 2.0～3.5 |

（8）硬度系数。为了充分发挥直线导轨的负载能力，滚动面的硬度一般在 HRC58～62 之间。若低于 HRC58，在计算额定动载荷和额定静载荷时就要乘以硬度系数 $f_h$。

在现代机械制造业中，对于加工的精度要求越来越高，因此对于加工机械上的各个零部件自身的精度要求也越来越高。直线导轨是加工机械中来回运动的关键零部件，因此对于其精度等级的划分也越来越细。一般常用的直线导轨的精度等级分为普通级、高级、精密级、超精密级和超高精密级五种。主要检测指标一般有三个（如图 1-18 所示），一是滑块 C 面对滑轨 A 面的平行度；二是滑块 D 面对滑轨 B 面的平行度；三是行走平行度，所谓行走平行度是指将直线导轨固定在基准座平面上，使滑块沿行程行走时，导轨与滑块基准面之间的平行度误差。

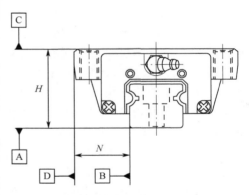

图 1-18　直线导轨参考面

不同的精度等级对应滑轨的行走平行度如图 1-19 所示。

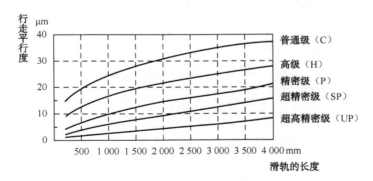

图 1-19　直线导轨的行走平行度

2）直线导轨的选用

直线导轨是加工机械的关键零部件，同时也有系列产品，但在选用时应遵循以下几条原则。

（1）精度不干涉原则。导轨的各项精度不管是在制造过程中，还是在使用过程中都不能互相影响，这样才能获得较高的精度。

（2）动摩擦系数相近的原则。在选用滚动直线导轨或者塑料直线导轨时，由于其摩擦系数都比较小，所以应尽量将动摩擦系数接近，从而获得较低的运动速度和较高的重复定位精度。

（3）导轨自动贴合原则。直线导轨需要较高的精度，就必须使相互结合的导轨有自动贴合的性能。直线导轨如果水平安装，需能依靠自身的重力来进行贴合；其他布置方式时，能依靠附加的弹簧力或者其他压力来进行贴合。

直线导轨中移动的导轨在移动过程中，要能始终全部接触。水平安装的导轨，要以下导轨为基准，上导轨为弹性体，从而自动补偿因受力变形和受热变形所产生的形变。

一般来说，直线导轨的主要失效形式是接触疲劳剥离和疲劳磨损，所以直线导轨必须根据使用条件、负载能力和预期寿命选用。当直线导轨承受载荷并运动时，直线导轨主要承受疲劳应力的作用，一旦达到疲劳极限时，接触表面便会疲劳磨损，在表面产生鱼鳞状薄片的剥离现象。所谓使用条件主要是指应用何种设备、精度要求、刚性要求、负荷方式、行程、运行速度、使用频率、使用环境等因素。根据条件选择对应的合适产品系列。各个直线导轨的生产厂家都对其产品进行了合适的系列划分，如中国台湾上银公司（HIWIN）的直线导轨主要分为 HG 系列、LG 系列、AG 系列、MG 系列等。具体的选用过程如图 1-20 所示。

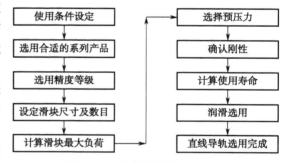

图 1-20　直线导轨的选用过程

直线导轨在选用的过程中可以根据计算结果随时返回到前面、的步骤进行重新选择和设定。如果选用的直线导轨刚性不足，可以通过提高预压力、加大选用尺寸或增加滑块数来提高刚性。所谓预压力是预先给予钢珠负荷力，利用钢珠与珠道之间负向间隙给予预压，这样能够提高直线导轨的刚性并消除间隙。按照预压力的大小可以分为不同的预压等级。例如，HIWIN 公司系列导轨就提供了六种标准预压，预压力从有间隙到 $0.13C_a$（$C_a$ 值为额定动载荷）不等。预压力数值及适用范围见表 1-12。

表 1-12　直线导轨预压力数值及适用范围

| 预压等级 | 标记 | 预压力 | 精度等级 | 适用范围 |
|---|---|---|---|---|
| 普通间隙 | ZF | 间隙值 0.004～0.015 mm | C | 搬运装置、自动包装机 |
| 无预压 | Z0 | 间隙值 0～0.003 mm | C-UP | 自动化产业机械 |
| 轻预压 | Z1 | $0.02C_a$ | C-UP | 一般工具机的 $XY$ 轴、焊接机、熔断机 |
| 中预压 | Z2 | $0.05C_a$ | H-UP | 一般工具机的 $Z$ 轴、放电加工机、NC 车床、精密 $XY$ 平台、测定器 |
| 重预压 | Z3 | $0.07C_a$ | H-UP | 机械加工中心、磨床、NC 车床、立式或卧式铣床、机床的 $Z$ 轴 |
| 超重预压 | Z4 | $0.13C_a$ | H-UP | 重切削加工机 |

3）典型直线导轨及使用案例

在移动导轨与固定导轨之间放入一些滚动体（滚珠、滚柱或滚针），使相配合的两个导轨面不直接接触的导轨，称为滚动导轨。滚动导轨的特点是摩擦阻力小，运动灵活；磨损小，能长期保持精度；动、静摩擦系数差别小，低速时不易出现"爬行"现象，故运动均匀平稳。因此，滚动导轨在要求微量移动和精确定位的设备上获得日益广泛的运用。滚动导轨的缺点是导轨面和滚动体是点接触或线接触，抗振性差、接触应力大，故对导轨的表面硬度要求高，对导轨的形状精度和滚动体的尺寸精度要求高。

常见的滚动导轨主要有滚珠导轨、滚柱导轨和滚针导轨。

（1）滚珠导轨，如图 1-21 所示。滚珠导轨的导轨以滚珠作为滚动体，所以滚珠与导轨面是点接触，故运动灵敏度好、定位度高，但其承载能力和刚度较小，一般都需要通过预紧提高承载能力和刚度。为了避免在导轨上压出凹坑而丧失精度，一般采用淬火钢制造导轨面。滚珠导轨适用于运动部件质量不大、切削力较小的数控机床。

（2）滚柱导轨，如图 1-22 所示。滚柱导轨的导轨以滚柱作为滚动体，所以滚柱与导轨面是线接触，故导轨的承载能力及刚度都比滚珠导轨要大，耐磨性也更好，但对于安装的要求也高。安装不良容易引起侧向偏移和侧向滑动，从而增加导轨的阻力，使导轨磨损加快，精度降低。滚柱的直径越大，对导轨的不平度也越敏感。目前数控机床，特别是载荷较大的机床，通常都采用滚柱导轨。

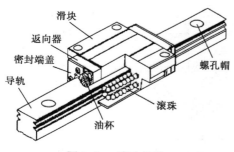

图 1-21　滚珠导轨

图 1-22　滚柱导轨

（3）滚针导轨，如图 1-23 所示。滚针导轨的导轨以滚针作为滚动体，滚针比同直径的滚柱长度更长，滚针与导轨面也是线接触。滚针导轨的特点是尺寸小，结构紧凑。为了提高工作台的移动精度，滚针的尺寸应按直径分组。滚针导轨适用于导轨尺寸受限制的机床。

图 1-23　滚针导轨

**实例 1-1**　如图 1-24 所示是一台单柱坐标镗床，其主轴垂直布置，并由主轴套筒带动，同时做上下移动以实现垂直进给，有的主轴箱还可沿立柱导轨上下移动以适应不同高度的工件。工作台沿滑座做纵向移动，滑座沿床身导轨做横向移动，以配合坐标定位。

该小型坐标镗床的工作台在设计之初原采用滑动导轨，其结构如图 1-25 所示。

这种结构设计在使用过程中，一旦遇到工作载荷有较大的倾覆力矩时，就会使工作台的一端抬起，从而使机床在加工时发生抖动，严重影响加工精度，甚至无法加工。为了改进这一缺陷，现采用滚柱导轨，其结构如图 1-26 所示，同时增加了预压板 A、B，从而使它们与导轨的间隙不大于 0.02 mm，并采用弹簧压紧。小型坐标镗床改进之后的效果如图 1-27 和表 1-13 所示。

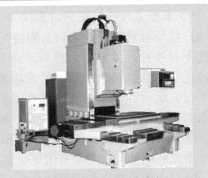

图 1-24　单柱坐标镗床

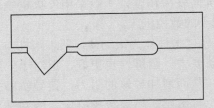

图 1-25　小型坐标镗床导轨的原结构

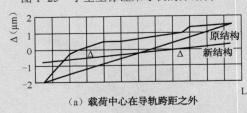

图 1-26　小型坐标镗床导轨的新结构

（a）载荷中心在导轨跨距之外　　　　　（b）载荷中心在导轨跨距之内

图 1-27　机床刚度实验曲线

表 1-13　小型坐标镗床导轨改进之后的效果

| 结构<br>载荷中心位置 | 原结构 | | 新结构 | |
|---|---|---|---|---|
| | 最大变形 | 倾侧 | 最大变形 | 倾侧 |
| 载荷中心在导轨跨距之外（图1-27（a）） | 1.5 μm | 3.5 μm | 0.6 μm | 1 μm |
| 载荷中心在导轨跨距之内（图1-27（b）） | 1.1 μm | 2 μm | 0.5 μm | 1 μm |

**实例 1-2**　直线导轨支承的工作台左右移动时，因为工作台本身质量的影响，从而使滚珠产生变形，导致工作台倾斜，从而产生误差。现有一精密仪器的钢制工作台支承在两条直线导轨上，每条导轨上有 2 个 $\phi12$ mm 的滚珠支承工作台（如图 1-28 所示）。该工作台重 100 N，左右行程各 60 mm，两个滚珠之间的距离 $L=100$ mm。具体要求：①判定该直线导轨机构能否满足要求；②如不满足应当如何改进。

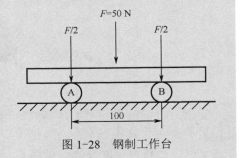

图 1-28　钢制工作台

（1）对该机构进行受力分析。

该工作台在工作时，滚珠产生滚动，它与下导轨的接触点为滚珠的瞬时中心，因此滚珠在工作时实际移动距离应等于工作台移动距离的 $\frac{1}{2}$，其在左右极限位置时的受力图如图 1-29 所示。

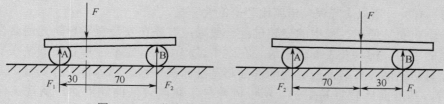

图 1-29　工作台移动到左右极限位置时的受力图

该工作台由两条直线导轨来支承，所以每条直线导轨所承受的力为工作台的一半，即 $F = 50\ \text{N}$。

$$\begin{cases} F_1 + F_2 = 50 \\ F_1 \cdot 100 = F \cdot 70 \\ F_2 \cdot 100 = F \cdot 30 \end{cases}$$

$$F_1 = 35\ \text{N},\quad F_2 = 15\ \text{N}$$

（2）直线导轨的刚度计算。

该结构为钢材，滚珠与平面接触点变形 $\Delta$ 为：

$$\Delta = 1.231 \times \sqrt[3]{\left(\frac{F_r}{E}\right)^2 \frac{1}{R^2}} \tag{1-10}$$

式中　$F_r$——滚珠载荷（N）；

　　　$E$——钢的弹性模量，$E = 2.1 \times 10^5\ \text{MPa}$；

　　　$R$——滚珠半径。

由此可以求得两个滚珠在接触点处的变形为：

$$\Delta_1 = 1.231 \times \sqrt[3]{\left(\frac{F_r}{E}\right)^2 \cdot \frac{1}{R^2}} = 1.231 \times \sqrt[3]{\left(\frac{35}{2.1 \times 10^5}\right)^2 \times \frac{1}{6^2}} = 1.129\ \mu\text{m}$$

$$\Delta_2 = 1.231 \times \sqrt[3]{\left(\frac{F_r}{E}\right)^2 \cdot \frac{1}{R^2}} = 1.231 \times \sqrt[3]{\left(\frac{15}{2.1 \times 10^5}\right)^2 \times \frac{1}{6^2}} = 0.642\ \mu\text{m}$$

工作台倾斜角度：

$$\theta = \frac{\Delta_1 - \Delta_2}{L} = \frac{1.129 - 0.642}{1 \times 10^5} = 4.87 \times 10^{-6}\ \text{rad} = 1.005'' \approx 1''$$

滚珠与上下导轨接触点都有变形，实际变形量为 $2\Delta$。

因为上述计算是在一个极限位置时工作台偏离水平位置的角度，所以工作台由一个极限位置移动到另一个极限位置时的转角为 $4\theta = 4 \times 1'' = 4''$，由此产生的误差为 $\Delta l = \phi h = 4 \times 4.87 \times 10^{-6} \times 60 = 1.17\ \mu\text{m}$，误差过大，该结构是不允许的，必须进行改进。改进方法是把滚动体改为滚柱，并同时增加其数目。

4）直线导轨的安装

直线导轨在安装过程中主要存在水平方向和垂直方向的误差，安装误差产生的影响分为寿命、摩擦、精度三个因素。在安装过程中，若误差过大，将会大大增加摩擦力，从而影响它的使用寿命，同时还会降低刚性，进而影响直线导轨的运动精度和运动性能。虽然对于安装误差都会进行一定的平均化效果，但平均化效果的大小与导轨副的预紧力、直线导轨的变形等有关，所以实际误差值要比理论值大一些。

直线导轨在安装使用过程中的安装过程一般为：首先在安装直线导轨之前必须清除机械零件表面的毛边、污物及表面伤痕等。在这个过程中，一定要注意直线导轨在安装使用之前都会涂有防锈油，安装前应先用清洗油将基准面洗干净，然后再进行安装。通常将防锈油清除后，基准面比较容易生锈，所以应涂抹上黏度较低的润滑油。清洗工作完成之后，将主轨轻轻地安置在床台上，使用侧向固定螺丝或其他固定工具使线轨与侧向安装面轻轻贴合。安装使用之前要确认螺丝孔是否吻合，如果底座加工孔不吻合又强行锁紧螺栓，会大大影响组合精度与使用品质。由中央向两侧按顺序将滑轨的定位螺丝稍微旋紧，使轨道与垂直安装面稍微贴合，顺序是由中央位置开始向两端迫紧可以得到较稳定的精度。垂直基准面稍微旋紧后，加强侧向基准面的锁紧力，使主轨可以更加贴合侧向基准面。使用扭力扳手，依照各种材料的锁紧扭矩将滑轨的定位螺丝慢慢旋紧。之后使用相同的安装方式安装副轨，且分别安装滑座至主轨与副轨上。在此要注意滑座安装在线性滑轨后，后续许多附属件由于安装空间有限无法安装，必须在此阶段将所需附件一并安装（附件可能为油嘴、油管接头、防尘系统等）。轻轻安置移动平台到主轨与副轨的滑座上，先锁紧移动平台上的侧向迫紧螺丝，安装定位后再依照顺序一一进行。

直线导轨在安装与使用时还要注意以下几点：

（1）如果安装的是成对的导轨，则应对导轨进行成对的编号，编号末尾有"J"的为基准导轨，如36006009J为基准导轨，36006009为非基准导轨；

（2）接长导轨成对安装时，也要注意接长处的编号；

（3）部分精密直线导轨在厂家制造生产之后，都对其进行了精度和滚动性能的调试，所以在使用过程中不能私自拆装，以免损失原有的精度和灵活性。

**3. 项目小结**

"高效率"是整个产业竞争的关键，再加上目前社会对绿色环保概念的加强，高速化与环保化已成为整个行业发展不可或缺的两大项目。

中国经济持续快速的增长，为直线导轨产品提供了巨大的市场空间，中国市场强烈的诱惑力，使得世界都把目光聚焦在了中国市场上。进入21世纪以来，我国直线导轨行业从规模上已进入世界前三名。虽然还有这样或那样的不足，但我国直线导轨工具行业已趋于成熟，今后的发展将以创新、提升、优化为主要模式，从而走向自润式、高防尘、定位式与模组化的趋势。主要有以下产品。

1）自润式直线导轨

它主要是将油储藏在直线导轨内，让其产生毛细现象，从而使油直接润滑至负荷滚珠，所以自润式是以润滑滚珠为目的的，也就是降低滚珠与轨道面之间的摩擦阻力，减轻磨损，从而相对提高直线导轨的寿命期限。

2）高防尘直线导轨

该直线导轨机构选用适当的防尘配件，能有效地阻止铁屑、粉尘等异物进入滚道内，以免影响直线导轨的精度。

3）定位式直线导轨

它是整合直线轴承与位置测量器的直线导轨模块组，可提供直线导引及位置回馈的功能。

4）模组化平台

以 U 形结构来整合滚珠丝杠副和直线导轨功能的模组化平台，不仅可以体现高刚性与高精度的特性，也可节省安装使用空间，一般应用在精密仪器及半导体设备中。

5）微型导轨

针对医疗、半导体制造及计量装置，THK 公司开发了导轨宽度分别为 1 mm、2 mm、4 mm 等 3 个型号（长度 100 mm）的标准产品，这类产品具有以下特点：①超小型，LM 导轨副系列中断面尺寸最小的、可靠性高的超微型产品，它满足设备质量轻、省空间的要求；②低滚动阻力；③能承受所有方向的载荷；④出色的耐腐蚀性，LM 导轨及滚珠均使用马氏体不锈钢，耐腐蚀性出色，最适合用于医疗器械及清洁车间中。

4. 项目评价

项目评价表如表 1-14 所示。

表 1-14　项目评价表

| 项　　目 | 目　标 | 分　值 | 评　分 | 得　分 |
|---|---|---|---|---|
| 叙述直线导轨的工作原理 | 能正确全面地说明 | 20 | 不完整，每处扣 4 分 | |
| 学会选用典型的直线导轨 | 能正确选用 | 20 | 不完整，每处扣 5 分 | |
| 直线导轨的变形设计计算 | 设计计算正确 | 30 | 每错一步酌情扣 5～10 分 | |
| 说明直线安装的方法，有条件地实地操作 | 说明全面、正确 | 30 | 不完整，每处扣 5 分 | |
| 总分 | | 100 | | |

## 项目拓展——直线导轨的发展

进入 21 世纪以来，数控机床、机器人、机电一体化设备等各种机械进给速度的高速化发展越来越快，到目前为止，已经提高了 2～3 倍，因此对于这些机械的核心零部件——直线导轨的高速要求也就更高。

直线导轨实现高速、高加减速的基本要求为：①滚动体之间不接触；②润滑性能提高，并能长期维持特性；③整列滚动体光滑运动；④冲击力小的循环机构。基于这些要求，世界各国的公司积极研发，获得了长足的进步，比如日本的 THK 公司就成功研发了 SSR 直线导轨，这类导轨采用了滚动体保持器，从而使滚动体能均匀地分布排列，平稳地进行循环工作。采用该结构使 SSR 直线导轨具有噪声低、免维修、寿命长等特点，并且可进行 300 m/min 的超高速直线运动。该导轨实现了 100 m/min 运动速度下噪声小于 50 dB，摩擦波动幅度减少到以往产品的 1/5。SSR 直线导轨还使用了含有润滑油的树脂材料"固形油"的"KI 系列润滑装置"，装置中的密封件含有质量比为 70%的润滑油，润滑油慢慢地溢出以维持长期的润滑能力。

中国经济持续快速的增长，为直线导轨产品提供了巨大的市场空间，中国市场强烈的诱惑力，使世界都把目光聚焦在中国市场，在改革开放短短的几十年，中国直线导轨制造业所形成的庞大生产能力让世界刮目相看。随着中国电力工业、数据通信业、城市轨道交通业、汽车业及造船业等行业规模的不断扩大，对直线导轨的需求也将迅速增长，未来直线导轨行业还有巨大的发展潜力。

# 项目 1-3 谐波齿轮减速器

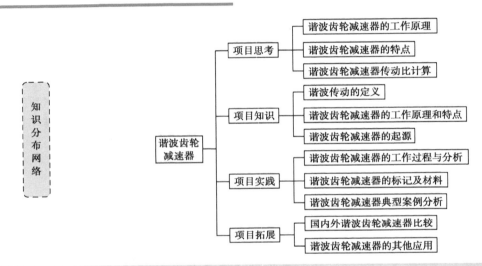

## 项目思考——谐波齿轮减速器的组成和特点

如图 1-30 所示是一台 BK—600 串联式机器人，该机器人具有六个自由度，采用交流伺服电动机和谐波齿轮减速器等进行传动，模块化结构简单、紧凑，工作范围大，高度的能动性和灵活性，具有广阔的可达空间。

传统的减速器有直齿圆柱齿轮减速器、斜齿圆柱齿轮减速器及锥齿轮减速器等，但随着机械技术的发展，如在雷达通信、仪器仪表、汽车、造船、机器人等领域中，除了要求能传递较大的转矩外，还要求该机构具有高灵敏度的随动系统，而传统的减速器无法达到目标。随着谐波齿轮减速器的发展，这类问题得到了解决。本项目通过熟悉谐波齿轮减速器，进一步清楚地了解谐波齿轮减速器的结构、工作原理、工作情况分析、未来发展趋势等。

图 1-30　BK—600 串联式机器人

从三个方面去思考：

（1）谐波齿轮减速器与传统减速器的差别，主要由哪几部分组成？

（2）谐波齿轮减速器的特点有哪些？

（3）谐波齿轮减速器的传动比应如何计算？

### 1-3-1　谐波传动的定义

谐波传动是利用一个构建的可控制的弹性变形来实现机械运动的传递，它是在薄壳弹性变形的基础上发展起来的一种传动技术。谐波传动通常由刚轮、柔轮和波发生器三个基本构件组成。在谐波传动出现后短短的几十年中，世界各工业比较发达的国家都集中了一批研究力量，致力于这类新型传动的研制，几乎对该类传动的整个领域中的全部问题都进行了不同程度的研究。通过应用实践表明，无论是作为高灵敏度随动系统的精密谐波传动，还是作为传递大转矩的动力谐波传动，都表现出了良好的性能；作为空间传动装置和用于操纵高温、高压管路，以及在有原子辐射或其他有害介质条件下工作的机构，更是显示出一些其他传动装置难以比拟的优越性。

### 1-3-2　谐波齿轮减速器的工作原理和特点

谐波齿轮减速器是机械传动机构，它主要是利用齿轮机构来进行转换，将电动机的回转速度降到工作所需的速度，同时还要能得到较大的转矩，这类减速器一般用于低转速大扭矩的传动设备当中。谐波齿轮减速器的基本结构如图 1-31 所示，它主要由刚轮（Circulur spline）、柔轮（Flex spline）和波发生器（Wave generator）三部分组成，工作时固定其中一件，另外两构件中的一个作为主动件，一个作为从动件，其相互关系可以根据需要相互交换，一般都以波发生器作为主动件。

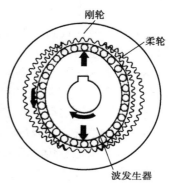

图 1-31　谐波齿轮减速器的基本结构

（1）波发生器，它相当于行星架。它是一个薄壁球轴承，安装于椭圆形轮毂上，而椭圆形轮毂一般安装在谐波齿轮减速器的输入轴上，以此作为减速器的扭矩发生器。常见的机械式波发生器的结构形式有滚轮式波发生器、圆盘式波发生器和凸轮波发生器三种。

（2）柔轮，带有外齿圈的柔性齿轮，它相当于行星齿轮。柔轮在自然状态下是一个柔性的薄壁杯形圆柱筒，筒的外壁上制有轮齿，节圆的直径略小于刚轮齿节圆直径。柔轮贴装于波发生器上并发生变形，变形后的形状由波发生器的外轮廓来决定，一般波发生器的外轮廓都为椭圆形。柔轮和输出轴的连接方式直接影响谐波传动的稳定性和工作性能，常见的柔轮形式主要有杯形、环形和特殊形式三种类型。

（3）刚轮，带有内齿圈的刚性齿轮，它相当于行星轮系的中心轮。刚轮是一个有内齿的刚性环，内齿在波发生器的长轴方向与柔轮的外齿啮合，而且齿数比柔轮多两个，刚轮一般安装在壳体上，通常作为谐波减速器的固定元件。刚轮常见的结构形式主要有环形内齿刚轮和带凸缘内齿刚轮两种。

与传统的齿轮减速器相比，谐波齿轮减速器具有如下优点。

（1）结构简单，体积小，质量轻。谐波齿轮机构通常只由波发生器、柔轮和刚轮三部分组成，与一般传统的减速器相比，它的零件数量要减少 50%，体积及质量均要少 1/3 左右。

（2）传动比大，传动范围广。单级谐波齿轮减速器传动比可在 50～300 之间，优先选用在 75~250 之间；双级谐波齿轮减速器传动比可在 3 000~60 000 之间；封闭谐波齿轮减速器传动比可在 200~140 000 之间。

（3）承载能力大。普通齿轮传动过程中，同时啮合的齿数一般只有 2%~7%，直齿圆柱齿轮传动更少，一般只有 1~2 对，而双波谐波齿轮减速器同时啮合的齿数可达 30%。所以，谐波齿轮减速器传动的精度高，承载能力要大大超过其他传动方式，其传递的功率可达到几千瓦，甚至几十千瓦，进而实现大速比、小体积的优点。

（4）传动精度高。由于谐波齿轮减速器传动时啮合的齿数较多，因而误差得到均化。一般情况下，谐波齿轮减速器的运动精度与相同精度的普通齿轮减速器相比，能提高 4 倍左右。

（5）运动平稳，基本上无冲击振动，噪声小。谐波齿轮减速器在工作过程中，齿的啮入与啮出是按正弦规律变化的，理论上不存在突变载荷和冲击，磨损小，无噪声。

（6）可以向密封空间传递运动或动力。若采用柔轮固定的方式，柔轮既可以作为密封传动装置的壳体，又可以产生弹性变形。因此，采用密封柔轮谐波齿轮减速器，可以用来驱动在高真空、有原子辐射或其他有害介质的空间工作的传动机构。这一特点是现有其他传动机构所无法比拟的。

（7）传动效率较高。单级传动的效率在 69%~96%范围内，即使传动比很大的情况下，传动效率也仍然很高。

（8）齿侧间隙可以调整。谐波齿轮减速器传动过程中，柔轮与刚轮齿之间的尺寸主要取决于波发生器外形的最大尺寸及两轮齿的齿形尺寸，所以传动的回差较小，齿侧间隙可以调整，甚至可以实现零侧隙传动。

（9）同轴性好。谐波齿轮减速器的高速轴、低速轴位于同一轴线上。

谐波齿轮减速器传动的缺点：

（1）柔轮在工作过程中交变应力，所以柔轮材料应有良好的疲劳强度，同时要进行相应的热处理工艺。

（2）传动比的下限值高，齿数不能太少，当波发生器作为主动件时，传动比不小于35。

（3）启动力矩大。

（4）不能做成交叉轴和交错轴的结构形式。

谐波齿轮减速器传动目前种类越来越多，并已形成"三化"系列，应用范围也越来越广，广泛应用于机器人、无线电天线伸缩器、手摇式谐波传动增速发电机、电子仪器、仪表、精密分度机构、小侧隙和零侧隙传动机构等领域。

### 1-3-3  谐波齿轮减速器的起源

谐波齿轮减速器传动是 20 世纪 50 年代后期随着空间科学、航天技术的发展而出现的一种非常重要的新型机械传动方式，该项技术被认为是 20 世纪机械传动技术的重大突破。在谐波齿轮减速器传动技术出现后的短短几十年间，世界各国都投入了大量的人力、物力来研究这类新型技术。1947 年苏联工程师 A.摩察尤唯金首先提出了谐波传动原理，1955 年美国工程师 C.W.麦塞尔（Musser）发明了第一台谐波齿轮减速器，并用于火箭中。此后，这类机械传动机构多次应用于航天飞行器，充分体现了谐波齿轮减速器的优越性。麦塞尔于 1959 年取得了谐波齿轮减速器传动技术的发明专利，并于 1960 年在纽约展出实物，公开发表了该项技术的详细资料。1961 年由上海纺织科学研究院的孙伟工程师引入我国。此后，我国的科学家们也积极研究此项技术，于 1983 年专门成立了谐波传动研究室。1984 年"谐波减速器标准系列产品"在北京通过鉴定。1993 年制定了 GB/T14118—93 谐波传动减速器标准，同时在理论研究、研制和应用等方面都取得了重大的进步，成为掌握该项技术的国家之一。如图 1-32 所示为谐波齿轮减速器实物图。

图 1-32　谐波齿轮减速器实物图

应用领域：目前，谐波传动广泛应用于航空航天、机器人、加工中心、雷达设备、造纸机械、纺织机械、半导体工业晶圆传送装置、印刷包装机械、医疗器械、金属成型机械、仪器仪表、光学制造设备、核设施及空气动力实验研究等领域。例如，日本本田公司仿生机器人 ASIMO 的手臂与腿部至少使用了 24 套谐波传动装置；美国 NASA 发射的火星机器人则使用了 19 套谐波传动装置；德法英联合研制的空中客车上使用了谐波传动阵列来检测飞机着陆时副翼的位置；安装于夏威夷 Mauna Kea 山的 Subaru 望远镜系统采用了 264 套谐波传动装置，将 8.2 m 口径主镜镜面的精度保持在 0.1 μm；为确保手术系统高精度定位与配合作业，在外科手术系统中应用了各种型号的谐波传动。现在，约有 90%的谐波传动应用在机器人工业和精密定位系统中，谐波传动已成为现代工业重要的基础部件。

## 项目实践——谐波齿轮减速器的工作过程与分析

### 1. 实践要求

（1）认识谐波齿轮减速器的工作过程；
（2）熟悉谐波齿轮减速器的标记及材料；
（3）熟悉谐波齿轮减速器的运动分析。

### 2. 实践过程

1）谐波齿轮减速器的工作过程与分析

在使用过程中，谐波齿轮减速器的三个构件可以任意固定一个，分别可用做减速传动机构和增速传动机构，或者以波发生器、刚轮作为主动件，柔轮作为从动件，从而形成差动机构（即转动的代数合成）。对于采用凸轮波发生器谐波齿轮减速器机构，柔轮原为圆形，柔轮和刚轮的齿形相同，但刚轮的齿数比柔轮的齿数多 2 个，波发生器的椭圆长轴比未变形的柔轮内圆直径略大，当波发生器装入椭圆形轮毂上时，迫使柔轮产生弹性变形，从而使其变为椭圆形。若以刚轮固定，则波发生器作为主动件，柔轮作为从动件，其工作过程如图 1-33 所示。

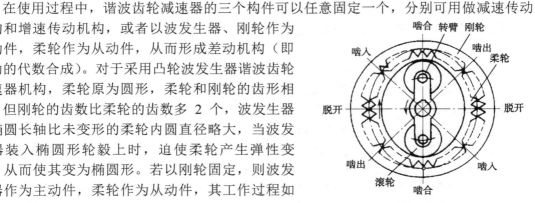

图 1-33　谐波齿轮减速器的工作过程

机电－体化系统项目教程

当波发生器输入运动时，凸轮在柔轮内转动，从而使柔轮及薄壁轴承产生可控的弹性变形，这时柔轮轮齿就在变形的过程中进入（啮合）或退出（脱开）刚轮的齿间。当波发生器的长轴端处于完全啮合状态时，那么短轴端就处于完全脱开状态。柔轮在工作过程中，由于波发生器的外轮廓的限制，其由圆形变成椭圆形，椭圆形长轴两端的柔轮齿与之配合的刚轮轮齿则处于完全啮合状态，也就是说柔轮的外齿与刚轮的内齿相啮合。一般情况下，30%左右的齿处于啮合状态，这便是啮合区；椭圆形短轴两端的柔轮轮齿与刚轮轮齿处于完全脱开状态，简称脱开；在长轴与短轴之间的柔轮轮齿，在柔轮周围的不同区域内，有的逐渐退出刚轮轮齿间，处于半脱开的状态，称之为啮出。谐波齿轮减速器由于波发生器在柔轮内进行连续转动，就使得柔轮轮齿处于啮入—啮合—啮出—脱开状态。在这四种循环状态中，不断地改变各自原来的啮合状态，这种现象称为错齿运动，正是由于这种错齿运动的存在，才能将主动件的输入运动转变为从动件的输出运动。柔轮轮齿和刚轮轮齿在节圆处啮合时就如同两个圆环做纯滚动（无滑动）一样，两者在任何转动的瞬间，在节圆上所转过的弧长必须相等。因为柔轮要比刚轮少两个齿距，所以柔轮在啮合过程中就必须相对刚轮转过两个齿距的角位移，这个角位移也就是减速器输出轴的转动，以此达到减速的目的。波发生器产生角位移的过程从而形成一个上下左右相对称的和谐波，故称之为"谐波"。例如，双波传动的运动规律是，波发生器 H 旋转一周（周长为 $2\pi r_H$），柔轮就相对于刚轮在其圆周方向上转过两个齿距 $2P$ 的弧长；如果波发生器 H 旋转二分之一周，柔轮就转过一个齿距 $P$ 的弧长；如果波发生器 H 旋转四分之一周，则柔轮就转过二分之一齿距 $P$ 的弧长，以此类推。

随着对于谐波齿轮减速器传动机构的进一步研究，谐波齿轮减速器传动的结构种类也越来越多，按变形波数可分为：

（1）单波传动，其齿数差为 1。这类谐波齿轮减速器传动机构由于柔轮变形的不对称性和啮合作用力的不平衡，所以迄今为止在国内外都很少应用。

（2）双波传动，其齿数差为 2。这类谐波齿轮减速器传动时，柔轮产生可控的弹性变形时，其表面的应力较小，容易获得较大的传动比，结构也较为简单，传动效率也高，因此双波传动机构得到了较为广泛的应用。

（3）三波传动，其齿数差为 3。这类谐波齿轮减速器传动机构径向力较小，啮合作用力较平衡，偏移误差较小。但柔轮在工作过程中所受应力较大，而且反复多次受到疲劳应力的作用，容易产生疲劳破坏，结构较复杂，安装也较为麻烦，所以一般情况下不会采用该类结构。

按传动级数可分为：

（1）单级谐波齿轮传动。它主要由一个柔轮和一个刚轮组成，该类机构结构简单、安装方便、传动范围广。

（2）双级谐波齿轮传动。它是由两个简单的谐波齿轮传动串联而成的组合式谐波齿轮机构，这类机构通常有径向串联式双级谐波机构和轴向串联式双级谐波机构两种形式。

（3）封闭谐波齿轮传动（复波传动）。它采用一个差动谐波齿轮机构（其自由度 $F = 2$）和一个简单谐波齿轮机构来进行封闭，而且将其连接到差动机构中的任何两个基本构件，这样也就消除了差动谐波齿轮机构的一个自由度，由此便形成了只有一个自由度的封闭谐波齿轮机构。该类机构结构紧凑，传动稳定，精度高，传动范围广。

2）谐波齿轮减速器的标记及材料

单级谐波齿轮减速器的型号由产品代号、规格代号和精度等级三部分组成。

例如，XBD　100-125-250-Ⅱ，表示的意义如下：

XBD 为产品代号，表示卧式双轴伸型谐波齿轮减速器；

100 表示柔轮内径为 100 mm；

125 表示传动比为 125（每种机型有 3～5 种传动比）；

250 表示输出转矩为 250 N·m；

Ⅱ是精度等级，Ⅰ级为精密级，Ⅱ级为普通级。

各种规格的谐波齿轮减速器的有关参数和技术指标可参见标准 SJ2604-85。

谐波齿轮减速器在使用过程中，其主要零部件的材料会大大影响其性能，所以要根据使用要求的不同来合理地选择材料，这样才能保证谐波齿轮减速器在工作时安全可靠。

（1）柔轮材料。柔轮处在反复弹性变形的状态下工作，因此柔轮在工作时既要承受弯曲应力，又要承受扭转应力，工作条件较为恶劣，一般情况下要求使用疲劳极限大于 350 MPa，表面硬度达 280～320 HBS 的合金钢来进行制造。但根据所承受载荷的不同，柔轮材料也有所区别。对于重负荷且传动比比较小的柔轮，宜采用对应力集中敏感性比较小的高韧度的结构钢，如 35CrMoAlA、40CrNiMoA 等；如果承受中等负荷或者轻负荷的柔轮，可以采用较为廉价的 35CrMoSiA、35CrMnSiA、40Cr 等。目前我国通用的谐波齿轮减速器主要采用 35CrMnSiA 材料。不锈钢 Cr18Ni10T 具有很高的塑性，便于控制和施压，但却贵而且稀缺，密封谐波传动的柔轮常采用该类材料。

（2）刚轮材料。刚轮所受应力一般低于柔轮，因此刚轮可以采用一般钢材，如 45 钢、40Cr 等，也可采用强度较高的铸铁、球墨铸铁等。铸铁刚轮和钢制的柔轮形成了减摩副，从而大大减少了表面的磨损。

（3）凸轮材料。凸轮材料没有其他要求，一般采用 45 钢，调制处理。

3）谐波齿轮减速器的运动分析

谐波齿轮传动机构中，只有波发生器、刚轮和柔轮这三个基本构件。假设波发生器相当于行星轮系的转臂 H，柔轮相当于行星轮 R，刚轮相当于中心轮 G，则：

$$i_{RG}^{H} = \frac{n_R - n_H}{n_G - n_H} = \frac{z_G}{z_R}$$

式中　$n_R$——柔轮的转速；

　　　$n_G$——刚轮的转速；

　　　$n_H$——波发生器的转速；

　　　$z_R$——柔轮的齿数；

　　　$z_G$——刚轮的齿数。

（1）当柔轮固定时，$n_R = 0$，波发生器输入运动，刚轮输出运动，则：

$$i_{RG}^{H} = \frac{0 - n_H}{n_G - n_H} = \frac{z_G}{z_R}$$

$$\frac{n_G}{n_H} = 1 - \frac{z_R}{z_G}$$

$$i_{HG} = \frac{n_H}{n_G} = \frac{z_G}{z_G - z_R}$$

设 $z_R = 200$，$z_G = 202$，则 $i_{HG} = 101$，结果为正值，说明刚轮与波发生器转向相同，起到减速的作用。

（2）当柔轮固定时，$n_R = 0$，刚轮输入运动，波发生器输出运动，则：

$$i_{GR}^H = \frac{n_G - n_H}{0 - n_H} = \frac{z_R}{z_G}$$

$$\frac{n_G}{n_H} = 1 - \frac{z_R}{z_G}$$

$$i_{GH} = \frac{n_G}{n_H} = \frac{z_G - z_R}{z_G}$$

设 $z_R = 200$，$z_G = 202$，则 $i_{GH} = \frac{1}{101}$，结果为正值，说明刚轮与波发生器转向相同，起到减速的作用。

（3）当刚轮固定时，$n_G = 0$，波发生器输入运动，柔轮输出运动，则：

$$i_{GR}^H = \frac{n_G - n_H}{n_R - n_H} = \frac{z_R}{z_G}$$

$$\frac{n_H}{n_R} = -\frac{z_R}{z_G - z_R}$$

$$i_{HR} = \frac{n_H}{n_R} = -\frac{z_R}{z_G - z_R}$$

设 $z_R = 200$，$z_G = 202$，则 $i_{HR} = -100$，结果为负值，说明波发生器与柔轮转向相反，起到增速的作用。

（4）当刚轮固定时，$n_G = 0$，柔轮输入运动，波发生器输出运动，则：

$$i_{RG}^H = \frac{n_R - n_H}{n_G - n_H} = \frac{z_G}{z_R}$$

$$\frac{n_R}{n_H} = \frac{z_R - z_G}{z_R}$$

$$i_{RH} = \frac{n_R}{n_H} = \frac{z_R - z_G}{z_R}$$

设 $z_R = 200$，$z_G = 202$，则 $i_{RH} = -\frac{1}{100}$，结果为负值，说明波发生器与柔轮转向相反，起到增速的作用。

4）谐波齿轮减速器典型案例分析

在串联式机器人中采用了谐波齿轮减速器，传动比 $i = 100$，输出转矩 $M_1 = 450\,\text{N·m}$；无冲击负荷，一天工作 8～10 h；输入电动机转速为 2 500 r/min。现分析谐波齿轮减速器主要零部件的加工工艺，并校核柔轮的强度。

（1）主要零部件的加工工艺。

① 柔轮加工的工艺路线：原材料验收→备料→粗车→调质→精车→时效→磨→超精

磨→齿形加工→氮化→探伤→终检→转装配。

② 刚轮加工的工艺路线：原材料验收→备料→粗车→调质→精车→铣→时效→平磨→精车→镗→钳→插齿→钳→发黑→终检→转装配。

③ 输出轴加工的工艺路线：原材料验收→备料→调质→精车→磨外圆→铣键槽→精车→铣→精车→铣→磨→铣→钳→发黑→终检→转装配。

④ 凸轮加工的工艺路线：原材料验收→备料→粗车→调质→精车→磨内孔→磨端面→平磨→粗磨凸轮外形→精磨凸轮外形→钳→发黑→终检→转装配。

（2）柔轮强度的校核。

① 求柔轮分度圆直径与波高。本谐波齿轮传动机构无冲击负荷，一天工作 8～10 h，查找《机械设计手册》可得承载能力修正系数为 1.0，同时可得柔轮分度圆直径及波高为：

$$d_R = 150 \text{ mm}, \quad d = 1.5 \text{ mm}$$

② 柔轮和刚轮齿数的确定。由传动比 $i = 100$，并选定波发生器输入，刚轮固定，柔轮输出，波数 $n = 2$ 时，有：

$$z_R = 200, \quad z_G = 202$$

③ 计算齿形几何参数为：

$$m = \frac{d}{2} = \frac{1.5}{2} = 0.75 \qquad\qquad p = \pi m = 2.356\,2 \text{ mm}$$

$$h' = \frac{7}{16}d = 0.656\,3 \text{ mm} \qquad\qquad h'' = \frac{9}{16}d = 0.843\,7 \text{ mm}$$

$$s = 0.125d = 0.187\,5 \text{ mm} \qquad\qquad s_t = \frac{7}{16}p = 1.030\,7 \text{ mm}$$

$$d_G = \frac{z_G d}{n} = 151.5 \text{ mm} \qquad\qquad d_R = \frac{z_R d}{n} = 150 \text{ mm}$$

$$d_{Gf} = d_G + \frac{9}{8}d = 153.187\,5 \text{ mm} \qquad\qquad d_{Rf} = d_R - \frac{9}{8}d = 148.312\,5 \text{ mm}$$

$$d_{Ga} = d_G - \frac{7}{8}d = 150.187\,5 \text{ mm} \qquad\qquad d_{Ra} = d_R + \frac{7}{8}d = 151.312\,5 \text{ mm}$$

双波时 $\Phi = 28.6°$，$\Phi_1 = 29.2°$。

④ 柔轮结构参数的确定：

$$h_1 = (0.01 \sim 0.015)d_R \qquad\qquad h_1 = 1.7 \text{ mm}$$

$$h_2 = h_4 = (0.5 \sim 0.7)h_1 \qquad\qquad h_2 = h_4 = 1.4 \text{ mm}$$

$$d_{Rd} = d_{Rf} - 2h_1 = 144.312\,5 \text{ mm}$$

$$r_m = \frac{d_{Rd} + 2h_2}{2} = 73.56 \text{ mm}$$

$$L = (0.8 \sim 1.1)d_R \qquad\qquad L = 145.8 \text{ mm}$$

⑤ 选择波发生器形式。选用凸轮轮廓线的滚球薄壁轴承式波发生器。

⑥ 确定系数 $C_\sigma$、$C_\tau$、$K_M$、$K_\sigma$、$K_\tau$、$K_d$、$K_u$、$K_z$，见表 1-15 和表 1-16。本结构 $\beta = 30°$，查表 1-15 可得 $C_\sigma = 1.592$，$C_\tau = 0.565$。

表 1-15　$C_\sigma$ 和 $C_\tau$ 的值

| $\beta$ | 0° | 5° | 10° | 15° | 20° | 25° | 30° | 35° | 40° | 45° |
|---|---|---|---|---|---|---|---|---|---|---|
| $C_\sigma$ | 2.278 | 2.036 | 1.808 | 1.652 | 1.547 | 1.510 | 1.592 | 1.986 | 3.582 | 12.971 |
| $C_\tau$ | 0 | 0.142 | 0.260 | 0.354 | 0.435 | 0.506 | 0.565 | 0.628 | 0.753 | 0 |

表 1-16　受载时柔轮形状畸变引起的应力增长系数 $K_M$

| $M_1/M$ | $K_M$ | |
|---|---|---|
| | 凸轮式和圆盘式波发生器 | 触头式波发生器 |
| 0.25 | 1.13 | 1.25 |
| 0.50 | 1.25 | 1.50 |
| 0.75 | 1.38 | 1.75 |
| 1.00 | 1.60 | 2.00 |
| 1.50 | 1.75 | 2.50 |
| 2.00 | 2.00 | 3.00 |

查《机械设计手册》可得，该结构 $M_1/M \approx 0.75$，所以由表 1-16 可知 $K_M = 1.38$。

$K_\sigma$、$K_\tau$ 分别为正应力与切应力的有效应力集中系数。$K_\sigma = 2.2 \sim 2.5$，$K_\tau = (0.7 \sim 0.9)K_\sigma$，所以取 $K_\sigma = 2.2$，$K_\tau = 1.76$。

$K_u$ 为切应力分布不均匀系数，$K_u = 1.5 \sim 1.8$，所以取 $K_u = 1.6$。

$K_z$ 为考虑 $\sigma_z$ 影响的系数，取 $K_z = 0.7$。

$K_d$ 为动载系数，一般取 $K_d = 1.1 \sim 1.4$，所以取 $K_d = 1.25$（输入轴转速为 2 500 r/min）。

⑦ 计算柔轮应力。

$$\sigma_\varphi = K_M K_d C_\sigma \frac{\omega_o E h_1}{r_m^2} = 1.38 \times 1.25 \times 1.592 \times \frac{0.75 \times 2.1 \times 10^5 \times 1.7}{73.56^2} = 135.89 \text{ MPa}$$

$$\tau_{z\varphi} = K_M K_d C_\tau \frac{\omega_o E h_1}{r_m L} = 1.38 \times 1.25 \times 0.565 \times \frac{0.75 \times 2.1 \times 10^5 \times 1.7}{73.56 \times 145.8} = 24.33 \text{ MPa}$$

$$\tau_M = K_u K_d \frac{M_1}{2\pi r_m^2 h_1} = 1.6 \times 1.25 \times \frac{450 \times 1000}{2\pi \times 73.56^2 \times 1.7} = 15.58 \text{ MPa}$$

$$\sigma_a = \sigma_\varphi = 135.89 \text{ MPa}, \quad \sigma_m = 0$$

$$\tau_a = \tau_m = 0.5(\tau_M + \tau_{z\varphi}) = 19.96 \text{ MPa}$$

⑧ 选择材料与确定许用应力。选取柔轮材料为 40CrNiMoA，$\sigma_{-1} \approx 500 \text{ MPa}$，$\tau_{-1} \approx 250 \text{ MPa}$。

⑨ 计算安全系数 $S$。

$$S_\sigma = \frac{\sigma_{-1}}{K_\sigma \sigma_a} = \frac{500}{2.2 \times 135.89} = 1.67$$

$$S_\tau = \frac{\tau_{-1}}{K_\tau \tau_a + 0.2\tau_m} = \frac{250}{1.76 \times 19.96 + 0.2 \times 19.96} = 6.39$$

所以

$$S = \frac{S_\sigma S_\tau}{\sqrt{S_\sigma^2 + K_z S_\tau^2}} = \frac{1.67 \times 6.39}{\sqrt{1.67^2 + 0.8 \times 6.39^2}} = 1.79 > 1.5$$

⑩ 结论。柔轮疲劳强度满足要求。

## 3. 项目小结

目前，国外小模数精密谐波齿轮减速器多采用短筒柔轮，其体积小、质量轻、承载能力高；我国采用的还是普通杯形柔轮，还没有生产短筒柔轮谐波齿轮减速器。几种国外短筒柔轮谐波齿轮减速器与国产精密杯形谐波齿轮减速器的主要参数对比见表 1-17，国内外柔轮结构对比如图 1-34 所示。

表 1-17　国内外谐波齿轮减速器主要参数对比（转速 1 500 r/min，速比 100）

| 外径（mm） | 国外 | 70 | 85 | 110 | 135 | 170 |
|---|---|---|---|---|---|---|
|  | 国内 | 70 | 85 | 110 | 135 | 170 |
| 长度（mm） | 国外 | 14 | 17 | 22 | 27 | 33 |
|  | 国内 | 50 | 55 | 70 | 95 | 110 |
| 转矩（N·m） | 国外 | 57 | 110 | 233 | 398 | 686 |
|  | 国内 | 33 | 55 | 132 | 265 | 495 |

由表 1-17 可知，我国谐波齿轮减速器尺寸大，承载能力反而小。国外短筒柔轮谐波齿轮减速器的体积仅是我国相同外径产品的 30%左右，而承载能力（转矩）却是我国相同外径产品的 1.39～2 倍。从图 1-34 可以很直观地看到，我国杯形柔轮的轴向尺寸比国外短筒柔轮的轴向尺寸要大得多。要在承载能力不变的情况下减小装置的体积，就应该下功夫研究短筒柔轮及其传动装置。另外，国外小模数谐波齿轮传动装置中的齿轮精度一般比我国的齿轮精度高 2 级，运动精度和回差能够小于 3′，而我国产品的回差一般都在 6′以上。

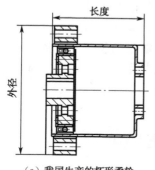　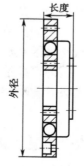

（a）我国生产的杯形柔轮　　　　　（b）美国生产的短筒柔轮

图 1-34　国内外柔轮结构对比

## 4. 项目评价

项目评价表如表 1-18 所示。

表 1-18　项目评价表

| 项　目 | 目　标 | 分　值 | 评　分 | 得　分 |
|---|---|---|---|---|
| 叙述谐波齿轮减速器的工作原理 | 能正确全面说明 | 20 | 不完整，每处扣 2 分 |  |
| 说明谐波齿轮减速器的应用 | 需举四例说明 | 20 | 不完整，每例扣 5 分 |  |

续表

| 项 目 | 目 标 | 分 值 | 评 分 | 得 分 |
|---|---|---|---|---|
| 分析谐波齿轮减速器的运动 | 能分析完整 | 30 | 不完整，每处扣 5 分 | |
| 学会谐波齿轮减速器典型零部件的设计计算 | 设计计算正确 | 30 | 每错一步酌情扣 5～10 分 | |
| 总分 | | 100 | | |

## 项目拓展——谐波齿轮传动技术的其他应用

由于谐波传动具有许多独特的优点，近几十年来，谐波齿轮传动技术和传动装置已被广泛应用于空间技术、雷达通信、能源、机床、仪器仪表、机器人、汽车、造船、纺织、冶金、常规武器、精密光学设备、印刷包装机械及医疗器械等领域。国内外的应用实践证明，无论是作为高灵敏度随动系统的精密谐波传动，还是作为传递大转矩的动力谐波传动，谐波齿轮传动装置都表现出了良好的性能；作为空间传动装置和用于操纵高温、高压管路，以及在有原子辐射或其他有害介质条件下工作的机构，更显示了一些其他传动装置难以比拟的优越性。谐波齿轮一般都是小模数齿轮，谐波齿轮传动装置一般都具有小体积和超小体积传动装置的特征。谐波齿轮传动在机器人领域的应用最多，在该领域的应用数量超过总量的 60%。谐波齿轮传动还在化工立式搅拌机、矿山隧道运输用的井下转辙机、高速灵巧的修牙机及精密测试设备的微小位移机构、精密分度机构、小侧隙传动系统中得到应用。随着军事装备的现代化，谐波齿轮传动广泛地应用于航空、航天、船舶潜艇、宇宙飞船、导弹导引头、导航控制、光电火控系统、单兵作战系统等军事装备中，如在战机的舵机和惯导系统中，在卫星和航天飞船的天线和太阳能帆板展开驱动机构中都得到应用。另外，精确打击武器和微小型武器是未来军事高科技的发展趋势之一，先后出现了微型飞机、便携式侦察机器人、微小型水下航行器、精确打击武器及灵巧武器和智能武器等新概念微小型武器系统。它们具有尺寸小、成本低、隐蔽性好、机动灵活等特征，在未来信息化战争、城市和狭小地区及反恐斗争中将占据重要的位置和发挥不可替代的作用。为进一步提高打击精度、提高可靠性、降低成本，武器系统的关键功能部件正在向小型化方向发展。超小体积谐波齿轮传动装置常用来构成相关部件的传动装置，以提高武器系统的打击精确性。

## 仿真实验——机电信息一体化机械结构组合实验

### 1. 实验目的

（1）根据典型的机械结构按照给出的零件列表和装配示意图，完成机械结构的装配和传感器的安装。

（2）完成滑块传动机构和间隙物料传送机构的组合装配，分别模拟实际生产中机械运动形式转化过程和物料传送过程。

（3）实现对组合模块的控制，构建一个完整的机电一体化系统的基本原理和方法，体会机、电、信息结合的实际意义。

### 2. 实验设备

（1）变速箱；（2）丝杠驱动机构；（3）直线滑动机构；（4）传送带；（5）磁性压块；（6）驱动单元；（7）传感器（光电传感器、U 形光电开关、接近开关）。

### 3. 实验原理

1）变速箱

如图 1-35 所示，变速箱是应用最为广泛的一种机械传动机构。它工作可靠、瞬时传动比恒定、结构紧凑，传动效率高而且功率和速度适用范围广。但它对制造和安装精度要求较高，运动中有噪声、冲击和振动，不宜用于传动中心距过大的场合。

功能：变速箱既可以应用于减速传动，也可以应用于升速传动。

图 1-35　变速箱

2）丝杠驱动机构（螺旋传动机构）

如图 1-36 所示，丝杠驱动机构是一种常见的机械运动形式转换机构，它有滑动摩擦和滚动摩擦之分。本实验中所使用的为滑动丝杠驱动机构，它具有结构简单、加工方便、且有自锁功能等优点，但其摩擦阻力较大，相对于滚动丝杠机构传动效率较低。

功能：螺旋传动机构将旋转运动转换为直线运动。在机构两端可设置接近传感器，进而控制其直线运动的范围。

3）直线滑动机构

如图 1-37 所示，直线滑动机构是一种常用的机械输出机构。

功能：通过输入连接销传入动力，实现直线运动。若在机构两端设置 U 形限位开关，结合 PLC 控制，则可实现直线自动往复运动。

图 1-36　丝杠驱动机构

图 1-37　直线滑动机构

### 4. 实验内容

1）基本组成与功能

滑块传动机构由电控箱、驱动单元、丝杠驱动机构、直线滑动机构、连杆等组成。系统由驱动单元驱动，经螺旋传动机构将旋转运动转换为直线运动，再通过连杆将动力输出到直线滑动机构，实现运动的转换。机构在螺旋传动机构、直线滑动机构的左、右极限位置处各设置了一个限位传感器，在 PLC 的控制下，可实现滑块的直线自动往复运动。滑块传动机构装配参考图如图 1-38 所示。

2）基本操作步骤

（1）按照滑块传动机构需实现的基本功能，利用磁性压块和提供的驱动单元、螺旋传动机构、直线滑动机构和连杆构建机械机构。

（2）用连接导线，将四个传感器分别连接到电控箱的传感器输入端。

（3）用电动机连接电缆连接驱动单元和电控箱的电动机驱动输出端口，并拧紧。

图 1-38　滑块传动机构装配参考图

（4）参照设计接线图，连接电控箱的控制线路。

（5）连接 PLC 和编程机（PC）通信电缆。

（6）开电源，从 PLC 编程机下载 PLC 控制程序到 PLC 控制器。

（7）利用电控箱主面板上的变频器调速面板，将变频器的频率设置为 20～35 Hz。

（8）系统调试、运行。

3）零件列表

驱动电动机 1 个，传动齿轮 1 对（小齿轮、大齿轮各 1 个），螺旋齿轮机构 1 套，丝杠驱动机构 1 套，滑块传动机构 1 套，磁性压块 6 个，传感器（接近开关）2 个。

4）仿真安装

要求：

（1）先定滑块传动机构，画好其他元件位置方框，从元件库中拖拉元件放于所需位置。

（2）所画元件（按实际安装位置画）包括驱动电动机 1 个、小齿轮 1 个、大齿轮 1 个、螺旋齿轮 1 对、丝杠驱动机构 1 套、滑块传动机构 1 套、控制箱、磁性压块 6 个、传感器（接近开关）2 个、导线。

5）元件/机构库

所需元件见表 1-19。

表 1-19　所需元件

| 序　号 | 元件名称 |
| --- | --- |
| 元件 1 | 驱动电动机 |
| 元件 2 | 小齿轮 |
| 元件 3 | 大齿轮 |
| 元件 4 | 螺旋齿轮（对） |
| 元件 5 | 传感器 |
| 元件 6 | 丝杠驱动机构 |
| 元件 7 | 控制箱 |
| 元件 8 | 磁性压块 |
| 元件 9 | 导线 |
| 元件 10 | 滑块传动机构 |

**5. 实验结果**

动作过程：

驱动电动机转动（逆时针、右转）→齿轮转动（左转）→螺旋齿轮转动（左转）→<u>丝杠驱动机构转动（下转）</u>→滑块移动（左移）→到左行程开关停

驱动电动机转动（顺时针、左转）→齿轮转动（右转）→螺旋齿轮转动（右转）→<u>丝杠驱动机构转动（上转）</u>→滑块移动（右移）→到右行程开关停

**6. 思考题**

（1）丝杠驱动机构中丝杠的旋向对驱动机构控制的影响？
（2）滑块传动机构中的传感器（U 形限位开关）的作用？

## 创新案例——遥控式汽车车位自动占位系统

**1. 案例背景**

开车人都有一个相似的经历，自己的固定车位常常会被不速之客占据。汽车车位占位系统用于占据车主合法拥有的露天开放式车位，解决车主的后顾之忧，而且有利于物业管理。

**2. 设计要求**

（1）具有汽车占位功能，要求结构简单，采用柱形设计；
（2）占位柱伸缩自如，到位后满足自锁条件；
（3）能实现通过遥控器进行遥控控制。

**3. 设计方案分析**

要实现占位功能，必须有一个装置形成占位杆或其他零件的上下伸缩，这部分可以通过机械装置来实现。机械装置的设计可以由以下几种方案来实现：①齿轮齿条式机构装置；②曲柄连杆式机构装置；③链轮链条式机构装置；④螺杆螺母式传动装置。前面三个方案均可以实现伸缩移动功能，但需附加一个锁位装置，即避免占位柱由于自重下落。经分析，螺杆螺母式传动装置选择适当的螺纹升角，可以达到自锁作用；另外，螺杆转动可以通过电动机来带动，缺点是螺母需增加止转装置。综合比较，止转装置比锁位装置容易实现，结构更简单，螺杆螺母式传动装置运动平稳，电动机可直接与螺杆相连，直接驱动，总体方案垂直轴向布置，结构尺寸小，方案合理，故选第四个方案。

**4. 技术解决方案**

1）机械设计
（1）螺杆螺母传动机构设计，见表 1-20。

表 1-20　螺杆螺母传动机构设计

| 参 数 名 称 | 参数设计值 | 设 计 理 由 |
| --- | --- | --- |
| 螺杆头数 | $Z=1$ | 采用单头简单形式 |
| 螺杆直径选取 | $d=30\text{ mm}$ | 占位柱直径限制及升程考虑因素 |

续表

| 参 数 名 称 | 参数设计值 | 设 计 理 由 |
|---|---|---|
| 螺纹升程角 | $\alpha=10°$ | $\tan\alpha=\dfrac{p}{\pi d}$ 及自锁要求 |
| 螺纹类型 | 梯形螺纹 | 传递运动和动力 |
| 螺母厚度 | 80 mm | 接触稳定需要 |

（2）螺母止转结构设计（止转器）。

材料选择：采用非金属材料，目的是减轻质量。

结构设计分析：利用垂直支承杆来实现螺母止转功能，配以"8"字形止转，不需要增加其他零件。

厚度尺寸：10 mm。

设计的螺母止转器俯视形状如图 1-39 所示。

（3）总体设计。总体设计图如图 1-40 所示。

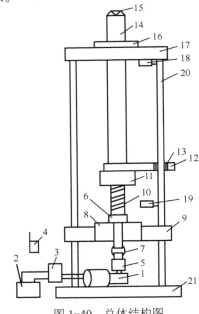

图 1-39　螺母止转器俯视形状图　　　　图 1-40　总体结构图

如图 1-40 所示，汽车车位占位装置由直流电动机 1、蓄电池 2、控制板 3、手持式遥控器 4、电动机联轴节 5、丝杠联轴节 6、钢丝绳 7、转动轴承 8、转动轴承座 9、丝杠 10、螺母 11、止转器 12、直线滑动轴承 13、占位柱 14、顶灯 15、四孔圆盘 16、上固定盘 17、上行程开关 18、下行程开关 19、支承杆 20、底座 21 组成。

"8"字形止转器 12 和直线滑动轴承 13 相配合，直线滑动轴承 13 沿支承杆 20 上下直线移动，实现螺母 11 的止转功能，使螺母 11 只带动占位柱 14 上下移动。占位柱 14 顶端装有顶灯 15，防止夜间行人、车辆误撞。

2）电子控制设计

原理设计：通过手持式遥控器 4 给控制板 3 发送信号，控制与控制板 3 相连的直流电动机 1 的正、反转，再由与直流电动机 1 相连的丝杠 10 驱动螺母 11 及与之相连的占位柱 14 上下移动来实现功能。通过行程开关 18、19 实现上、下位到位后的停止动作。

程序：

```
/*****************************************************
遥控式汽车车位自动占位系统程序设计
*****************************************************/
#include <reg52.h>
#include <intrins.h>
#define uchar unsigned char
#define uint   unsigned int
#define delayNOP(); {_nop_();_nop_();_nop_();_nop_();};
void delay(uchar x);   //x*0.14MS
void delay1(int ms);
sbit IRIN = P3^2;                    //红外接收器数据线
sbit RELAY= P2^1;                    //继电器驱动线
sbit RELAYSTOP=p2^2;
uchar IRCOM[7];
/*****************************************************/
main()
{
 uchar m;
 IE = 0x81;                          //允许总中断，使能 INT0 外部中断
   TCON = 0x01;                      //触发方式为脉冲负边沿触发
   IRIN=1;                           //I/O 口初始化
   RELAY=1;
   RELAYSTOP=1;
    P0=0;
    P2&=0x1F;
   while(1)
   {
    if(IRCOM[2]==0x1d)              //UP 键
     RELAY=0;
    if(IRCOM[2]==0x12)              //DOWN 键
     RELAY=1;
    if(IRCOM[2]==0x15)              //STOP 键
     RELAYSTOP=0;
   }
}
/**********中断解码函数*********************************/
void IR_IN() interrupt 0                 //using 0
{
```

```
}
/*********延时函数***********************************/
void delay(unsigned char x)            //x*0.14 ms
{
}
/*********延时函数***********************************/
void delay1(int ms)
{
}
/***********************end***************************/
```

### 5. 案例小结

本案例是与人们生活密切相关的一个典型例子，通过此例的教学实践，可以发现学生很感兴趣，兴趣决定教学效果，这给创新实践带来了极大的方便。学生要完成此案例，需进行必要的机械设计，要选择传动方案、传动参数，解决关键技术，突破设计瓶颈，如止转器的设计力求结构简单、巧妙实用。遥控电路的设计，更是本案例的一大亮点，据专家说，目前市面上还未发现同类产品。

创新设计案例应用了机械设计理论、电子控制理论，实现了车位占位系统自动遥控功能，方案设计合理、实用。车主无须下车解锁或上锁，大大方便了车主；采用直流电源，提高了安全性、可靠性。经测试，采用 12 V 小号电源，常规使用二个月方需充电，充电只需打开电源箱盖，十分方便。

图 1-41　遥控式汽车车位自动占位系统实物

### 6. 作品实物

遥控式汽车车位自动占位系统实物如图 1-41 所示。

## 课后练习 1

1. 简述滚珠丝杠副的特点。
2. 滚珠丝杠副的轴向间隙对系统有何影响？如何处理？
3. 直线导轨机构的特点有哪些？
4. 直线导轨在选用时要注意哪些问题？
5. 谐波齿轮减速器有哪几种结构类型？
6. 谐波齿轮减速器如何计算传动比？

# 模块 2 检测技术

教学导航

| 学习目标 | 1. 了解模糊洗衣机测控系统组成及控制原理；<br>2. 了解晶振外壳缺陷在线抽检系统组成及控制原理；<br>3. 了解汽车安全气囊的工作原理、基本结构、使用中的注意事项及检修注意事项。 |
|---|---|
| 重点 | 1. 掌握模糊洗衣机测控系统中衣物的多少、面料的软硬等相关信息是如何获取的；<br>2. 掌握基于机器视觉的晶振外壳缺陷在线抽检系统由哪几部分组成；<br>3. 掌握汽车安全气囊中采用的传感器的形式及工作原理。 |
| 难点 | 1. 模糊洗衣机测控系统中衣物的多少、面料的软硬等相关信息是如何获取的；<br>2. 汽车安全气囊中采用的传感器的形式及工作原理。 |

## 模块导学

检测技术是机电一体化产品的一个重要组成部分，是用于检测相关外界环境及产品自身状态，为控制环节提供判断和处理依据的信息反馈环节。在机电一体化系统中，检测系统测试的物理量一般包括温度、流量、功率、位移、速度、加速度、力等。本模块将结合物理量测试的相关知识来介绍模糊洗衣机测控系统、晶振外壳缺陷在线抽检系统、汽车安全气囊的检测，从而找出机电结合的方法，关键在于检测技术的应用。

# 项目 2-1 模糊洗衣机测控系统

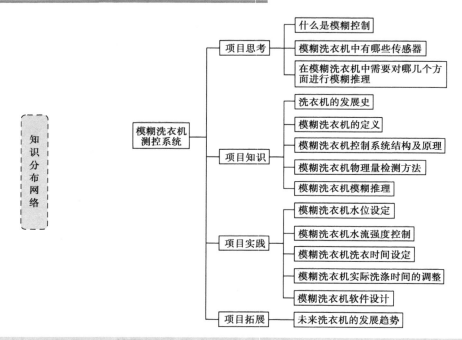

### 项目思考——模糊洗衣机是如何工作的?

传统的全自动洗衣机有两种：一种是机械控制式，一种是程序控制式。严格意义上这两种洗衣机都不能称作全自动洗衣机。因为它们都需要人进行衣质、衣量判断，并确定洗衣时间。传统洗衣机由于功能的需要和技术的局限，控制键越来越多，而洗衣的人一般是家庭妇女、老人、保姆等，他们很难掌握洗衣机的正确用法，造成功能上的浪费，不能真正实现"全自动"的功能。那么，有没有控制简单而且功能完善的洗衣机呢？随着模糊控制技术的日趋成熟，人类的这种愿望就有了实现的机会。

从三个方面去思考：

（1）什么是模糊控制？

（2）模糊洗衣机中有哪些传感器？

（3）在模糊洗衣机中需要对哪几个方面进行模糊推理？

### 2-1-1　洗衣机的发展史

从古到今，洗衣服都是一项难于逃避的家务劳动，而在洗衣机出现以前，对于许多人而言，它并不像田园诗描绘的那样充满乐趣，手搓、棒击、冲刷、甩打——这些不断重复的简单的体力劳动，留给人的感受常常是辛苦劳累。

1874 年，"手洗时代"受到了前所未有的挑战——有人发明了木制手摇洗衣机，发明者是美国人比尔·布莱克斯。布莱克斯的洗衣机构造极为简单，是在木筒里装上 6 块叶片，用手柄和齿轮传动，使衣服在筒内翻转，从而达到"净衣"的目的。这套装置的问世，让那些为提高生活效率而冥思苦想的人士大受启发，洗衣机的改进过程开始大大加快。

1880 年，美国又出现了蒸汽洗衣机，蒸汽动力开始取代人力。之后，水力洗衣机、内燃机洗衣机也相继出现。

1911 年，美国试制成功世界上第一台电动洗衣机。电动洗衣机的问世，标志着人类家务劳动自动化的开始。

1922 年迎来一种崭新的洗衣方式——"搅拌式"，搅拌式洗衣机由美国玛依塔格公司研制成功。这种洗衣机是在筒中心装上一个立轴，在立轴下端装有搅拌翼，电动机带动立轴，进行周期性的正反摆动，使衣物和水流不断翻滚，相互摩擦，以此涤荡污垢。搅拌式洗衣机结构科学、合理，受到人们的普遍欢迎。不过十年之后，美国本德克斯航空公司宣布，他们研制成功第一台前装式滚筒洗衣机，洗涤、漂洗、脱水在同一个滚筒内完成。这意味着电动洗衣机的形式跃上一个新台阶，向自动化又前进了一大步。直至今日，滚筒式洗衣机在欧美国家仍得到广泛应用。

随着工业化的加速，世界各国也加快了洗衣机研制的步伐。首先，英国研制并推出了一种喷流式洗衣机，它是靠筒体一侧的运转波轮产生的强烈涡流，使衣物和洗涤液一起在筒内不断翻滚来洗净衣物的。

1955 年，在引进英国喷流式洗衣机的基础之上，日本研制出独具风格并流行至今的波轮式洗衣机。至此，波轮式、滚筒式、搅拌式在洗衣机生产领域三分天下的局面初步形成。

20 世纪 60 年代以后，洗衣机在一些发达国家的消费市场开始形成系列，家庭普及率迅速上升。

在此期间，洗衣机在日本的发展备受瞩目。20 世纪 60 年代的日本出现了带甩干桶的双桶洗衣机，人们称之为"半自动型洗衣机"。20 世纪 70 年代，日本生产出波轮式套桶全自动洗衣机。

20 世纪 70 年代后期，微电脑控制的全自动洗衣机横空出世，让人耳目一新。

20 世纪 80 年代，"模糊控制"的应用使得洗衣机操作更简便，功能更完备，洗衣程序更随人意，外观造型更为时尚。

20 世纪 90 年代，由于电动机调速技术的提高，洗衣机实现了宽范围的转速变换与调节，诞生了许多新水流洗衣机。此后，随着电动机驱动技术的发展与提高，日本生产出了电动机直接驱动式洗衣机，省去了齿轮传动和变速机构，引发了洗衣机驱动方式的巨大革命。

模糊控制技术实际上是模拟人的智能——根据实际情况随机应变的一种技术。人是通过感觉器官，如眼睛、手等得到关于衣物的信息，由大脑做出判断和决定。模糊洗衣机则是利用各种传感器，如脏污程度传感器、衣物传感器、水位传感器、温度传感器等代替人的眼睛和手，取得有关信息，然后传递给中心控制微处理器（CPU）。微处理器通过对传感器送来的信息进行处理，筛选出洗衣参数，达到类似于人工选择的水平，从而实现洗衣机的智能化控制。

## 2-1-2　模糊洗衣机控制系统结构及原理

模糊洗衣机要求控制系统能根据测得的布质和布量情况，确定适当水位、水流强度、洗涤时间、洗涤剂用量，并根据脏污程度的变化合理地修正洗涤时间，以达到节水和节能的目的。

如图 2-1 所示是模糊洗衣机控制系统框图。模糊洗衣机主要由微处理器、检测电路、驱动电路、控制面板和电源电路等组成。微处理器实现对检测电路、驱动电路、键盘及显示器阵列等的控制；检测电路是应用多种形式的传感器，实现对各种信号的检测；驱动电路由微处理器的并行口输出经放大后的信号，控制洗衣机电动机的速度和方向、水的温度及进水阀、排水阀的通断；控制面板上设置了键盘、数码管、发光二极管，用以反映洗衣过程的定时状态及洗涤状态等；电源电路用来提供各部分所需的电源。

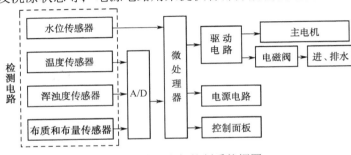

图 2-1　模糊洗衣机控制系统框图

## 2-1-3　模糊洗衣机物理量检测方法

在洗衣机洗衣过程中起决定作用的物理量有水位、布质和布量、浑浊度、水温四种。这些物理量都需要采用一定的方法检测出来，并且转换成微处理器所能接收的信号，微处理器再进行处理和执行模糊推理。各物理量检测方法如下。

### 1．水位检测

水位检测的精度直接影响洗净度、水流强度、洗涤时间等参数。对于模糊控制的洗衣机，要求水位的检测必须是连续的，故常采用谐振式水位传感器。谐振式水位传感器是利用电磁谐振电路 LC 作为传感器的敏感元件，将被测物体的变化转变为 LC 参数的变化，最终以频率参数输出。

其工作原理是：将水位的高低通过导管转换成一个测试内腔气体变化的压力，驱动内腔上方的一块隔膜移动，带动隔膜中心的磁芯在某线圈内移动，从而线圈电感发生变化，由此引起谐振电路的固有频率随水位变化。水位测量电路如图 2-2 所示，为便于与微处理器接口，水位传感器采用数字振荡电路，电感与电容组成的三点式振荡电路经 C2 耦合接入数字式谐振放大器 A1，随着水位变化，谐振频率做相应变化，经 A2 整形后输出，便可将数字量传送给微处理器。

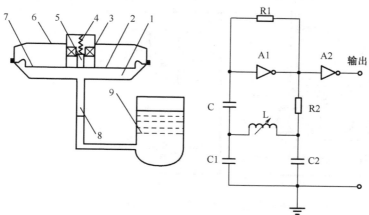

（a）鉴频式水位传感器的结构图　　　　（b）鉴频式水位传感器的等效电路图

1—气腔；2—导板；3—线圈；4—弹簧；5—磁芯；6—外壳；7—隔膜；8—气路；9—水罐

图 2-2　水位测量电路

## 2. 布质和布量检测

布质和布量的检测是在洗涤之前进行的。在水位一定时，不同的布质和布量产生的布阻抗不同。布质和布量检测时，首先加入一定量的水，然后启动主电动机，接着断电让主电动机以惯性继续旋转；此时主电动机处于发电动机状态，随着布阻抗大小的不同，主电动机处于发电动机状态的时间长短也不同。只要检测出主电动机处于发电动机状态的时间长短，就可以反过来推导出布阻抗的大小；当布阻抗得出之后，就可通过模糊推理得出相应的布质和布量。布质和布量检测电路如图 2-3 所示。

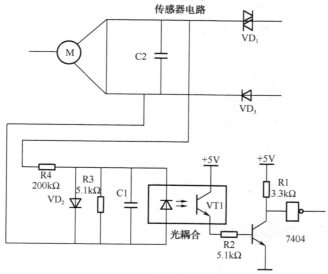

图 2-3　布质和布量检测电路

## 3. 浑浊度检测

浑浊度传感器安装于洗涤筒底部，靠近排水阀进水口的位置，如图 2-4 所示。浑浊度传感器是利用红外发光二极管和光敏三极管获取洗涤液对光的通透程度来判定衣物脏污程度

用光的透过率检测洗涤液

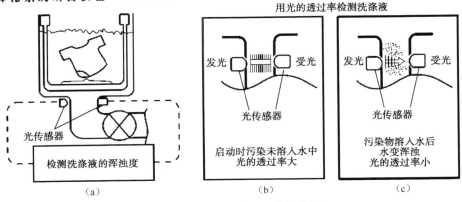

图 2-4　浑浊度检测原理及安装位置

的。发光二极管发出的光透过洗涤液照射到光敏三极管的基极，使光敏三极管的基极电流、集电极电流发生变化，再将电流变化转换成电压变化，如图 2-5 所示。洗涤液的脏污程度不同，发光二极管透过洗涤液照射到光敏三极管上的强度不同，在光敏三极管上产生电流的强度也不同。微处理器依据接收到的电压信号的强弱，测知液体的浑浊度，推算出衣物的脏污程度，并依据此数据决定水位、水流强度、洗涤时间等洗衣参数。在洗衣过程中随着污物的脱落和深解，水的透光度将逐渐下降，并达到一个最低值，当衣物不断地漂清时，水质逐渐变得干净、清亮，其透光率会逐渐地升高，最后达到初始值。通常来说，当透光率再次达到初始值时，说明衣物已洗涤干净，这时停止漂洗。

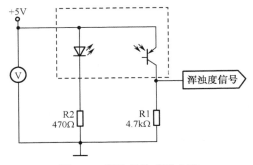

图 2-5　浑浊度传感器电路

### 4. 水温检测

水温检测是由温度传感器完成的。适当的洗衣温度有利于污垢的活化，可以提高洗涤效果。温度传感器装在洗涤桶的下部，以热敏电阻为检测元件。测定打开洗衣机开关时的温度为环境温度，注水结束时的温度为水温，将所测信号输入微处理器。在电路中，一般采用两个运算放大器对温度传感器的输出信号进行处理，一个运算放大器用于隔离阻抗；另一个运算放大器用于放大信号。一般情况下水温在 4～40 ℃最佳，因为水温太高会对衣物造成损坏。

## 2-1-4　模糊洗衣机模糊推理

如图 2-6 所示为模糊洗衣机的推理框图。各传感器的输出端连接到微处理器上，微处理器根据各传感器检测到的布质、布量、水温和浑浊度等信息进行分析评估计算，使其模糊化，再根据模糊规则进行推理，最后从规则库中查找对应规则进行模糊判决，从而确定最适当的水位、洗涤时间、水流强度、洗涤方式和脱水时间。

模糊推理分为两个部分：洗涤剂浓度推理和洗衣推理。

（1）洗涤剂浓度推理规则：若水的浑浊度低，则洗涤剂放入量少；若水的浑浊度较高，则洗涤剂放入量较多；若水的浑浊度高，则洗涤剂放入量大。

（2）洗衣推理规则：若布量少、化纤布质偏多、水温比较高，则水流强度非常弱、洗涤时间非常短；若布量多、棉布布质偏多、水温较低，则水流强度应为特强、洗涤时间为特长。

由上面的规则可知它们是一种多输入、多输出的推理。各种因素模糊量定义彼此不同。布质的模糊量分为特强、强、中、弱、特弱；布量的模糊量分为多、中、少；时间的模糊量分为特长、长、中、短、特短；水温的模糊量分为高、中、低。水温、时间由衣量的模糊量分类，如图 2-7 所示。

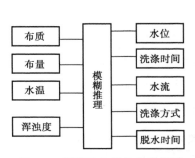

图 2-6　模糊洗衣机的推理框图

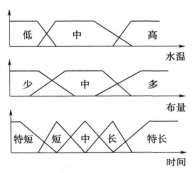

图 2-7　水温、时间与衣量的模糊量分类

## 项目实践——模糊洗衣机控制参数的设定

### 1. 实践要求

模糊洗衣机的控制器是一个多输入、多输出的控制系统。输入变量有布质和布量、浑浊度、水温。输出变量有水位、水流强度、洗涤时间、脱水时间、洗涤剂放入量、漂洗方式和次数 6 种结果。为了使控制效果好，而且控制简单，采取矛盾分析方法，具体要求是：

（1）根据布质和布量确定水位高低和水流强度；

（2）根据布质和布量、温度确定初始的洗衣时间；

（3）根据洗涤过程中的浑浊度信息来修正实际的洗涤时间长短和漂洗次数的多少；

（4）确定主程序框图。

### 2. 实践过程

1）模糊洗衣机水位设定

（1）模糊量的定义：布质的模糊子集为{化纤，棉布}；布量的模糊子集为{少，中，多}；水位的模糊子集为{少，低，中，高}；

根据经验和实验数据，各模糊子集的隶属度函数采用梯形与三角形隶属函数，模糊变量布质、布量、水位的隶属度函数如图 2-8～图 2-10 所示。

（2）根据实际操作经验可总结出水位模糊控制规则表，见表 2-1。

2）模糊洗衣机水流强度控制

（1）水流强度的模糊量可定义为{弱，中，强}，其隶属度函数如图 2-11 所示。

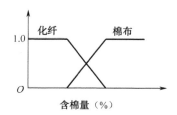

图 2-8　布质的隶属度函数

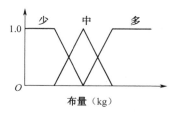

图 2-9　布量的隶属度函数

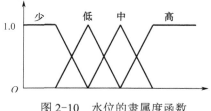

图 2-10　水位的隶属度函数

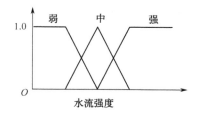

图 2-11　水流强度的隶属度函数

（2）根据实际操作经验可总结出水流强度模糊控制规则表，见表 2-2。

表 2-1　水位模糊控制规则表

| 布质<br>水位<br>布量 | 化　纤 | 棉　布 |
|---|---|---|
| 少 | 少 | 低 |
| 中 | 低 | 中 |
| 多 | 中 | 高 |

表 2-2　水流强度模糊控制规则表

| 布质<br>水流强度<br>布量 | 化　纤 | 棉　布 |
|---|---|---|
| 少 | 弱 | 中 |
| 中 | 中 | 强 |
| 多 | 强 | 强 |

3）模糊洗衣机洗衣时间设定

（1）洗衣设定时间和温度的模糊量定义如下：洗衣设定时间的模糊子集为{很短，短，较短，中，较长，长，很长}；其隶属度函数如图 2-12 所示。温度的模糊子集为{低，中，高}。

（2）根据实际操作经验可总结出洗衣设定时间模糊控制规则表，见表 2-3。

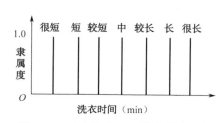

图 2-12　洗衣设定时间的隶属度函数

4）模糊洗衣机实际洗涤时间的调整

洗衣过程中必须根据实际洗涤衣物的脏污程度和脏污性质的不同，对洗涤时间做适当的修正，以保证洗净度高，洗衣时间又不过长。洗衣修正时间模糊控制规则表见表 2-4。洗衣修正时间的模糊子集为{负多，负少，零，正少，正多}；脏污程度的模糊子集为{轻，中，重}；脏污性质的模糊子集为{泥性，中性，油性}。

5）模糊洗衣机软件设计

模糊洗衣机控制系统主要包括以下 6 个功能模块：系统初始化功能模块、信号检测与处理模块、模糊推理模块、中断处理模块、显示输出模块、过载报警模块。

表 2-3　洗衣设定时间模糊控制规则表

| 布质 | | 化纤 | | | 棉布 | |
|---|---|---|---|---|---|---|
| 温度 | | 高 | 中 | 低 | 高 | 中 | 低 |
| 布量 | 少 | 很短 | 短 | 中 | 短 | 短 | 中 |
| | 中 | 较短 | 较短 | 较长 | 较短 | 中 | 长 |
| | 多 | 较长 | 长 | 很长 | 长 | 长 | 很长 |

表 2-4　洗衣修正时间模糊控制规则表

| 脏污性质　修正时间　脏污程度 | 泥 性 | 中 性 | 油 性 |
|---|---|---|---|
| 轻 | 负多 | 负少 | 零 |
| 中 | 负少 | 零 | 正少 |
| 重 | 零 | 正少 | 正多 |

所有模糊推理在洗涤之前都已执行完毕，所以在程序完成功能设置之后就启动信号检测模块，开始一系列检测工作，以确定模糊推理的先决条件（输入变量值），然后进行模糊推理，确定洗涤时间及水流强度等输出量。在推理完成后就开始洗涤工作。在洗涤过程中，如果发生故障，则系统自动报警并进入相应的中断处理模块。主程序框图如图 2-13 所示。

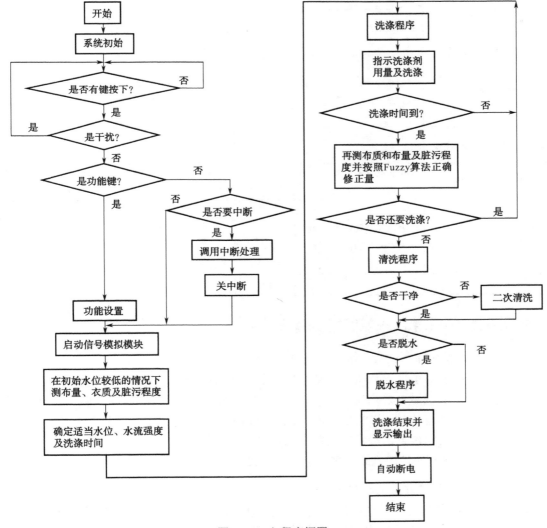

图 2-13　主程序框图

### 3．项目小结

本项目以模糊洗衣机模糊推理为例，训练学生根据布质和布量确定水位高低和水流强度，根据布质和布量、温度确定初始的洗衣时间等。在项目实践过程中，使学生对模糊推理概念和模糊洗衣机控制等方面有较为清晰的认识和了解。

### 4．项目评价

在规定时间内完成任务，各组自我评价并进行展示，各组之间根据项目评价表进行检查。项目评价表如表 2-5 所示。

表 2-5　项目评价表

| 项　目 | 目　标 | 分　值 | 评　分 | 得　分 |
|---|---|---|---|---|
| 水位设定的模糊控制 | 能正确分析出水位模糊控制规则表 | 15 | （1）水位与布质之间分析不符合规则，每处扣 2 分<br>（2）水位与布量之间分析不符合规则，每处扣 2 分 | |
| 水流强度的模糊控制 | 能正确分析出水流强度模糊控制规则表 | 15 | （1）水流强度与布质之间分析不符合规则，每处扣 2 分<br>（2）水流强度与布量之间分析不符合规则，每处扣 2 分 | |
| 洗衣设定时间的模糊控制 | 能正确分析出洗衣设定时间模糊控制规则表 | 15 | 设定的时间与布质和布量、温度之间不符合规则，每处扣 2 分 | |
| 实际洗衣时间的调整方法 | 能正确分析出洗衣修正时间模糊控制规则表 | 15 | 实际修正时间与脏污程度、脏污性质之间不符合规则，每处扣 2 分 | |
| 软件设计 | 按照控制要求正确绘制出洗衣机主程序框图 | 40 | （1）主程序框图不符合控制要求，每处扣 5 分<br>（2）各模块之间不符合控制要求，每处扣 5 分 | |
| 总分 | | 100 | | |

## 项目拓展——未来洗衣机的发展趋势

1）今后的洗衣机将更加注重水和洗衣液之间的比例

未来的洗衣机能够根据衣物质量自动精确判断一次用多少水，放多少洗衣液。例如，小天鹅公司在智能洗衣机设计之初就访问了许多消费者，结果发现，消费者对节能这一概念并不敏感。他们更想知道的是洗衣机能不能自己判断到底应该放多少水，放多少洗衣液。了解情况之后，小天鹅公司根据消费者的这些需求，设计出了新一代的小天鹅智能洗衣机。通过一次所洗衣物的质量和质地的判断，来决定一次洗衣的水量和洗衣液用量的多少。

2）今后的洗衣机将在杀菌功能上继续创新

现在的消费者常常会提出这样的疑问，衣服是洗完了，但是衣服上仍然残留着不少看不见的细菌，而且洗衣机滚筒内也存留了不少细菌，两三个月就要人工清理一次，非常麻烦。消费者都非常希望以后的洗衣机能够在杀菌功能上更加完善。目前，各个洗衣机品牌都采取了光动银除菌、高温除菌等技术，但大多都集中在滚筒本身，相信未来的洗衣机杀菌能够发展到衣物本身，进一步完善洗衣机杀菌技术。

3）未来更多的洗衣机将加入自动烘干功能

目前，由于空气质量问题和南北气候不一样，有许多消费者希望洗衣机能够解决衣服烘干的问题。虽然以往已经出现了烘干机，但是那些烘干机配置都较简陋，不能自动调温，并且，一些衣服在烘干过后会出现褶皱、缩水等现象。但随着技术的不断发展，目前的洗衣机已经能够根据衣物的材质选择合适的烘干温度。而且，衣物出现褶皱这样的现象也大大减少。预测今后洗衣机在烘干机方面的技术会更加完善。

# 项目 2-2　晶振外壳缺陷在线抽检系统

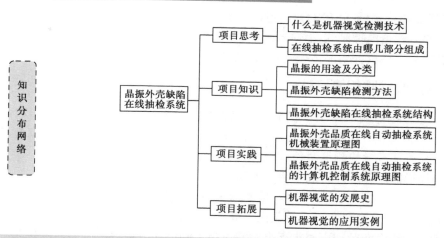

## 项目思考——晶振外壳在无人监视的情况下如何保证品质？

晶体振荡器（Crystal Oscillator，简称晶振）具有频率稳定度高、体积小、精度高的优点，广泛应用于各种模拟和数字电路中，作为基准时钟源。其品质的好坏直接影响硬件电路系统能否按照特定要求正常工作。

晶振外壳的外形如图 2-14 所示，其冲压品质对于晶振的质量有重要影响。如果其破损或变形，则不能用于晶振封装。

晶振外壳采用冲床连续冲压成形，冲压过程自动上料，自动冲压，可在无人管理情况下连续工作数十小时。晶振外壳的冲压品质主要由冲压模具来保证，若冲

图 2-14　晶振外壳的外形

压模具损坏，在无人监视的情况下冲床仍连续作业，则将造成大量废品。为此，需要在冲压生产线上配置晶振外壳品质在线自动抽检系统，该系统通过抽检外壳来间接判断模具状况，工作频率不用很高，一般数分钟抽检一次即可。

在现代制造业中，如在汽车零部件生产流水线、药品生产流水线等行业中，也存在类似的难题。而传统意义上的许多检测技术已不能满足现代制造业的要求，那么采用什么检测技术才能解决以上难题呢？随着检测技术的不断发展，机器视觉检测技术已经能够解决以上难题。

从两个方面去思考：

（1）什么是机器视觉检测技术？

（2）在线抽检系统由哪几部分组成？

## 2-2-1　晶振的用途及分类

晶振即晶体振荡器。石英晶体振荡器是一种高精度和高稳定度的振荡器，被广泛应用于彩电、计算机、遥控器等各类振荡电路中，并在通信系统中用于频率发生器，为数据处理设备产生时钟信号和为特定系统提供基准信号。国际电工委员会（IEC）将石英晶体振荡器分为 4 类：普通晶体振荡器（SPXO）、电压控制式晶体振荡器（VCXO）、温度补偿式晶体振荡器（TCXO）和恒温控制式晶体振荡器（OCXO）。目前发展中的还有数字补偿式晶体振荡器（DCXO）、微机补偿晶体振荡器（MCXO）等。

## 2-2-2　晶振外壳缺陷检测方法

晶振质量的好坏直接影响电路工作状况，而晶振外壳是采用冲床连续冲压成形的，它的品质也是影响晶振性能的主要因素之一。目前生产厂家对晶振外壳冲压品质的检测方法主要有人肉眼检测和机器视觉检测这两种。

一般一家中等规模的厂家，冲压机床会一天连续 24 小时不间断工作。若采用人肉眼检测，由于人受到体力、光线和情绪的影响，检测效率将会明显下降，出现废品的概率也将明显提高。若采用机器视觉检测系统，与晶振外壳的生产自动化流水线相配合，将会提高检测的精度、效率，节约企业劳动力资本支出，并使整个制造环节实现高度的自动化。

## 2-2-3　晶振外壳缺陷在线抽检系统结构

机器视觉是一项综合技术，其中包括数字图像处理、机械工程、自动控制、电光源照明、光学成像、传感器、模拟与数字视频，计算机软硬件，人机接口等。这些技术在机器视觉中是并列关系，相互协调应用才能构成一个成功的机器视觉应用系统。它采用各种成像系统代替视觉器官作为输入信息手段，由计算机来代替大脑完成处理和分析，分析结果被用来报告信息（探测结果）、控制生产过程等。

基于机器视觉的晶振外壳缺陷在线抽检系统，是在晶振外壳生产流水线上的抽样检测系统。该抽检系统的总体设计如图 2-15 所示，主要由 PC 及软件系统、图像采集设备、光源和照明、控制电气和机械装置五大部分组成。

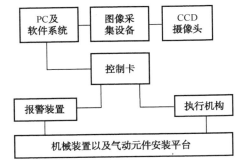

图 2-15　晶振外壳缺陷在线抽检系统的总体设计

## 1. PC 及软件系统

PC 除了要承担控制采集设备进行图像采集、与下位机控制设备通信、传送消息、调度系统资源等任务以外，还要完成图像处理及缺陷识别和检测功能。

## 2. 图像采集设备

图像采集设备主要负责采集晶振外壳的图像，是与晶振外壳直接接触的部分。相机是机器视觉系统中的关键环节，要开发一个高速度、高精度的机器视觉系统，必须严格选择相机。而图像采集卡则是机器视觉系统的重要组成部分，其主要功能是对相机输出的视频数据进行实时的采集，并提供给 PC 的高速接口。与用于多媒体领域的图像采集卡不同，适用于机器视觉系统的图像采集卡需实时完成高速、大量的数据处理，因而具有完全不同的结构。

1）相机的分类

（1）按颜色分为彩色和黑白相机：彩色相机提供相对较强的观察和区别能力，在医学、生物学等方面有特别重要的作用。而黑白相机的分辨率比彩色相机高，图像采集速度比彩色相机快。

（2）按图像传感器分为 CCD 和 CMOS 相机：CMOS 相机在灵敏度和去除噪声方面仍比不上 CCD 相机。

（3）按扫描方式分为线扫描和面扫描相机：面扫描相机可以一次性采集目标整体图像。而线扫描相机一次拍出的图像只是一条线，为了得到整个二维图像，需要移动被测物或相机本身，同时间断地拍照，所以对机械装置的要求比较高。

2）根据成像速度选择相机

一般系统除了精度要求以外，对相机的成像速度也有一定要求。而系统速度的估算，要将整个系统的条件及工作环境一起考虑进去。由于本系统的采样周期较长，系统有足够的时间来采集、处理图像，因此对相机成像速度没有特殊要求。

3）图像采集卡类型

（1）图像采集卡：主要功能就是将相机中输出的模拟图像信号转换成数字信号，最终传至 PC 的内存中。

（2）具有显示功能的采集卡：在采集卡的基础之上，另加入了图像显示功能。

（3）自带处理器的板卡：板卡本身就带有处理器和进行图像处理的固化程序，不必在 PC 中运行。板卡选择应以满足功能为前提，而非功能多、价格高为最佳。

4）图像采集卡硬件性能分析

图像采集卡是 CCD 摄像机与计算机的接口。在机器视觉系统中图像采集卡的选取通常需要综合考虑以下因素：

（1）图像采集卡所支持的视频制式必须与 CCD 输出的视频信号标准一致。

（2）输入通道的路数、输入阻抗、信噪比等。

（3）图像采集卡的空间分辨率。

（4）数据传输机制及总线的控制接口。

（5）支持的软件。大部分图像采集卡都配有支持的驱动软件和开发包，在购买图像采集卡时，应考虑与该图像采集卡配套的软件。

### 3. 光源和照明

光源和照明是机器视觉系统输入的重要因素，好的光源与照明方案往往是整个系统成功的关键。光源与照明方案的配合应尽可能地突出物体特征量，在物体需要检测的部分与那些不重要部分之间应尽可能地产生明显的区别，增加对比度，同时还应保证足够的整体亮度，尽可能突出所要提取的特征。

#### 1）光源类型的选取

光源主要是为图像传感器提供光路支持，它将光线照射到视觉对象上，对象反射光携带了对象的大部分表面特征信息，经物镜成像在图像传感器的像面上，从而可以采集到对象的表面特征信息。因此，恰当地选择光源是获得理想信号的关键，是图像传感器技术的重要环节。光源设备的选择必须符合所需的几何形状、照明亮度、均匀度、发光的光谱特性，同时还要考虑光源的发光效率和使用寿命。常用的可见光源有日光灯、白炽灯和 LED 等，但这些可见光源存在以下问题。

（1）光能不稳定。例如，当日光灯使用时间达到 100 h 时，光能将下降 15%，随着使用时间的增加，光能将不断下降，这势必影响所采集图像的稳定性。

（2）易受环境光影响。环境光将改变这些光源照射到物体上的总光能，使采集的图像存在噪声。

（3）难以完成高要求的检测任务。对于要求较高的检测任务，需要设计特殊的光源与照明方式。

相对来说，LED 光源寿命更长，光源稳定工作寿命达到 6 000～10 000 h。LED 光源是由许多单个 LED 发光二极管组合而成的，因而通过每个发光二极管的排列组合设计光源比较容易，更容易针对实际应用需要来设计光源的形状和尺寸。而且 LED 光源有多种颜色可供选择，具有功耗小、响应快等优点，在视觉系统中被广泛应用。

#### 2）照明方式的选取

照明方式的选取也是该系统实现过程中极其重要的环节，因为只有根据系统所需要的图像特点来选择光源和照明方案，才能获得高质量的采集图像，为后期的一系列图像处理工作做好准备，从而实现良好的检测效果。主要照明方式如图 2-16 所示。

（1）直前光照明：光源直接照射物体，光主要集中在被照明区域中心，经物体反射后的光传递给摄像头，可能产生照明不匀，如图 2-16（a）所示。

（2）扩散光照明：扩散光照射到物体正面，光线没有方向性，可以利用不同角度的扩散光使得到的图像更平衡，如图 2-16（b）所示。

（3）背景照明：光源位于物体背面，这种照明方法是将被测物放在光源和摄像头之间，它的优点是能获得比较清晰精确的边缘，如图 2-16（c）所示。

（4）暗场照明：低角度的光源（水平角度大约为 10°～15°）能够映射出表面的轮廓，如图 2-16（d）所示。

（5）轴线光照明：可以得到均匀的、高亮度的光，比较适合检测反射比较厉害的表面缺陷，如图 2-16（e）所示。

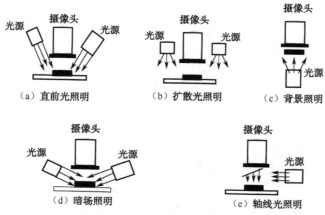

图 2-16　不同照明方式原理图

### 4．控制器要求

控制器是控制系统的核心，控制各个元件能够协调工作，同时要不停接收主机的检测结果，从而控制执行机构并将目标对象的位置、状态发送到主机。该系统对控制器的要求是：

（1）稳定可靠，抗干扰性强。

（2）要求具有可编程性，能够自由扩充各种模块和接口而不需要更换控制器。

（3）要求能够具有与主机通信的功能。

## 项目实践——设计基于机器视觉的晶振外壳品质在线自动抽检系统

### 1．实践要求

晶振外壳品质在线自动抽检系统可以完成对连续冲压成形的晶振外壳进行自动在线取样、样品六面摄像、图像分析、判断和废品报警。当图像分析结果发现连续若干个晶振外壳样品外形出现异常时，将发出报警信号，请求更换冲压模具，同时停止冲床冲压工作。根据此要求设计出基于机器视觉的晶振外壳品质在线自动抽检系统的机械装置原理图、计算机控制系统原理图并加以说明。

### 2．实践过程

1）晶振外壳品质在线自动抽检系统机械装置的原理图

该抽检系统机械装置的原理图如图 2-17 所示。工作过程是：来自冲床的已完成冲压的晶振外壳全部经水平输送带 2 传送到输送槽 1，下滑至取样槽 4；抽检系统不取样时，取样槽 4 在电磁铁控制下，左侧抬起，晶振外壳不能进入取样槽 4，直接滑入存储箱 3。抽检系统取样时，取样槽 4 在电磁铁控制下左侧放下，与输送槽 1 对齐衔接，被取样的晶振外壳滑入振动整理槽 9，经过振动调理方向并缓慢前行到凹槽 10，气动机械手 13 将晶振外壳样品夹至 CCD 显微镜 a14 处，气动机械手 13 可以上下翻转晶振外壳，由 CCD 显微镜 a14 摄取晶振外壳样品的上表面和下表面图像；然后由气动机械手 13 将

机电一体化系统项目教程

晶振外壳样品放置到电动转台 15 上，电动转台 15 可受控停止在 0°、90°、180° 和 270° 四个位置，使晶振外壳样品的四个侧表面依次对准 CCD 显微镜 b16，以摄取晶振外壳的四个侧表面图像。

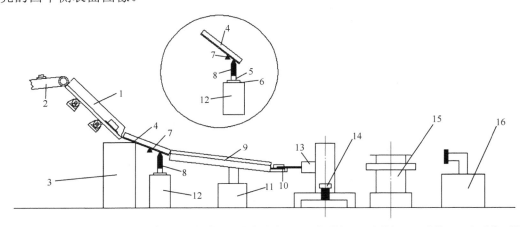

1—输送槽；2—水平输送带；3—存储箱；4—取样槽；5—上电磁铁；6—下电磁铁；7—支撑架；8—弹簧；9—振动整理槽；

10—凹槽；11—激振器；12—电磁铁支座；13—气动机械手；14—CCD 显微镜 a；15—电动转台；16—CCD 显微镜 b

图 2-17　晶振外壳品质在线自动抽检系统机械装置的原理图

2）晶振外壳品质在线自动抽检系统的计算机控制系统原理图

晶振外壳品质在线自动抽检系统的计算机控制系统原理图如图 2-18 所示，其中 CCD 显微镜摄取的晶振外壳样品的上表面、下表面和四个侧表面的图像经图像采集卡（天敏 SDK-2000 PCI 总线视频采集卡）送入工业 PC 进行处理和分析。CCD 显微镜选用 SUNDOO 公司的视频数码 CCD 显微镜 SVM-208，照明光源采用红色 LED，以扩散光照明方式进行照明。

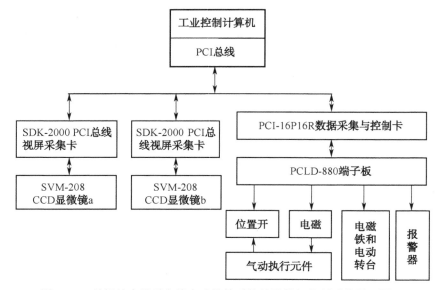

图 2-18　晶振外壳品质在线自动抽检系统的计算机控制系统原理图

70

选用 EVOC 公司的基于 PCI 总线的数据采集与控制卡 PCI-16P16R 和端子板 PCLD-880 实现工业 PC 与现场被控制器件的连通。PCI-16P16R 具有 16 路继电器输出、16 路光隔离数字输入和数字量输入信号调整电路。PCLD-880 利用 20 芯扁平电缆和 37 芯 D 型接口作为 I/O 端口连接外部信号。电磁阀、电磁铁及报警装置的控制信号通过 PCI-16P16R 的继电器输出端进行控制。

气动机械手由 SMC 的气动执行元件组合构成，包括气爪 MRHQ16D-180S-F9BV-F9B、旋转底盘 MSQB10A、顶杆气缸 MGPL16-10-Z73L。气动旋转定位台也采用旋转底盘 MSQB10A 控制转位，选用 Airtac 的快速响应的三位五通电磁阀 4V130C-06 对气动执行元件进行控制。气动执行元件的位置信息通过安装在元件上的位置开关传送给端子板 PCLD-880 后输入数据采集与控制卡 PCI-16P16R。

晶振外壳品质在线自动抽检系统的控制软件采用 VC++6.0 编程，使用了 SDK-2000 视频采集卡的 VC++6.0 二次开发包提供的 DDStream 32 位动态函数库，图像采集功能通过直接调用该函数库中定义的接口函数来实现。

### 3．项目小结

本项目以晶振外壳品质在线自动抽检系统的机械装置原理图、计算机控制系统原理图为例，介绍该系统的机械结构及控制原理。在项目实践过程中，使学生对该系统的软、硬件等方面有较为清晰的认识和了解，为以后从事系统设计打好基础。

### 4．项目评价

在规定时间内完成任务，各组自我评价并进行展示，各组之间根据项目评价表进行检查。项目评价表如表 2-6 所示。

表 2-6　项目评价表

| 项　　目 | 目　　标 | 分　值 | 评　　分 | 得　分 |
|---|---|---|---|---|
| 机械装置原理图设计 | 设计出符合自动抽检系统要求的机械装置 | 50 | （1）系统不能实现自动取样扣 5 分<br>（2）气动机械手不能翻转晶振扣 10 分<br>（3）电动机转台不受控制每处扣 5 分 | |
| 计算机控制系统原理图设计 | 控制系统、图像采集、执行元件等应符合控制要求 | 50 | （1）采集卡选择错误扣 10 分<br>（2）CCD 显微镜选择错误扣 10 分<br>（3）照明光源方式选择错误扣 10 分 | |
| 总分 | | 100 | | |

## 项目拓展——机器视觉的发展史与应用实例

### 1．机器视觉的发展史

机器视觉技术是计算机学科的一个重要分支。自起步发展至今，机器视觉已经有 20 多年的历史，其功能及应用范围随着工业自动化的发展逐渐完善和推广。20 世纪 50 年代开始研究二维图像的统计模式识别，20 世纪 60 年代开始进行三维机器视觉的研究。现在，机器视觉仍然是一个非常活跃的研究领域，与之相关的学科涉及图像处理、计算机图形学、模式识别、人工智能、人工神经元网络等。机器视觉在中国的发展史如下：

1990 年以前，仅在大学和研究所中有一些研究图像处理和模式识别的实验室。

20 世纪 90 年代初，一些来自这些研究机构的工程师成立了他们自己的视觉公司，开发了第一代图像处理产品，如基于 ISA 总线的灰度级图像采集卡，和一些简单的图像处理软件库。他们的产品在大学的实验室和一些工业场合得到了应用，人们能够做一些基本的图像处理和分析工作。

1990—1998 年为初级阶段，期间真正的机器视觉系统市场销售额微乎其微，主要的国际机器视觉厂商还没有进入中国市场。1998 年以后，越来越多的电子和半导体工厂，包括中国香港和中国台湾投资的工厂，落户广东和上海，带有机器视觉的整套生产线和高级设备被引入中国。

1998—2002 年为机器视觉概念引入期。在此阶段，许多著名视觉设备供应商，诸如 Matsushita、Omron、Cognex、DVT、CCS、Data Translation、Matrix、Coreco 等开始接触中国市场寻求本地合作伙伴，但符合要求的本地合作伙伴寥若晨星。例如，北京和利时电动机技术有限公司曾经被五家外国公司选做主要代理商或解决方案提供商。

从 2002 年至今，称为机器视觉发展期，中国机器视觉呈快速增长趋势。

**2. 机器视觉的应用实例**

1）基于机器视觉的仪表板总成智能集成测试系统

EQ140-Ⅱ汽车仪表板总成是中国某汽车公司生产的仪表产品，仪表板上安装有速度里程表、水温表、汽油表、电流表、信号报警灯等，其生产批量大，出厂前需要进行一次质量终检。检测项目包括：检测速度表等 5 个仪表指针的指示误差；检测 24 个信号报警灯和若干个照明灯是否损坏或漏装。一般采用人工目测方法检查，误差大，可靠性差，不能满足自动化生产的需要。基于机器视觉的智能集成测试系统改变了这种现状，实现了对仪表板总成智能化、全自动、高精度、快速质量检测，克服了人工检测所造成的各种误差，大大提高了检测效率。整个系统分为 4 个部分：为仪表板提供模拟信号源的集成化多路标准信号源、具有图像信息反馈定位的双坐标 CNC 系统、摄像机图像获取系统和主从机平行处理系统。

2）金属板表面自动控伤系统

金属板如大型电力变压器线圈扁平线等的表面质量都有很高的要求，但原始的采用人工目测或用百分表加控针的检测方法不仅易受主观因素的影响，而且可能会在被测表面带来新的划伤。金属板表面自动探伤系统利用机器视觉技术对金属表面缺陷进行自动检查，在生产过程中高速、准确地进行检测，同时由于采用非接角式测量，避免了产生新划伤的可能。在整个系统中，采用激光器作为光源，通过针孔滤波器滤除激光束周围的杂散光，扩束镜和准直镜使激光束变为平行光并以 45°的入射角均匀照明被检查的金属板表面，金属板放在检验台上。检验台可在 X、Y、Z 三个方向上移动，摄像机采用 TCD142D 型 2048 线阵 CCD，镜头采用普通照相机镜头，CCD 接口电路采用单片机系统。主机 PC 主要完成图像预处理及缺陷的分类或划痕的深度运算等，并可将检测到的缺陷或划痕图像显示在显示器上。CCD 接口电路和 PC 之间通过 RS-232 口进行双向通信，结合异步 A/D 转换方式，构成人机交互式的数据采集与处理。

该系统主要利用线阵 CCD 的自扫描特性与被检查钢板 X 方向的移动结合，取得金属板表面的三维图像信息。

3）汽车车身检测系统

英国 ROVER 汽车公司 800 系列汽车车身轮廓尺寸精度的 100%在线检测，是机器视觉系统用于工业检测中的一个较为典型的例子。该系统由 62 个测量单元组成，每个测量单元包括一台激光器和一个 CCD 摄像机，用以检测车身外壳上 288 个测量点。汽车车身置于测量框架下，通过软件校准车身的精确位置。测量单元的校准将会影响检测精度，因而受到特别重视。每个激光器/摄像机单元均在离线状态下经过校准。同时还有一个在离线状态下用三坐标测量机校准过的校准装置，可对摄像机进行在线校准。检测系统以每 40 秒检测一个车身的速度，检测三种类型的车身。ROVER 的质量检测人员用该系统来判别关键部分的尺寸一致性，如车身整体外形、门、玻璃窗口等。实践证明，该系统是成功的，并将用于 ROVER 公司其他系统列汽车的车身检测。

4）纸币印刷质量检测系统

该系统利用图像处理技术，通过对纸币生产流水线上纸币的 20 多项特征（号码、盲文、颜色、图案等）进行比较分析，检测纸币的质量，替代传统的人眼辨别的方法。

5）智能交通管理系统

通过在交通要道放置摄像头，当有违章车辆（如闯红灯）时，摄像头将车辆的牌照拍摄下来，传输给中央管理系统。系统利用图像处理技术，对拍摄的图片进行分析，提取出车牌号，存储在数据库中，可以供管理人员进行检索。

6）金相图像分析系统

金相图像分析系统能对金属或其他材料的基体组织、杂质含量、组织成分等进行精确、客观地分析，为产品质量提供可靠的依据。

7）医疗图像分析系统

血液细胞自动分类计数、染色体分析、癌症细胞识别等。

8）瓶装啤酒生产流水线检测系统

可以检测啤酒是否达到标准的容量、啤酒标签是否完整。

9）大型工件平行度、垂直度测量仪

采用激光扫描与 CCD 探测系统的大型工件平行度、垂直度测量仪，它以稳定的准直激光束为测量基线，配以回转轴系，旋转五角标棱镜扫出互相平行或垂直的基准平面，将其与被测大型工件的各面进行比较。在加工或安装大型工件时，可用该测量面间的平行度及垂直度。

10）轴承实时监控

视觉技术实时监控轴承的负载和温度变化，消除过载和过热的危险。将传统上通过测量滚珠表面保证加工质量和安全操作的被动式测量变为主动式监控。

11）金属表面的裂纹测量

用微波作为信号源，根据微波发生器发出不同的微波频率方波，测量金属表面的裂纹。微波的频率越高，可测的裂纹越狭小。

类似的实用系统还有许多，这里就不一一叙述了。

## 项目 2-3　汽车安全气囊的检测

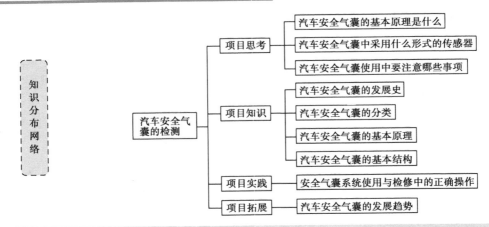

### 项目思考——汽车安全气囊是如何工作的?

随着高速公路的发展和汽车性能的提高，汽车行驶速度越来越快，特别是由于汽车拥有量的迅速增加，交通越来越拥挤，使得事故更为频繁，所以汽车的安全性就变得尤为重要。汽车的安全性分为主动安全性和被动安全性两种，主动安全是指防止汽车发生事故的能力，主要有操纵稳定性、制动性能等，被动安全是指在发生事故的情况下，汽车保护乘员的能力，目前主要有安全带、安全气垫、防撞式车身和安全气囊防护系统等。由于现实的复杂性，有些事故是难以避免的，因此被动安全性也非常重要。安全气囊作为被动安全性的研究成果，由于使用方便、效果显著、造价不高，所以得到迅速发展和普及。那么汽车安全气囊的工作原理、基本结构是怎样的呢？我们在使用及检修中要注意哪些事项呢？

从三个方面去思考：

（1）汽车安全气囊的基本原理是什么？

（2）汽车安全气囊中采用什么形式的传感器？

（3）汽车安全气囊使用中要注意哪些事项？

### 2-3-1　汽车安全气囊的发展史

#### 1. 国外汽车安全气囊的发展史

1953 年 8 月，John.W.He.Trick 首次提出了"汽车用安全气囊防护装置"，并获得了题为"汽车缓冲安全装置"的美国专利。

20 世纪 60 年代末，美国高速公路行车安全管理局（NHTSA）开始考虑汽车厂商发展安全气囊。

20 世纪 70 年代，世界各国的综合力量使安全气囊的研究与发展进入了一个全新的发展阶段。

1984 年，NHTSA 在著名的"联邦机动车安全标准"FMVSS（Federal Motor Vehicle Safety Standard）208 条《乘员碰撞保护》中增加了对安装气囊的要求，这为安全气囊的发展和使用提供了一个明确的法则及指导方向。

1993 年前后，美国政府立法规定从 1995 年 9 月 1 日以后制造的轿车前排座均应装备安全气囊。另外，还要求 1998 年以后的新轿车都装备驾驶者和乘客用的安全气囊。

进入 20 世纪 90 年代以来，安全气囊的安全性已经被人们普遍接受，并被视为一种现代化和高档次的安全装置。

### 2. 国内汽车安全气囊的发展

我国对汽车安全气囊的研究起步较晚，20 世纪 80 年代末我国的一些汽车碰撞安全和军工专家才开始关注汽车安全气囊的研究和发展。随着世界汽车进军我国，我国的汽车工业迎来了前所未有的发展契机。1992 年，我国自行研制的 FS-01 安全气囊通过撞车试验。我国的政策法规也对我国汽车工业的发展提供了良好的发展空间。在我国"九五"规划期间和"十五"规划中，国家经贸委和汽车行业将安全气囊列为我国汽车零配件三大重点发展项目（电子喷油系统、防抱死制动系统和安全气囊系统）之一，尤其是在 1999 年 10 月 28 日，国家机械工业局发布《关于正面碰撞乘员保护的设计规则》（CMVDR294）。2000 年以来，我国安全气囊市场需求平均每年都以超过 200%的速度增长。到 2007 年，我国 80%以上的安全气囊组件将实现本地化生产。目前，我国安全气囊零部件 ECU、气体发生器、气袋、布料的国内采购率只有 5%左右，气囊组件配套还有很大的发展空间。

## 2-3-2　汽车安全气囊的分类

安全气囊系统一般可按充气装置点火系统的形式、安全气囊的数量和保护类型进行分类。

### 1. 按充气装置点火系统的形式分类

（1）机械控制式。

（2）电子控制式。

### 2. 按安全气囊的数量分类

（1）单安全系统。

（2）双安全气囊系统。

（3）多安全气囊系统。

### 3. 按保护类型分类

（1）驾驶员用安全气囊。

（2）前排成员安全气囊。

（3）防侧撞安全气囊。

（4）后座成员用安全气囊。

### 2-3-3 汽车安全气囊的基本原理

汽车碰撞可分为一次碰撞（汽车和障碍物之间的碰撞）和二次碰撞（乘员与汽车内部结构之间的碰撞）两个阶段。一般将汽车安全性分为主动安全性与被动安全性两方面：主动安全性指防止汽车发生事故的能力；被动安全性指在发生事故的情况下，汽车保护乘员的能力。汽车安全气囊属于二次碰撞的被动安全性范畴。

汽车安全气囊属于被动安全性的技术范畴，其基本思想是：在发生一次碰撞后，二次碰撞前，电控气囊系统做出快速反应，迅速在乘员和汽车内部结构之间打开一个充满气体的袋子，使乘员扑在袋子上，避免或减缓二次碰撞，从而达到保护乘员的目的。安全气囊系统是 SRS 系统的一个组成部分。SRS 是指辅助约束系统，它由两大部分组成：一是安全气囊，它通过气囊的膨胀限制车辆发生碰撞时车内人员的头部、胸部、腹部受到伤害；二是座椅安全带。有的轿车的安全带配有电动（或气动）收紧装置，当车辆发生强烈碰撞时，及时将车内人员收紧在座椅上，起定位保护作用。

目前，大多数安全气囊是以保护前方正面碰撞为前提而设计的（前方 60°范围内），这类安全气囊在车辆被迫追尾或侧面碰撞时无效。根据交通事故统计：车辆发生前部碰撞的事故率约占 65%；后部碰撞事故率约占 13.2%；侧面垂直碰撞事故率极低。车内人员受伤部位统计情况如下：头部约占 40%，胸部约占 20%，腹部约占 5%，腿部约占 20%。因此，目前的安全气囊大多安装在车内人员的前方，并且在下列情况时会引爆前方安全气囊：

（1）汽车遭受侧面碰撞超过规定的角度时。

（2）汽车遭受横向碰撞时。

（3）汽车遭受后面碰撞时。

（4）汽车发生绕纵向轴线侧翻时。

（5）纵向减速度未达到规定值时。

（6）行驶中紧急制动或在台阶路面上行驶时。

安全气囊碰撞的发生过程可详细分为下列几个阶段。

第一阶段：汽车撞车达到气囊系统引爆极限，碰撞传感器从测出碰撞到接通电流需 10 ms，气囊 ECU 中的引爆控制电路点燃气囊的充气元件，而此时驾驶员仍然处于直坐状态。

第二阶段：充气元件在 30 ms 内将气囊完全胀起，撞车 40 ms 后，驾驶员身体开始向前移动，斜系在驾驶员身上的安全带随驾驶员的前移被拉长，撞车时产生的冲击，一部分被安全带吸收。

第三阶段：汽车撞车 60 ms 之后，驾驶员的头部和身体上部都压向气囊，气囊后面的泄气孔允许气体在压力作用下匀速地逸出。

### 2-3-4 汽车安全气囊的基本结构

汽车安全气囊由传感器、电子控制器（ECU）、充气组件、电气连接件四部分组成。下面一一介绍。

#### 1. 传感器

常用的传感器有电子式碰撞传感器和机电式传感器两种。

1）电子式碰撞传感器

常用的电子式碰撞传感器有以下两种。

第一种是德国博世公司（BOSCH）研制生产的电阻应变计式碰撞传感器。其结构如图 2-19（a）所示，主要由电子电路 4、电阻应变计 5、振动块 6、缓冲介质 7 和壳体 3 等组成。电子电路包括稳压与温度补偿电路 W、信号处理放大电路 A。应变计的电阻 R1、R2、R3、R4 安装在硅膜片 8 上，如图 2-19（b）所示；当硅膜片发生变形时，应变电阻的阻值就会发生变化。为了提高传感器的检测精度，应变电阻一般都连接成桥式电路，并设计有稳压和温度补偿电路，如图 2-19（c）所示。

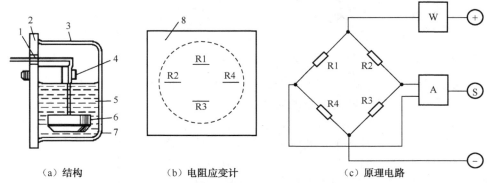

(a) 结构　　　　　　(b) 电阻应变计　　　　　　(c) 原理电路

1—密封树脂；2—传感器底板；3—壳体；4—电子电路；5—电阻应变计；6—振动块；7—缓冲介质；8—硅膜片

图 2-19　电阻应变计式碰撞传感器

当汽车遭受碰撞时，振动块振动，缓冲介质随之振动，应变计的应变膜片发生变形，阻值随之发生变化；经过信号处理放大后，传感器 S 端输出的信号电压就会发生变化，电子控制器 ECU 根据电压信号强弱便可判断碰撞的烈度（激烈程度）。如果信号电压超过设定值，ECU 就会立即向点火器发出点火指令，引爆点火剂，使充气剂受热分解产生气体给气囊充气，气囊打开，达到保护驾驶员和乘员的目的。

第二种是压电效应式碰撞传感器，它是利用压电效应制成的传感器。压电效应是指压电晶体在压力作用下，晶体外形发生变化而使其输出电压发生变化。压电晶体通常用石英和陶瓷制成。当汽车遭受碰撞时，传感器内的压电晶体在碰撞产生的压力作用下使输出电压发生变化。ECU 根据电压信号强弱可以判断碰撞的烈度。如果电压信号超过设定值，ECU 就会立即向点火器发出点火指令，引爆点火剂，使气体发生器给气囊充气，气囊打开，达到保护驾驶员和乘员的目的。

2）机电式传感器

应用最多的机电式传感器有以下三种。

第一种是泰克勒（Tcchncr）式传感器，如图 2-20 所示。薄壁滚筒弹簧内部有一卷簧，在加速度的作用下，卷簧将滚筒展开并向前推动；当滚筒的动触点接触到其前部静触点时，电路便闭合。这是一种加速度传感器，这种传感器由于对急速撞击和粗糙路面过于灵敏，现已逐渐被淘汰。

第二种是布里德（Breed）式传感器，如图 2-21 所示。平时小钢球被磁场力所约束，当

碰撞时，在圆柱形钢套内的小钢球就向前运动，一旦接触到前面的触点，便将局部电路接通。这种传感器的灵敏度由三个参数确定，即磁场大小、小钢球和圆柱形钢套之间的间隙及小钢球与触点间的距离。这种传感器目前应用很广，可以检测各种撞击信号。

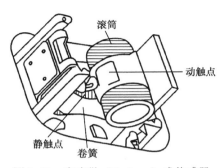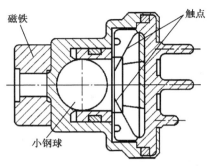

图 2-20　泰克勒（Tcchncr）式传感器　　　图 2-21　布里德（Breed）式传感器

第三种是偏心转动式传感器，如图 2-22 所示为具有偏心转动质量的机电式加速度传感器。传感元件是由具有偏心转动质量的转动平板、旋转触点与固定触点、螺旋弹簧构成，如图 2-22（a）、图 2-22（b）所示。当汽车正常行驶时，转动平板利用螺旋弹簧的回复力被拉回，处于平衡状态，此时转子上安装的旋转触点与固定触点不接触。当车辆受到正面碰撞且速度达到设定位时，偏心转动质量带动转子板旋转，使旋转触点与固定触点接触，从而向 ECU 发出闭合电路信号。图 2-22（c）是偏心转动式传感器接线图。在连接器上，与 ECU 相连的正、负接线柱和连接检验销的四个接线柱与传感元件的接线柱正确接合时，才处于如图 2-22（c）所示状态，这时必须确认 ECU 在正、负接线柱之间具有电阻 R。

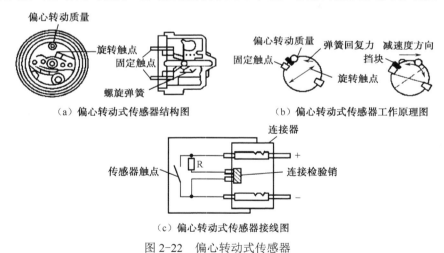

（a）偏心转动式传感器结构图　　（b）偏心转动式传感器工作原理图

（c）偏心转动式传感器接线图

图 2-22　偏心转动式传感器

## 2. 电子控制器

电子控制器（ECU）又称为安全气囊电脑组件，它是安全气囊系统的核心部件，其安装位置因车型而异。当防护传感器 SIS 与 ECU 安装在一起时，ECU 通常安装在驾驶室变速杆前、后的装饰板下面。当防护传感器与 ECU 分开安装时，ECU 的安装位置则因车型而异。ECU 主要由微处理器、信号处理电路、备用电源电路、保护电路和稳压电路等组成。

传感器一般也与安全气囊微处理器一起制造在 ECU 中。

1）微处理器

微处理器的主要功用是监测汽车纵向减速度或惯性力是否达到设计值的点火器引爆点。控制气囊组件中微处理器由模/数（A/D）转换器、数/模（D/A）转换器、输入/输出（I/O）接口、只读存储器（ROM）、随机存储器（RAM）、电可擦除可编程只读存储器（EEPROM）和定时器等组成。

在汽车行驶过程中，安全气囊微处理器不断接收前碰撞传感器和安全传感器传来的车速变化信号，经过数学计算和逻辑判断后，确定是否发生碰撞。当判断结果为发生碰撞时，立即运行控制点火的软件程序，并向点火电路发出点火指令引爆点火剂；点火剂引爆时产生大量热量，使充气剂受热分解释放气体，给安全气囊充气。

此外，安全气囊微处理器还对控制组件中关键部件的电路（如传感器电路、备用电源电路、点火电路、安全气囊指示灯及其驱动电路）不断进行诊断测试，并通过安全气囊指示灯和存储在存储器中的故障代码来显示测试结果。仪表盘上的安全气囊指示灯可直接向驾驶员提供安全气囊系统的状态信息，微处理器存储器中的状态信息和故障代码可用专用仪器或通过特定方式从通信接口调出，以供装配检查与设计参考。

2）信号处理电路

信号处理电路主要由放大器和滤波器组成，其功用是对传感器检测到的信号进行整形和滤波，以便安全气囊微处理器能够接收、识别和处理。

3）备用电源电路

安全气囊系统有两个电源：一个是汽车电源（蓄电池和交流发电动机），另一个是备用电源。备用电源又称为后备电源和紧急备用电源。备用电源电路由电源控制电路和若干个电容器组成，在单安全气囊系统的控制模块中，设有一个微处理器备用电源和一个点火备用电源。

在双安全气囊系统的控制模块中，设有一个微处理器备用电源和两个点火备用电源，即两条点火电路各设一个备用电源。点火开关接通 10 s 之后，如果汽车电源电压高于安全气囊微处理器的最低工作电压，那么微处理器备用电源和点火备用电源即可完成储能任务。当汽车电源与安全气囊微处理器之间的电路切断后，在一定时间（一般为 6 s）内维持安全气囊系统供电，保持安全气囊系统的正常功能。当汽车遭受碰撞而导致蓄电池和交流发电动机与安全气囊微处理器之间的电路切断时，微处理器备用电源在 6 s 之内向微处理器供电，保持微处理器测出碰撞和发出点火指令等正常功能；点火备用电源在 6 s 之内向点火器供给足够的点火能量引爆点火剂，使充气剂受热分解给气囊充气。当时间超过 6 s 之后，备用电源供电能力降低，微处理器备用电源不能保证微处理器测出碰撞和发出点火指令；点火备用电源不能供给最小点火能量，安全气囊不能无气打开。

4）保护电路和稳压电路

在汽车电气系统中，许多电气部件带有电感线圈，电气开关琳琅满目。当线圈电流接通或切断、开关接通或断开、负载电流突然变化时，都会使电气负载变化频繁，产生瞬时脉冲电压。这时，保护电路和稳压电路能保持安全气囊系统的正常功能。

电子控制器 ECU 的工作原理图如图 2-23 所示。

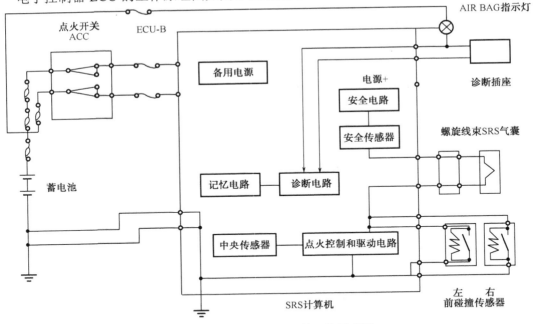

图 2-23 电子控制器 ECU 的工作原理图

### 3. 充气组件

充气组件主要由充气装置、气囊、饰盖和底板等组成。驾驶员一侧的充气组件位于方向盘的中间,如图 2-24 所示。前排乘客一侧的充气组件装在前排乘客一侧的工具箱的上方,如图 2-25 所示。

#### 1)充气装置

充气装置主要由外壳、引爆器、气体发生剂、过滤器、增压充剂等组成,如图 2-26 所示。

充气装置外壳一般采用铝合金或钢板冲压成型,目前铝合金外壳已逐步取代钢板外壳。铝合金外壳底部采用惰性气体焊接,出气口处用铝箔黏接封严。引爆器固定在充气装置的底

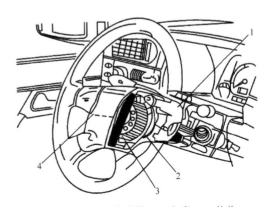

1—底板;2—充气装置;3—气囊;4—饰盖

图 2-24 驾驶员一侧的充气组件安装图

部。当汽车发生碰撞达到引爆条件时,安全气囊 ECU 接通引爆控制电路,电流经过引爆器,使引爆器的电热丝产生热量,引燃火药,生成的压力和热量冲破药筒将增压充剂引燃。增压充剂装在引爆器与气体发生剂之间。增压充剂点燃后冲撞气体发生剂,促使气体发生剂快速燃烧。目前使用的气体发生剂是片状氮化钠合剂,该合剂燃烧后产生氮气。气体发生剂的装置决定充气装置密封筒的最高输出压力,可通过改变气体发生剂厚度来调节充气条件。过滤器用于冷却生成的气体,并滤去气体燃烧后产生的杂质。

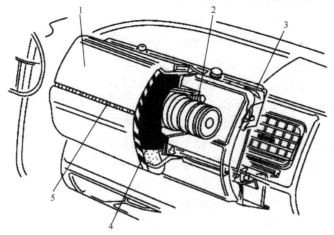

1—饰盖；2—充气装置；3—固定装置；4—气囊；5—撕裂纹

图 2-25　前排乘客一侧的充气组件安装图

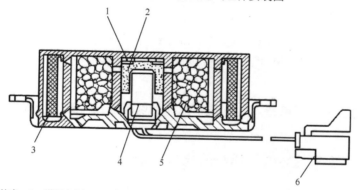

1—外壳；2—增压充剂；3—过滤器；4—引爆器；5—气体发生剂；6—带短路条的连接器

图 2-26　充气装置结构

2）气囊

气囊按布置位置可分为驾驶员一侧气囊、前排乘客一侧气囊、后排气囊、侧面气囊；按大小可分为保护整个上身的大型气囊和主要保护面部的小型护面气囊。驾驶员一侧气囊多由涂有硅橡胶或氯丁橡胶的尼龙布制成。橡胶涂层起密封和阻燃作用，气囊背面有两个泄气孔。乘客一侧气囊没有涂层，靠尼龙布本身的孔隙泄气。

3）饰盖

饰盖是充气组件的盖板，其上置有撕缝，以便气囊能冲破饰盖而打开。

4）底板

气囊和充气装置都装在底板上，底板装在方向盘或车身上。气囊打开时，底板承受气囊的反冲力。

**4. 电气连接件**

安全气囊系统的电气连接件有螺旋电缆、连接器和线束。

1）螺旋电缆

螺旋电缆的作用是把电信号输送到安全气囊引爆器的接线上。由于驾驶员一侧气囊是安装在方向盘上的，而方向盘需要转动，为了实现这种静止与活动端的可靠连接，因此采用螺旋电缆连接。螺旋电缆被安装在托盘内，托盘则通过螺栓固定在转向轴顶部，它是以顺、逆两个方向的盘绕来实现旋转运动的可靠连接的。电缆的内侧是固定端，与转向轴固定在一起；外侧是活动端，通过连接器与引爆器连接在一起。螺旋电缆的电阻取决于本身材料的长度。电缆材料为复合铜带，一面是铜，一面是聚酯薄膜。其长度由方向盘最大转向圈数和转向轴安装毂的最小内径决定，电缆一般长为 4.8 m。当转向轴处于中间位置时，可分别向左、右做 2.5 圈转动。由于引爆器阻抗很小，故对电缆阻抗偏差的控制非常严格，否则会影响安全气囊 ECU 对引爆器故障的诊断。螺旋电缆中心与转向轴的同心度对保证安全气囊系统的性能有很大影响，如果偏差过大，可能导致螺旋电缆旋转过量而造成永久性损坏。考虑到偏差的缘故，螺旋电缆正、反两面各方向上要留出半圈余量。拆卸时应做好标记，以保证其准确还原。

2）连接器

安全气囊系统的连接器采用双保险锁定和分断自动短接措施。连接器分断后，引爆器的电源端和地线会自动短接，防止因误通电或静电造成引爆器误触发。

3）线束

安全气囊系统的线束采用特殊的包装和色标，以保证在碰撞中能保持线路连接可靠和便于检查。

## 项目实践——安全气囊的使用和检修

### 1. 实践要求

随着科学技术的发展和以人为本观念的深入人心，汽车的设计会越来越人性化，越来越关注人的安全。安全气囊作为其中重要的一部分，要求正确掌握其使用方法和检修方法。

### 2. 实践过程

1）安全气囊系统使用与检修中的正确操作

（1）安全气囊使用中的注意事项。

① 安全气囊必须和安全带配合使用。安全气囊属于被动安全装置，只有和安全带配合使用，才能获得满意的安全保护效果，所以驾驶员和乘员在汽车运行时必须系好安全带。

② 注意日常检查。日常检查主要检查各碰撞传感器的固定是否牢固；搭铁线部位是否清洁；连接是否可靠；方向盘转动时是否有卡滞现象，以判断方向盘内的 SRS 螺旋电缆是否完好。启动车辆时特别要注意观察 SRS 报警灯是否自动熄灭，如果接通点火开关 6~8 s 后，它依然闪烁或长亮不熄，则表示 SRS 有故障。在运行过程中，如果指示灯闪烁 5 min 后长亮，也表示 SRS 出现故障。

③ 及时排除安全气囊的故障，否则会产生两种严重后果：一种是当汽车发生严重碰撞，需要安全气囊展开起保护作用时，它却不能工作；另一种是在汽车正常运行，安全气

囊不应工作时，它却突然膨胀展开，给驾驶员和乘员造成不应有的意外伤害，甚至发生交通事故。

④ 避免高温。应妥善保管安全气囊装置的部件，不要让它处在 85 ℃ 以上的高温环境下，以免造成安全气囊误打开。

⑤ 避免意外碰撞和震动。安全气囊传感器等部件对碰撞和冲击很敏感，因此应尽量避免碰撞和冲击，以免造成安全气囊不必要的突然打开。

⑥ 不要擅自改变安全气囊系统及其周边布置。不能擅自改动系统的线路和组件，以及更改保险杠和车辆前面部分结构。方向盘和乘员一侧气囊部位不可粘贴任何装饰品和胶条，以防影响气囊的爆开。

⑦ 乘员尽量坐后排。儿童和身材矮小的乘员在乘坐有安全气囊的车辆时，应尽量坐在后排，因为安全气囊对他们的保护效果并不理想。

⑧ 严格按照规范保管安全气囊系统元器件。安全气囊系统中有火药、传爆管等易燃易爆物品，必须严格按照规范运输、保管，否则将会造成严重后果。

（2）安全气囊检修中的正确操作。

① 非安全气囊专业维修人员不得进行安全气囊的检查、维修。

② 在开始检修前，应将时钟、防盗与音响系统的内容记录下来，有电动倾斜和伸缩转向系统、电动车外后视镜、电动座椅及电动肩带系统装置的车辆，维修后应重新调整和设置存储。禁止使用车外备用电源。

③ 对安全气囊进行检修作业时，先将点火开关置于锁止位置，然后再断开蓄电池负极，等待 3 min。

④ 气囊拆下放置时，应将缓冲垫（软面）朝上，且要远离水、机油、油脂、清洁剂等物。

⑤ 对不同车型的安全气囊系统故障码的读取与消除方法应加以区别。

⑥ 禁止对安全气囊或点火器进行加热或企图用工具打开。

⑦ 拆卸时应注意保护安全气囊组件，特别是连接器。电焊作业前，应拔出转向柱下多功能开关附近的连接器，对安全气囊系统进行安全保护。

⑧ 拆卸已经起爆的安全气囊后，应洗手。如有杂质进入眼睛内，应立刻用清水冲洗，以防受到损伤。

⑨ 安全气囊的元器件要保证使用原厂包装，牌号必须一致。传感器安装架已经变形时，不论安全气囊是否爆开都必须更换新传感器，同时对传感器安装部位进行修复，使传感器外壳方向标记朝向汽车前方。对于已经爆开的安全气囊，必须全部更换新件。

⑩ 安装时必须按规定拧紧力矩，将控制装置安装牢固。安装线束时，注意线束不要将其他零部件挤压，也不要交叉穿越其他零部件。

⑪ 安装好安全气囊系统后方可测试电气，禁止使用模拟式万用表测试，只能使用数字式万用表测试。

⑫ 安装前应关闭点火开关，接通蓄电池后打开点火开关，务必注意头不要在安全气囊打开的轨迹之内活动。

⑬ 应妥善处理安全气囊系统的废旧器件，在引爆废旧安全气囊时，需注意自身和周围人的安全，尽量避开居民区和人多的地方，选择一个通风场所，并采取安全措施。引爆完

毕，待气囊冷却、烟尘散尽后（10 min），人才可靠近。

⑭ 严禁分解已引爆的气囊，因气囊中没有任何可维护的零部件，更不能修理和再次使用已引爆的气囊。

⑮ 对于不能被引爆的气囊应妥善保管，并及时进行处理。

### 3．项目小结

本项目以安全气囊系统使用与检修中的正确操作为例，训练学生对安全气囊的结构、使用、检修有一个较为清晰的认识和了解，为以后的实践打好基础。

### 4．项目评价

在规定时间内完成任务，各组自我评价并进行展示，各组之间根据项目评价表进行检查。项目评价表如表 2-7 所示。

表 2-7　项目评价表

| 项　　目 | 目　　标 | 分　　值 | 评　　分 | 得　　分 |
|---|---|---|---|---|
| 安全气囊使用中的注意事项 | 正确使用安全气囊，发现问题能及时处理 | 50 | （1）不能正确使用安全气囊，扣 10 分<br>（2）发现问题不能及时处理，扣 20 分 | |
| 安全气囊检修中的正确操作 | 掌握安全气囊检修步骤 | 50 | （1）不按照检修步骤操作，扣 10 分<br>（2）损坏元件，扣 20 分 | |
| 总分 | | 100 | | |

## 项目拓展——汽车安全气囊的发展趋势

未来汽车安全气囊技术的发展趋势，将主要朝着以下几个方向发展。

1）智能化

随着电子信息技术的飞速发展，形形色色的智能技术在汽车上得到推广应用，智能化安全气囊就是其中之一。它是在普通安全气囊的基础上增设传感器和与之相配套的计算机软件而制成的。其质量传感器能根据质量感知乘客是大人还是儿童，其红外线传感器能根据热量探测座椅上是人还是物，其超声波传感器能探明乘员的存在和位置等。计算机软件则能根据乘客的身体、体重、所处位置和是否系安全带，以及汽车碰撞速度和撞击程度等，及时调整气囊的膨胀时机、速度和程度，使安全气囊对乘客提供最合理有效的保护。这种气囊系统能够在汽车碰撞的一瞬间，根据碰撞条件和乘员状况来调节气囊的工作性能，解决了安全气囊膨胀过快而对乘客造成的挤压伤害问题。杰戈娃汽车公司生产的轿车座椅上还装有一种德尔福传感器公司开发的乘客体重传感器和一个皮带扣夹张紧传感器，可以指示乘客的体重和身材；这种传感器还可以指示出乘客是否使用了安全带。整个传感器系统将由神经网络控制；为保证精确地确定乘客的位置，采用了 4 个超声波传感器；来自这些传感器的信息输送给神经网络，然后计算出乘客的体重和位置、衣服穿戴的类型等，还能确定他们的精确位置，身体向后仰还是向前倾。控制系统和传统的进行数字信号处理的微处理器结合使用。该系统提供两种膨胀的速度，采用了 TRW 公司开发的二级安全气囊充气装置，由控制系统决定是否启动安全气囊。例如，如果乘客的身躯支靠着仪表板，则不启动安全气囊。如果需要展开安全气囊，一级和二级充气装置都将启动。这种新安全气囊的其中一个优点是比普通气囊展开的次数少。

2）绿色环保化

目前汽车安全气囊中普遍使用了叠氮化钠（NaN_3）。从环保和人体健康角度讲，叠氮化钠是一种有毒物质，其毒性几乎是砷的 30 倍。此外，从安全角度讲，叠氮化钠在被激活后在释放的气体冲起气囊的同时，还会生成固态的钠；钠的化学性质非常活泼，特别是在与水接触时可以直接燃烧。因而，避免使用有潜在危险和有毒性的含钠物质，采用新型气体发生技术，使之符合环境保护的要求，是汽车安全气囊发展的一个方向。如 TRW 公司采用非叠氮化合物的推进剂做动力，替代了原来安全气囊所用的固体氮化合物；有采用空气和氢的混合物的安全气囊，氢燃烧后产生的热气体，能以很快的速度充满安全气囊；也有其他采用氩气膨胀的新型安全气囊系统。另外，最近法国地区发展规划和环境部建议，抓紧对汽车安全气囊进行技术改造，今后，车辆安全气囊中的叠氮化钠将由推进剂代替，避免使用存在潜在危险和有毒性的含钠物质。而推进剂是火箭所使用的燃料，在特定条件下，它可以释放出强大的能量。

3）虚拟技术化

采用计算机模拟的"虚拟技术"方式替代轿车实物碰撞。它由一台超级计算机进行"虚拟试验"，一方面可以减少人力、物力、财力的消耗，另一方面也加快了产品的开发周期。超级计算机位于一间配有精密气候调控系统的机房中，进行模拟碰撞试验时，一方面测算轿车的设计对减少驾驶员和乘客受伤的风险能起多少作用，另一方面研究轿车受撞变形的方式，以及安全带和安全气囊之类防护系统应如何设计，才能达到最佳的防护效果。而各种运算都是以现实交通中发生的同类事故为依据进行的。

4）小型、轻型化

安全气囊总成将采用体积小的新型气体发生器，如采用压缩气体的混合式气体发生器和采用有机气体的纯气体式气体发生器。另外，安全气囊是一个高度集成化的系统和模块，德尔福传感器公司将推出世界上最小的安全气囊模块，使方向盘既美观简洁，又有足够的空间来集成更多的控制系统。德尔福传感器公司的技术可以提供高度紧凑型的乘员正面保护安全气囊，而且气囊系统的盖板与方向盘的接缝非常细小，几乎看不出来；安装的位置也比较独特，且方向盘看上去更漂亮。

5）保护全方位化

安全气囊不再局限于保护驾驶员与前排乘员。现代汽车还将采用如窗帘一般的侧气囊，这样即使是侧面被撞，车内乘员的安全也能得到充分的保证。如侧翼气囊，它是置于车门两侧及车顶的气囊装置。来自侧翼撞击的力量必须足够大时才能触发气囊充气，仅是踢踹或撞击产生的能量还不足以造成气囊装置的触发。当侧面撞击发生时，撞击力虽被分散，但还有一部分由车门传至装有传感器的座椅上，就在门与传感器接触的刹那，火焰推动两个气体发生器，以高达每秒 2 000 米的速度，差不多是 7 倍的音速为气囊充满氮气。它还可以在撞击发生的关键瞬间，自始至终地保护人体的上身。

## 仿真实验——机电一体化控制仿真实验

### 1．实验目的

（1）熟悉和了解机电一体化控制系统的基本控制设备，了解铝箔加工机铝箔张力测量控制方法、原理及过程。理解机电一体化系统中机、电、信息结合的实际意义。

（2）根据控制原理进行加工设备及测量控制设备连接，完成机电一体化设备的装配和传感器的安装，了解传感器的性能及种类。

（3）操作演示铝箔张力测量控制过程，实现对铝箔张力测量控制。

### 2．实验原理

铝箔张力测量控制原理图如图 2-27 所示。

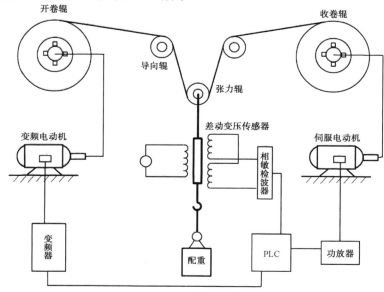

图 2-27　铝箔张力测量控制原理图

### 3．实验内容

根据铝箔张力测量控制原理图及如表 2-8 所示的元件库，完成设备之间的连接。

表 2-8　元件库

| 元 件 编 号 | 元 件 名 称 |
| --- | --- |
| 元件 1 | 伺服电动机 |
| 元件 2 | 变频电动机 |
| 元件 3 | 导向辊 |
| 元件 4 | 配重 |
| 元件 5 | 差动变压传感器 |
| 元件 6 | 变频器 |
| 元件 7 | 功放器 |
| 元件 8 | 相敏检波器 |
| 元件 9 | PLC |
| 元件 10 | 张力辊 |

### 4. 实验步骤

（1）按照原理图接线。

（2）按界面上的"启动"按钮，进行动画播放。

（3）按"停止"按钮停止。

### 5. 实验结果

铝箔张力测量控制在铝箔生产中相当重要。开卷辊和收卷辊均设计为恒张力控制系统，张力的恒定与否，能否达到控制精度要求，关系到系统能否正常工作。

动作过程：收卷辊上的箔卷是由小卷逐步地缠绕成符合要求的大卷，张力辊同时在不断地向上移动。为保证卷取张力的恒定，采用差动变压传感器测量张力辊的位移变化，经过相敏检波器将信号传送给 PLC 进行分析计算，将需要调整的参数再送给变频器和功放器，从而改变伺服电动机、变频电动机的转速，保证卷取张力恒定不变。

### 6. 结论分析

根据实验结果分析总结在实验中遇到的问题，以及是如何解决的。

### 7. 思考题

（1）张力传感器在铝箔机中的作用是什么？

（2）采用差动变压器作为张力传感器的特点有哪些？

## 创新案例——汽车防撞系统设计案例

### 1. 创新案例背景

随着高速公路里程的增加，因浓雾等恶劣天气而造成的交通事故也日益增多。据不完全统计，高速公路因雾引起的事故已占事故总数的 25%以上，给国家和人民群众生命财产造成重大损失，引起了各级政府、交通管理部门和整个社会的普遍关注。

### 2. 创新设计要求

（1）在雾天两车小于安全距离时该系统就发出报警；

（2）主要用于雾天汽车在高速公路上行驶，要求系统安装方便、使用简单、安全可靠、方便携带；

（3）实现自动功能。

### 3. 设计方案分析

导致高速公路追尾交通事故的主要原因是驾驶员未能保持安全的车间距离。一个好的汽车防撞系统关键在于距离测量的实时性和准确性，准确地探测行车距离并且快速实时地做出反应是未来汽车研发的方向。

我国对于汽车防撞系统的研究较晚，该项研究目前在我国尚处于起步阶段。随着电子技术的发展，车辆的控制水平不断提高，以往的控制系统仅仅检测车辆自身的状态，最新的控制系统正在向着根据车辆周围的环境与状况进行控制的系统方向发展，因此就需要准确地识别车辆周围的状况，有意外情况及时发出报警。经调查，市场上只有在智能轿车上才有自动防撞系统，但是存在智能轿车投资费用较高、在其他车上安装不便等缺点。这套用于汽车的激光传感器测距报警系统采用激光传感器测距的科学原理和通过微处理器实现自动发出报警信号，使驾驶员在雾天行驶更安全。

### 4．技术解决方案

激光测距的工作原理与微波雷达测距相似。激光镜头使脉冲状的红外激光束向前方照射，并利用汽车的反射光，通过受光装置检测其距离，激光汽车防撞系统的检测距离达100 m 以上。具体的测距方式有连续波和脉冲波两种。连续波相位测距是用无线电波段的频率，对激光束进行幅度调制并测定调制光往返测线一次所产生的相位延迟，再根据调制光的波长，换算此相位延迟所代表的距离，即用间接方法测出光经往返测线所需的时间。连续波相位测距的精度极高，一般可达毫米级，但相对脉冲测距而言，连续波相位测距法电路复杂、成本高。考虑到在汽车防碰撞系统中，不需要太高的测距精度，本系统利用了激光脉冲测距法来测量车前物体的距离。激光脉冲测距是利用测量往返脉冲间隔时间，获知距离的。测试方法是在确定时间起止点之间用时钟脉冲填充计数，这种方法可以得到 10 ms 以上的测时精度。

本汽车防撞系统的基本思路：利用激光传感器检测出距前方障碍物的距离，通过微处理器进行自动计算并显示出实际距离，当小于安全距离时该系统就发出声光报警提示驾驶员注意前方有障碍物。本系统在雾天能自动显示出距前方障碍物的距离，小于安全距离时该系统就发出声光报警。另外在防护栏上也安装了信号灯，如在 200 m 之内前方有障碍物，该信号灯显示红色提示驾驶员注意前方有障碍物；在 200 m 之外信号灯显示绿色。汽车防撞系统原理图如图 2-28 所示。

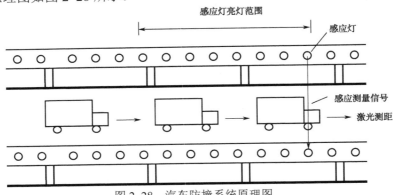

图 2-28　汽车防撞系统原理图

汽车防撞系统部分程序设计：

```
#include <at89x51.h>
typedef unsigned char uchar;                    //重定义 char 数据类型
typedef unsigned int uint;                      //重定义 int 数据类型
#define ShowPort P2                             //定义数码管显示端口
uchar code   LedShowData[]={0x03,0x9F,0x25,0x0D,0x99,   //定义数码管显示数据
             0x49,0x41,0x1F,0x01,0x19};         //0,1,2,3,4,5,6,7,8,9
static unsigned int RecvData;                   //定义接收红外数据变量
static unsigned char CountData;                 //定义红外个数计数变量
static unsigned char AddData;                   //定义自增变量
static unsigned int LedFlash;                   //定义闪动频率计数变量
```

```c
unsigned char HeardData;              //定义接收到数据的高位变量
bit RunFlag=0;                        //定义运行标志位
bit EnableLight=0;                    //定义指示灯使能位
/***********完成基本数据变量定义***************/
sbit S1State=P1^0;                    //定义 S1 状态标志位
sbit S2State=P1^1;                    //定义 S2 状态标志位
sbit B1State=P1^2;                    //定义 B1 状态标志位
sbit IRState=P1^3;                    //定义 IR 状态标志位
sbit RunStopState=P1^4;               //定义运行停止标志位
sbit FontIRState=P1^5;                //定义 FontIRState 状态标志位
sbit LeftIRState=P1^6;                //定义 LeftIRState 状态标志位
sbit RightIRState=P1^7;               //定义 RightIRState 状态标志位
/*************完成状态指示灯定义***************/
sbit S1=P3^2;                         //定义 S1 按键端口
sbit S2=P3^4;                         //定义 S2 按键端口
/**************完成按键端口的定义**************/
sbit LeftLed=P2^0;                    //定义前方左侧指示灯端口
sbit RightLed=P0^7;                   //定义前方右侧指示灯端口
/**************完成前方指示灯端口定义*********/
sbit LeftIR=P3^5;                     //定义前方左侧红外探头
sbit RightIR=P3^6;                    //定义前方右侧红外探头
sbit FontIR=P3^7;                     //定义正前方红外探头
/*************完成红外探头端口定义***********/
sbit M1A=P0^0;                        //定义电动机 1 正向端口
sbit M1B=P0^1;                        //定义电动机 1 反向端口
sbit M2A=P0^2;                        //定义电动机 2 正向端口
sbit M2B=P0^3;                        //定义电动机 2 反向端口
/*********完成红外接收端口的定义***********/
void Delay()                          //定义延时子程序
{ uint DelayTime=30000;               //定义延时时间变量
  while(DelayTime--);                 //开始进行延时循环
  return;                             //子程序返回
}
void Delay1()                         //定义延时子程序
{ uint DelayTime1=250;                //定义延时时间变量
  while(DelayTime1--);                //开始进行延时循环
  return;                             //子程序返回
}
void ControlCar(uchar CarType)        //定义小车控制子程序
{
```

```
      （略）
  }
  void Timer0_IR1() interrupt 1 using 3          //定义红外定时器子程序
  {
      （略）
  }
  void Int1_IR1() interrupt 2                    //定义红外接收中断子程序
  {
      （略）
  }
  void ComBreak() interrupt 4                    //定义串口通信子程序
  {
      （略）
  }
  void main(void)                                //主程序入口
  {
      uchar js;
    bit ExeFlag=0;                               //定义可执行标志位变量
    RecvData=0;                                   //将接收变量数值初始化
    CountData=0;                                  //将计数器变量数值初始化
    AddData=0;                                    //将定时器计数初始化
    HeardData=0;                                  //将高低计数器初始化
    LedFlash=1000;                               //对闪灯数据进行初始化
    TMOD=0x01;                                    //选择定时器 0 为两个 16 位定时器
    TH0=0xFF;                                     //对定时器进行计数值进行初始化
    TL0=0x19;                                     //同上，时间大约为 25 μs
    TR0=1;                                        //同意开启定时器 0
    EX1=1;                                        //同意开启外部中断 1
    IT1=1;                                        //设定外部中断 1 为低边缘触发类型
    ET0=0;
    SCON=80;                                      //设置串口模式为 8 位数据
    TMOD=33;                                      //设置定时/计数器模式
    TH1=0xFD;                                     //给定时器 1 高 8 位初始化初值
    TL1=0xFD;                                     //给定时器 1 低 8 位初始化初值
    TR1=1;                                        //开启定时器 1
    ES=1;                                         //开启串口通信功能
    REN=1;                                        //开启接收中断标志
    EA=1;                                         //总中断开启
    ControlCar(1);                                //将小车置于前进状态
    ShowPort=LedShowData[0];                      //数码管显示数字 0
```

```
        while(1)                                                //程序主循环
        {

                if(FontIR==0 /*|| LeftIR==1 || RightIR==1*/)     //判断正前、前左、前右侧红外探头状态
                {
                        //ControlCar(6);                         //改变小车状态为减速
                        M1A=1;
                        M2A=1;
                        Delay();
                        M1A=0;
                        M2A=0;
                        Delay();
                        M1A=1;
                        M2A=1;
                        SB1=!SB1;
                        M1A=0;
                        M2A=0;
                        Delay();                                 //调用延时子程序
                        SB1=!SB1;                                //将蜂鸣器取反
                        ++js;
                        if(js==10)
                        {
nextrun:                M1A=0;
                        M2A=0;
                        if(FontIR==0)
                        {
                                goto nextrun;
                        }
                        }
                }
        else
        {
                js=0;
                M1A=1;
                M2A=1;
        }
        if(B1==0)                                                //判断是否有话筒信号输入
        { if(RunFlag==0)                                         //判断小车当前的运行标志位
          { ControlCar(8);                                       //将小车置于停止状态
```

```
                RunFlag=1;                              //改变小车运行标志位
            }
        else
        { ControlCar(1);                                //将小车置于前进状态
            RunFlag=0;                                  //改变小车运行标志位
        }
        B1State=!B1State;                               //将话筒信号指示灯取反
    }
 /*}

NextRun:                                                //跳转标签
    if(RunFlag==0)                                      //判断运行标志位
    {
      RunStopState=!RunStopState;                       //改变小车运行停止状态标志位
    }
    else
    {
      RunStopState=1;                                   //将运行停止状态标志位置1
    }
    LedFlash=1000;                                      //运行闪动时间重设定
    if(ExeFlag==0)                                      //判断可执行标志位
    {
      EX1=1;                                            //开启外部中断1
      TR1=1;                                            //开启定时/计数器1
    }
    ExeFlag=0; */                                       //可执行标志位置0
    }
  }
```

### 5.创新案例小结

作品应用了激光传感器测距的科学原理和通过微处理器实现自动发出报警信号，使驾驶员在雾天行驶更安全。作品的创新点和先进性在于：

（1）简单实用的汽车防撞系统，既经济又方便携带；

（2）在雾天不知前方有无障碍物的情况下，通过本系统能提前知道；

（3）防漏电保护设计保证了安全。

系统本身还存在不少问题有待进一步探讨，主要有以下几个问题：

（1）由于系统中的参数大部分是根据经验预先设定的，但这些参数又与车辆的具体情况密切相关，因而这些预设的参数与实际参数必定会存在差距，从而影响系统的性能；

（2）由于激光测距模块受天气影响，在处于雾雪天气的情况下，激光测距模块难以准确地工作；

（3）在弯道时，由于激光直线原理，系统会受到一定影响。

### 6．作品实物效果

汽车防撞系统实物图如图2-29所示。

图 2-29　汽车防撞系统实物图

## 课后练习2

1. 模糊洗衣机是如何获取衣物的多少、面料的软硬、脏污程度等相关信息的？
2. 模糊洗衣机控制器的输入、输出控制系统由哪几部分组成？
3. 未来洗衣机的发展趋势有哪几个方面？
4. 什么是机器视觉检测技术？
5. 在机器视觉检测技术中，光源的种类有哪些？不同光源的特点是什么？光照方式有几种？不同光照方式的用途是什么？
6. 综合机器视觉检测技术课程内容，在设计一个机器视觉检测系统时，设计过程应如何进行？需重点考虑什么问题？
7. 简述偏心转动式传感器的组成与结构。
8. 安全气囊检修的注意事项有哪些？
9. 安全气囊系统使用与维护中的注意事项有哪些？

# 模块 3 伺服传动控制

| 学习目标 | 1. 掌握简单步进电动机、交流及直流伺服电动机的工作原理分析;<br>2. 掌握 MCS-51 单片机的工作原理和编程方法;<br>3. 熟悉简单伺服传动控制的应用方法;<br>4. 了解伺服传动的前沿知识和新的应用领域。 |
|---|---|
| 重点 | 1. 掌握步进电动机的工作原理及应用方法;<br>2. 交流及直流伺服电动机的工作原理及应用场合。 |
| 难点 | 1. 步进电动机传动控制的具体操作;<br>2. 交流及直流伺服电动机传动控制的具体操作。 |

## 模块导学

　　伺服传动控制是指在控制指令的指挥下，控制驱动执行机构，使机械系统的运动部件按照指令要求进行运动。实现执行机构对给定指令的准确跟踪，即实现输出变量的某种状态能够自动、连续、精确地浮现输入指令信号的变化规律。

　　通过三项与伺服传动控制相关任务的实施，熟悉单片机 C 语言的编程规则，掌握其基本指令的应用，并进一步掌握单片机常见的接口技术，熟练运用编程软件 Keil 进行联机调试；了解电动机控制技术的基本控制原理，了解基于单片机伺服控制的意义并掌握单片机伺服电动机控制的设计要点。

# 项目 3-1　步进电动机传动控制

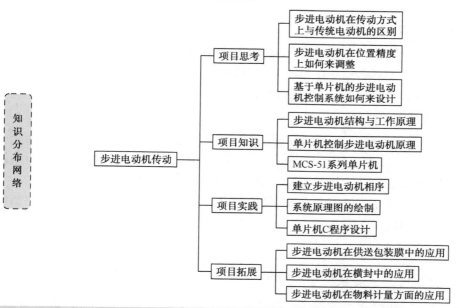

## 项目思考——步进电动机传动方式与控制

　　步进电动机作为执行元件，是机电一体化的关键产品之一，广泛应用在各种自动化设备中。与普通电动机不同的是，步进电动机是一种将电脉冲信号转化为角位移的执行机构，能方便地实现正反转、调速、定位控制，特别是它不需要位置传感器或速度传感器就可以在开环控制下精确定位或同步运行。因此，步进电动机广泛应用于数字控制的各个领域，在机械、纺织、轻工、化工、石油、邮电、冶金、文教和卫生等行业，特别是在数控机床上获得越来越广泛的应用。本项目通过对步进电动机的了解和认识，进一步掌握步进电动机的控制方法，以及它的应用领域和未来的一些发展趋势等。

　　从三个方面去思考：

　　（1）步进电动机在传动方式上与传统的电动机有什么区别？

　　（2）步进电动机在位置精度上如何来调整？

（3）基于单片机的步进电动机控制系统如何来设计？

## 3-1-1 步进电动机的结构与工作原理

步进电动机是一种将电脉冲信号转换成机械位移的机电执行元件。每当一个脉冲信号施加于电动机的控制绕组时，其转轴就转过一个固定的角度（步距角），如按顺序连续地发出脉冲，电动机轴将会一步接一步地运转。通过控制输入脉冲的个数来决定步进电动机所旋转过的角位移量，从而达到准确定位的目的，而输入脉冲的频率决定了步进电动机的运行速度。

步进电动机的种类有很多，按工作原理分，有反应式、永磁式和混合式三种。按输出转矩大小分，有快速步机电动机和功率步进电动机。按励磁相数分，有二、三、四、五、六、八相等。

步进电动机的结构形式虽然繁多，但工作原理基本相同，下面以三相反应式步进电动机为例说明。

### 1. 步进电动机的结构

如图 3-1 所示，与普通电动机相似，步进电动机也分为定子和转子两大部分。定子由定子铁芯、绕组、绝缘材料等组成，输入外部脉冲信号对各相绕组轮流励磁。转子部分由转子铁芯、转轴等组成，转子铁芯是由硅钢片或软磁材料叠压而成的齿形铁芯。

### 2. 步进电动机的工作原理

步进电动机的工作原理其实就是电磁铁的工作原理。如图 3-2 所示，如给某单相绕组通电时，初始使转子齿偏离定子齿一个角度。由于励磁磁通总会选择磁阻最小的路径通过，因此对转子产生电磁吸力，迫使转子齿转动，当转子转到与定子齿对齐位置时，又因转子只受径向力而无切向力，故转矩为零，转子被锁定在这个位置上。由此可见：错齿是促使步进电动机旋转的根本原因。

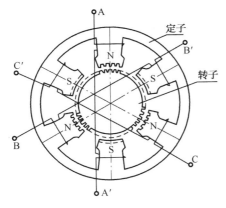

图 3-1　步进电动机的结构图

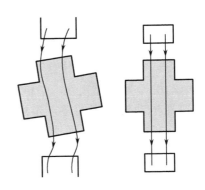

图 3-2　步进电动机的工作原理图

对于上述三相反应式步进电动机，其运行方式有单三拍、双三拍及单双拍等通电方式。"单"、"双"、"拍"的意思是："单"就是指每次切换前后只有一相绕组通电，"双"就是指每次切换前后有两相绕组通电，而从一种通电状态转换到另一种通电状态就叫做一"拍"。

（1）单三拍通电方式：指对每相绕组单独轮流通电，三次换相（三拍）完成一次通电循环。通电顺序为 U-V-W-U 时，电动机正转；通电顺序为 U-W-V-U 时，电动机反转，如图 3-3 所示。

图 3-3　步进电动机单三拍通电方式

（2）三相双拍通电方式：按 UV-VW-WU-UV（正转）或 UW-WV-VU-UW（反转）相序循环通电，如图 3-4 所示。

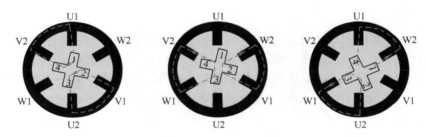

图 3-4　步进电动机三相双拍通电方式

（3）三相单双六拍通电方式：按 U-UV-V-VW-W-WU-U 或 U-UW-W-WV-V-VU-U 相序循环通电。同样，通电顺序改变时，旋转方向改变，而电流换接次数多了一倍，步距角更小。

设转子齿数为 $Z_r$，转子转过一个齿距需要的拍数为 $N$，则步距角为：

$$\theta = \frac{360°}{Z_r N} \tag{3-1}$$

每输入一个脉冲，转子转过 $\frac{1}{Z_r N}$ 转。若脉冲电源的频率为 $f$，则步进电动机的转速为：

$$n = \frac{60f}{N Z_r} \tag{3-2}$$

可见，磁阻式步进电动机的转速取决于脉冲频率、转子齿数和拍数，与电压和负载等因素无关。在转子齿数一定时，转速与输入脉冲频率成正比，与拍数成反比。

三相磁阻式步进电动机模型的步距角太大，难于满足生产中小位移量的要求。为了减小步距角，实际中将转子和定子磁极都加工成多齿结构。

### 3-1-2　单片机控制步进电动机的控制原理

#### 1. 脉冲序列的生成

脉冲周期的实现：脉冲周期=通电时间+断电时间。通电时，单片机输出高电平使开关闭合；断电时，单片机输出低电平使开关断开。通电和断电时间的控制，可以用定时器，也可以用软件延时。周期决定了步进电动机的转速，占空比决定了功率，脉冲高度决定了元器件。对 TTL 电平为 0～5 V，对 CMOS 电平一般为 0～10 V，常用的接口电路多为 0～5 V。脉冲序列如图 3-5 所示。

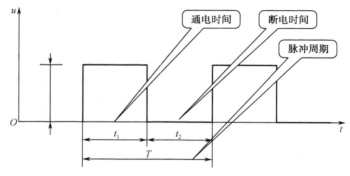

图 3-5　脉冲序列图解

### 2．方向控制

旋转方向与内部绕组的通电顺序有关，步进电动机方向信号指定各相导通的先后次序，用以改变步进电动机的旋转方向。控制步进电动机转向：如果给定工作方式按正序换相通电，步进电动机正转；如果按反序换相通电，则电动机反转。本任务中采用四相（四相双四拍）步进电动机，P1 口输出控制脉冲对电动机进行正反转、转速等状态的控制。由于采用 74LS06 反向缓冲 OC 门驱动电动机，所以当 P1X=0 时对应绕组导通；P1X=1 时对应绕组断开。四相步进电动机的双四拍通电方式，其各相通电顺序为：AB—BC—CD—DA，通电控制脉冲必须严格按照这一顺序分别控制 A、B、C、D 相的通断。

### 3．转速控制

周期决定了步进电动机的转速，如果给步进电动机发一个控制脉冲，它就转一步，再发一个脉冲，它会再转一步。两个脉冲的间隔越短，步进电动机就转得越快。调整单片机发出的脉冲频率，就可以对电动机进行调速。步进电动机速度控制的方法就是控制脉冲之间的时间间隔。只要速度给定，便可计算出脉冲之间的时间间隔。如要求步进电动机 2 s 转 10 圈，假设该步进电动机转子齿数为 5，工作在四拍的工作方式下，则每一步需要的时间 $T$ 为：

$$T = 每圈时间/每圈的步数$$
$$= (2000 \text{ ms}/10)/(N \cdot Z_r)$$
$$= 200 \text{ ms}/20$$
$$= 10 \text{ ms}$$

即只要在输出一个脉冲后延时 10 ms，便可满足速度要求。

## 3-1-3　MCS-51 系列单片机

### 1．MCS-51 系列单片机简介

单片机是一种集成电路芯片。它采用超大规模技术将具有数据处理能力的微处理器（CPU）、存储器（含程序存储器 ROM 和数据存储器 RAM）、输入/输出接口电路（I/O 接口）集成在同一块芯片上，构成一个既小巧又很完善的计算机硬件系统，在单片机程序的

控制下能准确、迅速、高效地完成程序设计者事先规定的任务。所以说，一片单片机芯片就具有了组成计算机的全部功能。

由此来看，单片机芯片有着一般微处理器（CPU）芯片所不具备的功能，它可单独地完成现代工业控制所要求的智能化控制功能，这是单片机最大的特征。

然而，单片机又不同于单板机（一种将微处理器芯片、存储器芯片、输入/输出接口电路芯片安装在同一块印制电路板上的微型计算机），单片机芯片在没有开发前，它只是具备功能极强的超大规模集成电路。如果对它进行应用开发，它便是一个小型的微型计算机控制系统，但它与单板机或个人计算机（PC）有着本质的区别。

作为主流的单片机品种，MCS-51 系列单片机市场份额占有量巨大，PHILIPS 公司、ATMEL 公司等纷纷开发了以 8051 为内核的单片机产品，这些产品都归属于 MCS-51 单片机系列。

### 2. MCS-51 单片机的内部组成

MCS-51 单片机的引脚及内部组成如图 3-6 所示，通常采用 DIP 或 PLLD 封装。

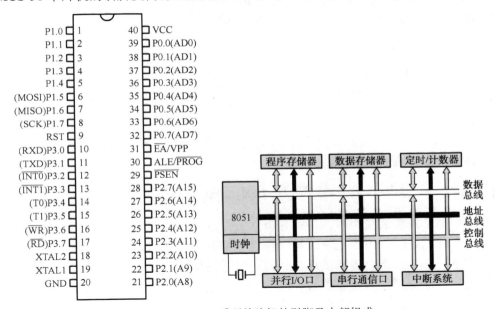

图 3-6　MCS-51 系列单片机的引脚及内部组成

其内核是 8051CPU，CPU 的内部集成有运算器和控制器，运算器完成运算操作（包括数据运算、逻辑运算等），控制器完成取指令、对指令译码以及执行指令的操作。MCS-51 单片机的片内资源有：

1）中央处理器

中央处理器（CPU）是整个单片机的核心部件，是 8 位数据宽度的处理器，能处理 8 位二进制数据或代码。CPU 负责控制、指挥和调度整个单元系统协调工作，完成运算和控制输入/输出功能等操作。

2）数据存储器（RAM）

8051 内部有 128 B 数据存储器（RAM）和 21 个专用寄存器单元，它们是统一编址的。专用寄存器有专门的用途，通常用于存放控制指令数据，不能用于用户数据的存放。用户能使用的 RAM 只有 128 B，可存放读写的数据、运算的中间结果或用户定义的字形表。

3）程序存储器（ROM）

8051 共有 4 KB 程序存储器（ROM），用于存放用户程序和数据表格。

4）定时/计数器（ROM）

8051 有两个 16 位的可编程定时/计数器，以实现定时或计数，当定时/计数器产生溢出时，可用中断方式控制程序转向。

5）并行输入/输出（I/O）口

8051 共有 4 个 8 位的并行 I/O 口（P0、P1、P2、P3），用于对外部数据的传输。

6）全双工串行通信口

8051 内置一个全双工异步串行通信口，用于与其他设备间的串行数据传送。该串行口既可以用作异步通信收发器，也可以当同步移位器使用。

7）中断系统

8051 具备较完善的中断功能，有 5 个中断源（2 个外中断、2 个定时/计数器中断和 1 个串行中断），可基本满足不同的控制要求，并具有 2 级的优先级别选择。

8）时钟电路

8051 内置最高频率达 12 MHz 的时钟电路，用于产生整个单片机运行的时序脉冲，但需外接晶体振荡器和振荡电容。

## 项目实践——小型立式包装机的步进电动机控制设计

下面以小型立式包装机为例，详细分析其工作原理及其步进电动机的传动控制。小型立式包装机工作原理很简单，把包装材料在包装机上安装好后，开机，首先由拉袋电动机把包装纸往下拉，供纸部分根据供纸传感器的信号供纸，包装纸经过成型器部分成型，然后再由加热封合部分把包装袋底部封合，下一步就是下料，物料进入包装机，最后封合、切断，一个完整的包装袋就出来了。

### 1. 实践要求

本任务采用的是 28BYJ48 型四相步进电动机作为系统的执行器，电压为直流 5 V。当对步进电动机施加一系列连续不断的控制脉冲时，它可以连续不断地转动。每个脉冲信号对应步进电动机的某一相位或两相绕组的通电状态改变一次，也就对应转子转过一定的角度（一个步距角）。当通电状态的改变完成一个循环时，转子转过一个齿距。四相步进电动机可以在不同的通电方式下运行，常见的通电方式有单四相（A-B-C-D-A）、双四相（AB-BC-CD-DA-AB）、八拍（A-AB-B-BC-C-CD-D-DA-A）。本任务采用四相双四拍通电方式，接线图如图 3-7 所示。

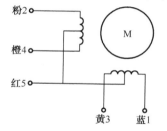

图 3-7　步进电动机的接线图

红线接电源 5 V，橙线接 P1.3 口，黄线接 P1.2 口，粉线接 P1.1 口，蓝线接 P1.0 口。

### 2．实践过程

1）建立步进电动机相序

四相双四拍相序控制表如表 3-1 所示。

表 3-1　四相双四拍相序控制表

| 步　序 | 控　制　位 | | | | 通 电 状 态 | 控 制 数 据 |
|---|---|---|---|---|---|---|
| | P3/D 相 | P12/C 相 | P11/B 相 | P10/A 相 | | |
| 1 | 1 | 1 | 0 | 0 | AB | 0CH |
| 2 | 1 | 0 | 0 | 1 | BC | 09H |
| 3 | 0 | 0 | 1 | 1 | CD | 03H |
| 4 | 0 | 1 | 1 | 0 | DA | 06H |

2）系统原理图的绘制

步进电动机控制系统的原理图如图 3-8 所示。

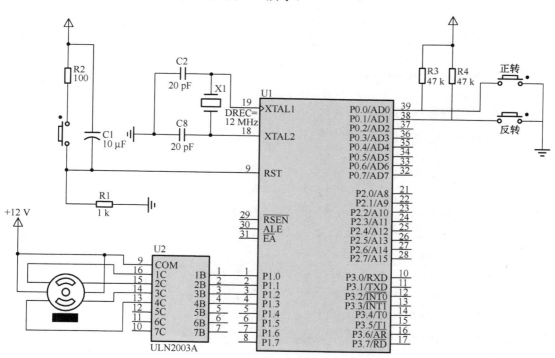

图 3-8　步进电动机控制系统的原理图

3）单片机 C 程序设计

根据控制电路的要求，设计 C 语言控制程序，并在 Keil 3.0 软件中进行仿真。程序如下：

```
#include <AT89X51.h>  static unsigned int count;
static int step_index;
```

```
void delay(unsigned int endcount);
void gorun(bit turn, unsigned int speedlevel); void main(void)  {
  count = 0;
  step_index = 0;   P1_0 = 0;   P1_1 = 0;   P1_2 = 0;   P1_3 = 0;
  EA = 1;                                    //允许 CPU 中断
  TMOD = 0x11;                               //设定时器 0 和 1 为 16 位模式 1
  ET0 = 1;                                   //定时器 0 中断允许
  TH0 = 0xFE;
  TL0 = 0x0C;                                //设定时器每隔 0.5 ms 中断一次
  TR0 = 1;                                   //开始计数
  do{
    gorun(1,60);  }while(1);
}
//定时器 0 中断处理
void timeint(void) interrupt 1  {
  TH0=0xFE;
  TL0=0x0C;                                  //设定时器每隔 0.5 ms 中断一次
   count++; }
  void delay(unsigned int endcount) {
  count=0;
  do{}while(count<endcount); }
  void gorun(bit turn,unsigned int speedlevel)
  {
  switch(step_index)  {
  case 0:
P1_0 = 1;   P1_1 = 0;   P1_2 = 0;   P1_3 = 0;   break;
  case 1: P1_0 = 1;   P1_1 = 1;   P1_2 = 0;   P1_3 = 0;   break;
  case 2: P1_0 = 0;   P1_1 = 1;   P1_2 = 0;   P1_3 = 0;   break;
  case 3: P1_0 = 0;   P1_1 = 1;   P1_2 = 1;   P1_3 = 0;   break;
  case 4: P1_0 = 0;   P1_1 = 0;   P1_2 = 1;   P1_3 = 0;   break;
  case 5:  P1_0 = 0;   P1_1 = 0;   P1_2 = 1; P1_3 = 1;   break;
  case 6:  P1_0 = 0;   P1_1 = 0;   P1_2 = 0;   P1_3 = 1;   break;
  case 7:  P1_0 = 1;   P1_1 = 0;   P1_2 = 0;   P1_3 = 1; }
  delay(speedlevel); if (turn==0)  {
   step_index++;  if (step_index>7)    step_index=0;  }
  else  {
   step_index--;  if (step_index<0)    step_index=7;  }
  }
```

### 3．项目评价

项目评价表如表 3-2 所示。

表 3-2　项目评价表

| 项　目 | 目　标 | 分　值 | 评　分 | 得　分 |
|---|---|---|---|---|
| 编写相序控制表 | 能正确分析控制要求，控制脉冲时序 | 20 | 不完整，每处扣 2 分 | |
| 绘制原理图 | 按照控制要求，绘制系统原理图，要求完整、美观 | 10 | 不规范，每处扣 2 分 | |
| 在 Proteus 中搭建仿真系统 | 按照原理图，搭建仿真系统线路安全简洁，符合工艺要求 | 30 | 不规范，每处扣 5 分 | |
| 程序设计与调试 | （1）程序设计简洁易读，符合任务要求<br>（2）在保证人身和设备安全的前提下，通电调试一次成功 | 40 | 第一次调试不成功扣 5 分；第二次调试不成功扣 10 分 | |
| 总分 | | 100 | | |

## 项目拓展——步进电动机的其他工业应用

### 1．步进电动机在供送包装膜中的应用

在集制袋、充填、封口于一体的包装机中，要求包装用塑料薄膜定位定长供给，无论间歇供给还是连续供给，都可以用步进电动机来可靠完成。

#### 1）用于间歇式包装机

间歇式包装机使用步进电动机供膜，可靠性可以得到提高。以前的包装膜供送多采用曲柄连杆机构间歇拉带方式，结构复杂，调整困难，特别是当需要更换产品时，不仅调节困难，而且包装膜浪费很多。采用步进电动机与拉带滚轮直接连接拉带，不仅结构得到了简化，而且调节极为方便，只要通过控制面板上的按钮就可以实现，这样既节省了调节时间，又节约了包装材料。

在间歇式包装机中，包装材料的供送控制可以采用两种模式：袋长控制模式和色标控制模式。袋长控制模式适用于不带色标的包装膜，通过预先设定步进电动机转速的方法实现，占空比的设定通过拨码开关就可以实现。色标控制模式配备有光电开关，光电开关检测色标的位置，当检测到色标时，发出控制开关信号，步进电动机接到信号后，停止转动，延时一定时间后，再转动供膜，周而复始，保证按照色标的位置定长供膜。

#### 2）用于连续式包装机

在连续式包装机中，步进电动机是连续转动的，包装膜均匀地连续输送。当改变袋长时，只需通过拨码开关就可以实现。

### 2．步进电动机在横封中的应用

在连续式包装机中，横封是一个很重要的执行机构，也是包装机中比较复杂的机

构之一。特别对于有色标的包装膜，其封口和切断位置要求极其严格。为了提高切断的准确性，人们先后研制了偏心链轮机构、曲柄导杆机构等，但这些机构都存在着调整十分麻烦、可靠性低的缺点，造成这些缺点的主要原因是工艺要求横封轮定速横封和定位切断。

步进电动机直接驱动横封轮可以实现速度同步。连续式包装机的供膜轮是连续供膜的，横封时要求横封的线速度与薄膜供送的速度同步，以免出现撕裂薄膜和薄膜堆积的情况。由于横封轮的直径是恒定的，当改变袋长时，就需要通过改变横封轮的转速来改变，但是横封需要一定的时间，就是说横封轮与薄膜从接触到离开需要恒定的时间，否则封口不严。横封轮每转一周的总时间与横封所需要的时间都是恒定的，要满足速度同步的要求，可以将步进电动机一周内的转速分成两部分，一部分首先满足速度同步的要求，而另外空载的部分满足一周总时间的要求。

为了实现良好的封口质量，还可以通过步进电动机对横封轮实现非恒速的控制模式，就是在横封的每一点上都实现速度同步，这里不再赘述。

### 3. 步进电动机在物料计量方面的应用

1）粉状物料的计量

螺杆计量是常用的容积式计量方式，它是通过螺杆旋转的圈数多少来达到计量的多少。为了达到计量大小可调和提高计量精度的目的，要求螺杆的转速可调和位置定位准确，使用步进电动机可以同时满足这两个方面的要求。

例如，粉剂包装机的计量采用了步进电动机控制螺杆的转速和转数，不仅简化了机械结构，而且控制非常方便。在不过载的情况下，步进电动机的转速、停止的位置只取决于脉冲信号的频率和脉冲数，而不受负载变化的影响，这与电磁离合器控制的螺杆计量相比，具有明显的精度优势，更加适合于比重变化比较大的物料计量。

步进电动机与螺杆采用直接连接的方式，结构简单，维修方便。值得指出的是，如步进电动机的过载能力较大，当轻微过载时，就会出现相当大的噪声。因此，在计量工况确定以后，就要选用较大的过载系数，以保证步进电动机平衡工作。

2）黏稠体物料的计量

步进电动机控制齿轮泵也可以实现精确计量。齿轮泵在输送黏稠体方面得到了广泛的应用，比如糖浆、豆沙、白酒、油料、番茄酱等的输送。目前在对这些物料的计量方面大多使用活塞泵，存在着调整困难、结构复杂、不便维修、功耗大、计量不准等缺点。

齿轮泵计量是靠一对齿轮啮合转动计量的，物料通过齿与齿的空间被强制从进料口送到出料口。动力来自步进电动机，步进电动机转动的位置及速度由可编程控制器控制，计量精度高于活塞泵的计量精度。

步进电动机适于在低速下运行。当速度加快时，步进电动机的噪声会明显加大，其他经济指标会显著下降。对于转速比较高的齿轮泵来说，选用升速结构比较好。我们在黏稠体包装机上开始采用的是步进电动机直联齿轮泵的结构，结果噪声难以避免，可靠性下降。后来采用直齿轮升速的办法，降低了步进电动机的速度，噪声得到了控制，可靠性也有所提高，计量精度得到了保证。

# 项目 3-2　直流伺服电动机传动控制

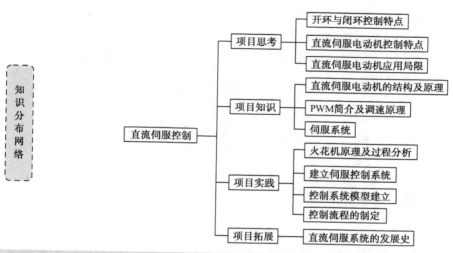

知识分布网络

直流伺服控制
- 项目思考
  - 开环与闭环控制特点
  - 直流伺服电动机控制特点
  - 直流伺服电动机应用局限
- 项目知识
  - 直流伺服电动机的结构及原理
  - PWM简介及调速原理
  - 伺服系统
- 项目实践
  - 火花机原理及过程分析
  - 建立伺服控制系统
  - 控制系统模型建立
  - 控制流程的制定
- 项目拓展
  - 直流伺服系统的发展史

## 项目思考——直流伺服电动机传动控制特点及应用

20 世纪 60～70 年代，数控系统大多采用直流伺服系统。直流伺服电动机具有良好的宽调速性能。输出转矩大，过载能力强，伺服系统也由开环控制发展为闭环控制，因而在工业及相关领域获得了更加广泛的应用。但是，随着现代工业的快速发展，其相应设备如精密数控机床、工业机器人等对电伺服系统提出越来越高的要求，尤其是精度、可靠性等性能。而传统直流电动机采用的是机械式换向器，在应用过程中面临很多问题，如电刷和换向器易磨损、维护工作量大、成本高；换向器换向时会产生火花，使电动机的最高转速及应用环境受到限制；直流电动机结构复杂、成本高、对其他设备易产生干扰。

这些问题的存在，限制了直流伺服系统在高精度、高性能要求伺服驱动场合的应用。

从三个方面去思考：

（1）直流伺服电动机的应用改变了以往工业控制的模式，由开环控制发展为闭环控制，这两种控制有什么特点？

（2）直流伺服电动机在控制上有哪些特点？

（3）直流伺服电动机一般应用在哪些场合？有什么局限性？

### 3-2-1　直流伺服电动机的结构及工作原理

伺服电动机也称执行电动机，它是一种服从控制信号的要求而动作的电动机。在信号来到之前，转子静止不动；信号来到之后，转子立即转动。直流伺服电动机具有良好的启动、制动和调速特性，可很方便地在宽范围内实现平滑无级调速，故多用在对伺服电动机的调速性能要求较高的生产设备中。直流伺服电动机的结构图如图 3-9 所示，它主要包括以下三大部分：

（1）定子。定子磁极磁场由定子的磁极产生。根据产生磁场的方式，直流伺服电动机可分为永磁式和他激式。永磁式磁极由永磁材料制成，他激式磁极由冲压硅钢片叠压而成，外绕线圈通以直流电流便产生恒定磁场。

（2）转子。又称为电枢，由硅钢片叠压而成，表面嵌有线圈。当通以直流电时，在定子磁场作用下产生带动负载旋转的电磁转矩。

（3）电刷与换向片。为使所产生的电磁转矩保持恒定方向，转子能沿固定方向匀速地连续旋转，电刷与外加直流电源相接，换向片与电枢导体相接。

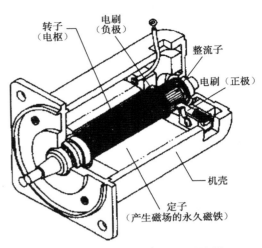

图 3-9　直流伺服电动机的结构图

直流伺服电动机的工作原理与一般直流电动机的工作原理完全相同，他励直流电动机转子上的载流导体（即电枢绕组），在定子磁场中受到电磁转矩 $M$ 的作用，使电动机转子旋转。由直流电动机的基本原理分析得到：

$$n = \frac{(U - I_a R_a)}{K_e} \qquad (3-3)$$

式中　$n$——电枢的转速，单位为 r/min；

$\quad\quad U$——电枢电压；

$\quad\quad I_a$——电动机电枢电流；

$\quad\quad R_a$——电枢电阻；

$\quad\quad K_e$——电势系数（$K_e = C_e\phi$）。

由式（3-3）可知，调节电动机的转速有三种方法：

（1）改变电枢电压 $U$。调速范围较大，直流伺服电动机常用此方法调速。

（2）改变磁通量 $\phi$（即改变 $K_e$ 的值）。改变励磁回路的电阻 $R_f$ 以改变励磁电流 $I_f$，可以达到改变磁通量的目的；调磁调速因其调速范围较小常常作为调速的辅助方法，而主要的调速方法是调压调速。若采用调压与调磁两种方法互相配合，可以获得很宽的调速范围，又可充分利用电动机的容量。

（3）在电枢回路中串联调节电阻。

从式（3-3）可知，在电枢回路中串联电阻的办法，转速只能调低，而且电阻上的损耗较大。这种办法并不经济，仅用于较少的场合。

按照在自动控制系统中的功用所要求，伺服电动机具备可控性好、稳定性高和速应性强等基本性能。可控性好是指控制信号消失以后，能立即自行停转；稳定性高是指转速随转矩的增加而均匀下降；速应性强是指反应快、灵敏。直流伺服电动机在自动控制系统中常用作执行元件，对它的要求是要有下垂的机械特性、线性的调节特性，对控制信号能作出快速反应。该系统采用的是电磁式直流伺服电动机，型号为 45SY01，其转速 $n$ 的计算公式如下：

$$n = E/K\phi = \frac{U_a - I_a R_a}{K\phi} \qquad (3-4)$$

式中　$n$——转速；

$\quad\quad \phi$——磁通；

$\quad\quad E$——电枢反电势；

$U_a$——外加电压；

$I_a$、$R_a$——电枢电流和电阻。

直流伺服电动机与普通直流电动机以及交流伺服电动机的比较：直流伺服电动机的工作原理和普通直流电动机相同。只要在其励磁绕组中有电流通过且产生了磁通，当电枢绕组中通过电流时，这个电枢电流与磁通互相作用而产生转矩使伺服电动机投入工作。这两个绕组其中的一个断电时，电动机立即停转，它不像交流伺服电动机那样有"自转"现象。

### 3-2-2　PWM 简介及调速原理

#### 1. 简介

PWM 控制就是对脉冲的宽度进行调制的技术，即通过对一系列脉冲的宽度进行调制，获得所需要的波形。PWM 的一个优点是从处理器到被控系统信号都是数字形式的，无须进行数模转换，让信号保持在数字形式可将噪声影响降到最小。PWM 控制技术以其控制简单、灵活和动态响应好的优点而成为电力电子技术最广泛应用的控制方式。

#### 2. PWM 控制基本原理

理论基础：冲量相等而形状不同的窄脉冲（如图 3-10 所示）加在具有惯性的环节上时，其效果基本相同。冲量指窄脉冲的面积；效果基本相同，是指环节的输出响应波形基本相同。低频段非常接近，仅在高频段略有差异。

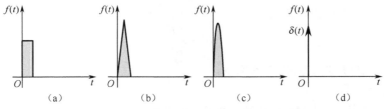

图 3-10　冲量相等而形状不同的窄脉冲

面积等效原理：

分别将如图 3-10 所示的电压窄脉冲加在一阶惯性环节（R-L 电路）上，如图 3-11（a）所示。其输出电流 $i(t)$ 对不同窄脉冲的响应波形如图 3-11（b）所示。从波形可以看出，在 $i(t)$ 的上升段，$i(t)$ 的形状也略有不同，但其下降段则几乎完全相同。脉冲越窄，各 $i(t)$ 响应波形的差异也越小。如果周期性地施加上述脉冲，则响应 $i(t)$ 也是周期性的。用傅里叶级数分解后将可看出，各 $i(t)$ 在低频段的特性非常接近，仅在高频段有所不同。

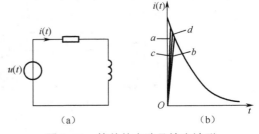

图 3-11　简单的电路及输出波形

调速原理：

占空比表示了在一个周期 $T$ 里，开关管导通的时间与周期的比值，其变化范围为 0～1。在电源电压不变的情况下，电枢端电压的平均值 $U$ 取决于占空比的大小，改变其值就可以改变端电压的平均值，从而达到调速的目的。在 PWM 调速时，占空比是一个重要的参数。

### 3-2-3 伺服系统

伺服系统是一个闭环的自动控制系统。在伺服控制系统中，单片机除了要控制系统的功率主回路（PWM 功放回路）外，同时还要实时监测系统的状态。对于单片机而言，除了对 PWM 功放电路进行控制外，还要接收速度变化信号、位置变化信号，并对这些信号进行处理，再产生信号去控制 PWM 功率放大器工作，驱动伺服电动机运行在给定的状态。

在控制系统中，反馈是实现自动控制的基础。没有反馈，系统的输出就不能返回到系统的输入端与输入进行比较，得到既有大小又有方向的偏差信号，而系统对输出的调节正是依靠偏差信号的大小和方向。

反馈的形式分为局部反馈和总反馈。局部反馈的作用是改善系统的性能；系统的总反馈是连接系统输入和输出的反馈，为达到对系统输出的控制，系统的总反馈一定是负反馈。

在位置伺服控制系统中，目前有两种反馈方式：开环与闭环。闭环中有一类是将执行电动机的角位移信号反馈回系统的输入端，这样的系统称为半闭环系统；其优点是易调整，缺点是反馈信号不是系统的输出信号，控制精度不如全闭环高。另一种方式即全闭环的反馈方式，全闭环方式是将系统的输出反馈回系统的输入端，其控制精度高；但考虑传动机构的间隙等因素，系统不易调整。

#### 1. 单传感器系统

单传感器系统利用一个传感器负责采集位置信号，其系统框图如图 3-12 所示。速度信号可由位置信号近似求得，由位置信号求取速度的原理是利用位置的一阶导数，即：

$$\omega(t) = \frac{\Delta\theta}{\Delta t} \tag{3-5}$$

式中　$\Delta\theta$——在采样周期内角位移的增量；

　　　$\Delta t$——采样周期。

采样周期是固定的，即 $\Delta t$ 是常量，所以，$\Delta\theta$ 实际上正比于角速度的近似值 $\omega(t)$。这样，由数字位置传感器导出角速度是可行的。

一般情况下，位置传感器采用光电编码器。图 3-12 表示了单个光电编码器的控制系统原理图。计算机以恒定的采样周期采集反馈信号，并将它与数字输入信号相比较，经过控制规律运算后，产生控制信号并以均匀的速率输出，通过转换和功放，驱动执行电动机。

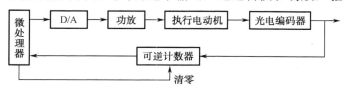

图 3-12　单传感器系统框图

可逆计数器以固定的周期记录光电编码器的脉冲数。计算机采集数据后，若立即清除计数器的数，那么每次读入的数为位置的增量。若每次读入数据后不清零，那么前后读入的数据的差值为位置的增量。在计算机内累加每次的位置增量，可得到输出轴的绝对位置。这样，依靠单个光电编码器同时可获得位置反馈信号和近似速度反馈信号，这种系统仍然具有速度和位置双环回路。

但是，单个光电编码器反馈控制系统的速度分辨率较低，由于速度的计算经过数字的量化，往往呈现较明显的分段常值或阶梯形的函数。这对系统的控制性能会产生不良的影响，可通过提高光电编码器的线数来加以改善。

### 2. 双传感器系统

如图 3-13 所示，在采用双传感器控制系统中，位置信号和速度信号是分别由不同的传感器检测反馈的。位置传感器通常采用光电编码器，光电编码器与电动机轴同轴连接，将电动机输出的角位移信号转换为与之成一定比例关系的脉冲信号。可逆计数器对光电编码器输出的脉冲进行计数，计算机在采样时读入数值，经控制算法运算后，输出数字结果，再经 D/A 转换，输出模拟量的电压信号。该电压信号与测速发电机反馈电压相比较，产生模拟速度环的偏差信号。

图 3-13 双传感器系统框图

单传感器系统节省了一个传感器，在有些空间受到限制的场合，性能又可满足要求的情况下，还是一个可行的方案。双传感器系统增加了一个速度传感器，加大了体积和成本，但其控制性能好，尤其在调整过程中，速度环的参数调整对系统远动特性的影响更为直观，在实验台的设计中更为可取。

## 项目实践——火花机直流伺服电动机控制设计

### 1. 实践要求

直流伺服电动机的模拟调速系统一般是由 2 个闭环构成的，即速度闭环和电流闭环。为使二者能够相互协调、发挥作用，在系统中设置了 2 个调节器，分别调节转速和电流。2 个反馈闭环在结构上采用一环套一环的嵌套结构，这就是所谓的双闭环调速系统，它具有动态响应快、抗干扰能力强等优点，因而得到广泛的应用。直流伺服电动机可应用在火花机、机械手、精确的机器等领域，同时可加配减速箱，为机器设备带来可靠的准确性及高扭力。

下面以火花机为例，详细说明直流伺服电动机的传动控制，如图 3-14 所示为 joemars 火花机。

图 3-14 joemars 火花机

本任务主要有以下要求：
（1）熟悉火花机的工作原理；
（2）掌握火花机整个伺服系统的构建；
（3）掌握直流伺服系统的软件控制流程。

### 2. 实践过程

1）火花机原理及其工作过程分析

火花机（Electrical Discharge Machining，EDM）是一种机械加工设备，主要用于电火花加工，广泛应用在各种金属模具、机械设备的制造中。它是利用浸在工作液中的两极间脉冲放电时产生的电蚀作用蚀除导电材料的特种加工方法，又称放电加工或电蚀加工。火花加工主要用于加工具有复杂形状的型孔和型腔的模具和零件；加工各种硬、脆材料，如硬质合金和淬火钢等；加工深细孔、异形孔、深槽、窄缝和切割薄片等；加工各种成形刀具、样板和螺纹环规等工具。

在进行电火花加工时，工具电极和工件分别接脉冲电源的两极，并浸入工作液中，或将工作液充入放电间隙。通过间隙自动控制系统（直流伺服系统）控制工具电极向工件进给，当两电极间的间隙达到一定距离时，两电极上施加的脉冲电压将工作液击穿，产生火花放电。

在放电的微细通道中瞬时集中大量的热能，温度可达 10 000℃以上，压力也有急剧变化，从而使这一点工件表面局部微量的金属材料立刻熔化、汽化，并爆炸式地飞溅到工作液中，迅速冷凝，形成固体的金属微粒，被工作液带走。这时在工件表面上便留下一个微小的凹坑痕迹，放电短暂停歇，两电极间工作液恢复绝缘状态。紧接着，下一个脉冲电压又在两电极相对接近的另一点处击穿，产生火花放电，重复上述过程。这样，虽然每个脉冲放电蚀除的金属量极少，但因每秒有成千上万次脉冲放电作用，就能蚀除较多的金属，具有一定的生产率。

2）建立伺服控制系统

控制系统以单片机为控制器，以测速发电机为速度反馈元件，以光电编码器为角度反馈元件。驱动装置为大功率晶体管 PWM 功率放大器，执行电动机为直流伺服电动机。其控制系统框图如图 3-15 所示，硬件原理框图如图 3-16 所示。

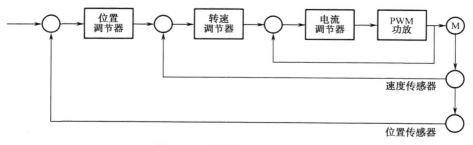

图 3-15　火花机控制系统框图

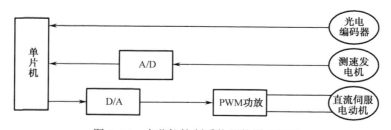

图 3-16　火花机控制系统硬件原理框图

速度检测元件采用测速发电机，它具有输出电压与转速成线性的特点；它把转速转换成电压后，再由 A/D 转换器 ADC0832 转换成数字信号，送入单片机。角度反馈元件采用光电编码器，它把角度转换成数字量直接输出，送给单片机。测速发电机、光电编码器是由直流伺服电动机带动的。单片机处理给定量与上面检测元件的测量量的偏差，处理后，输出控制信号，经 D/A 转换器 DAC0832 后，把数字信号转换为模拟电压，再经放大器放大后，去控制 PWM 功率放大器工作，进而控制直流电动机向着预定的方向转动。

3）控制系统模型的建立

如图 3-17 所示，这个系统由角度反馈环和速度反馈环双环组成，角度反馈环是系统的主反馈，反馈结果和给定输入值 $R_\theta$ 相减，产生角度偏差信号 $e_\theta$，偏差信号由比例环节 $K_1$ 放大，送到下一个环节。速度反馈环是一个局部反馈，主要用于局部反馈校正，可以改善伺服系统的阻尼性能，提高系统的刚性，并减小局部环内的各种非线性的影响。

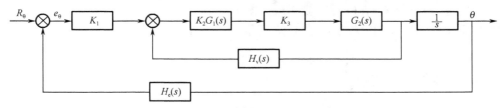

图 3-17　火花机控制系统模型

$K_2G_1(s)$ 是速度环的放大及串联校正环节，速度环一般采用 PI 调节器，可以克服静差；$G_1(s) = K_\tau + \dfrac{1}{\tau_0 s}$，$K_\tau$ 是比例系数，$\tau_0$ 为时间常数；$K_3$ 是 PWM 功率放大器的比例放大系数；$G_2(s)$ 是伺服电动机的传递函数，$G_2(s) = \dfrac{K_G}{(t_j s + 1)(t_d s + 1)}$，$K_G$ 是静态放大系数，$t_d$ 是电磁时间常数，$t_j$ 为机电时间常数。

$H_v(s)$ 是速度反馈环节的传递函数，由于测速发电机与 A/D 转换器本质上都是比例环节，所以 $H_v(s) - K_v$，其中 $K_v$ 是速度反馈环节的比例系数。

$H_e(s)$ 是角度反馈环节的传递函数，也是一个比例环节，$H_e(s) - K_e$，其中 $K_e$ 是角度反馈环节的比例放大系数。

根据以上分析，控制量 $c(s) = [(R_\theta(s) - K_\theta \theta(s))K_1 - K_v V_s] \cdot \left[K_2\left(K_\tau + \dfrac{1}{\tau s}\right)\right]$。

单片机处理的是数字信号，所以要对控制量进行离散化。采样周期为 $T$，控制量为：

$$C(z) = [K_1 R_\theta(z) - K_1 K_\theta \theta(z) - K_v V(z)] \cdot \left[K_2\left[K_\tau + \dfrac{T(1+z^{-1})}{2\tau_0(1-z^{-1})}\right]\right]$$

令 $a = \dfrac{K_2(T + 2\tau_0 K_\tau)}{2\tau_0}$，$b = \dfrac{K_2(T - 2\tau_0 K_\tau)}{2\tau_0}$，把上式转换成为差分方程，得到控制量 $C(n)$ 的算法公式：

$$C(n) = aK_1[R_\theta(n) - K_\theta \theta(n)] - aK_v V(n) + bK_1[R_\theta(n-1) - K_\theta \theta(n-1)] - bK_v V(n-1) + C(n-1)$$

控制量 $C(n)$ 与上次的采样值 $C(n-1)$、给定值 $R_\theta(n)$、角度采样值 $\theta(n)$、速度采样值 $V(n)$ 有关，同时也与给定角度的上次采样值 $R_\theta(n-1)$、上次角度采样值 $\theta(n-1)$、上次采样的速度值 $V(n-1)$ 有关。

**4）控制流程的制定**

程序开始执行时，首先对单片机的 I/O 进行初始化。单片机的 P1 口与 P3.0 口设定为输入口，直接接收来自光电编码器输出的数字信号。对给定值直接接收来自光电编码器的数字信号，对给定值进行采样是对 0809 输入的模拟量的转换结果进行读取的。对角度值进行采样是读取光电编码器输出的数据。对速度采样后，就可以计算控制量 $C$，进而把控制量送给 DAC0832 产生控制信号去控制 PWM 功率放大器工作，驱动伺服电动机转动。控制流程图如图 3-18 所示。

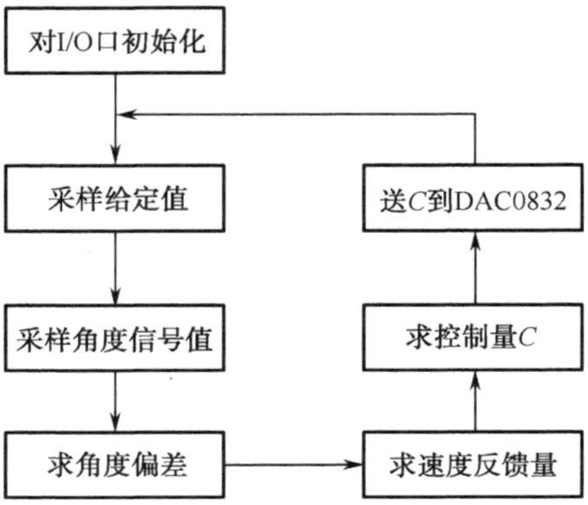

```
对I/O口初始化
    ↓
采样给定值  ←─────────  送C到DAC0832
    ↓                        ↑
采样角度信号值              求控制量C
    ↓                        ↑
求角度偏差  ─────────→  求速度反馈量
```

图 3-18　控制流程图

**3．项目评价**

项目评价表如表 3-3 所示。

表 3-3　项目评价表

| 项　　目 | 目　　标 | 分　值 | 评　　分 | 得　　分 |
|---|---|---|---|---|
| 建立硬件伺服控制系统 | 能正确分析控制要求，搭建硬件系统 | 20 | 不完整，每处扣 2 分 | |
| 建立控制系统模型 | 按照控制要求，建立控制系统原理图，要求完整、美观 | 10 | 不规范，每处扣 2 分 | |
| 在 Proteus 中搭建仿真系统 | 按照原理图，搭建仿真系统线路安全简洁，符合工艺要求 | 30 | 不规范，每处扣 5 分 | |
| 程序设计与调试 | （1）程序设计简洁易读，符合任务要求<br>（2）在保证人身和设备安全的前提下，通电调试一次成功 | 40 | 第一次调试不成功，扣 5 分；第二次调试不成功，扣 10 分 | |
| 总分 | | 100 | | |

## 项目拓展——直流伺服系统的发展史

伺服系统的发展经历了由液压到电气的过程。电气伺服系统根据所驱动的电动机类型分为直流（DC）和交流（AC）伺服系统。20 世纪 50 年代，无刷电动机和直流伺服电动机实现了产品化，并在计算机外围设备和机械设备上获得了广泛的应用，20 世纪 70 年代则是直流伺服电动机的应用最广泛的时代。但直流伺服电动机存在机械结构复杂、维护工作量大等缺点，在运行过程中转子容易发热，影响了与其连接的其他机械设备的精度，难以应用到高速及大容量的场合，机械换向器则成为直流伺服驱动技术发展的瓶颈。

从 20 世纪 70 年代后期到 80 年代初期，随着微处理器技术、大功率高性能半导体功率器件技术和电动机永磁材料制造工艺的发展及其性能价格比的日益提高，交流伺服电动机和交流伺服控制系统逐渐成为主导产品。交流伺服电动机克服了直流伺服电动机存在的电刷、换向器等机械部件所带来的各种缺点，特别是交流伺服电动机的过负荷特性和低惯性体现出交流伺服系统的优越性。

# 项目 3-3　交流伺服电动机传动控制

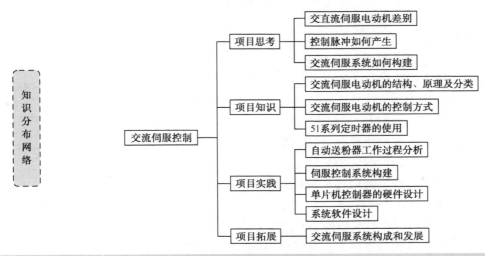

知识分布网络

交流伺服控制

- 项目思考
  - 交直流伺服电动机差别
  - 控制脉冲如何产生
  - 交流伺服系统如何构建
- 项目知识
  - 交流伺服电动机的结构、原理及分类
  - 交流伺服电动机的控制方式
  - 51系列定时器的使用
- 项目实践
  - 自动送粉器工作过程分析
  - 伺服控制系统构建
  - 单片机控制器的硬件设计
  - 系统软件设计
- 项目拓展
  - 交流伺服系统构成和发展

## 项目思考——交流伺服电动机传动控制特点

20 世纪 80 年代以来，随着集成电路、电力电子技术和交流可变速驱动技术的发展，永磁交流伺服驱动技术有了突出的发展，各国著名电气厂商相继推出各自的交流伺服电动机和伺服驱动器系列产品并不断完善和更新。交流伺服系统已成为当代高性能伺服系统的主要发展方向，使原来的直流伺服面临被淘汰的危机。90 年代以后，世界各国已经商品化了的交流伺服系统是采用全数字控制的正弦波电动机伺服驱动。交流伺服驱动装置在传动领域的发展日新月异。

从三个方面去思考：

（1）交流伺服电动机与直流伺服电动机比较，差别是什么？

（2）控制脉冲如何产生？

（3）交流伺服系统如何构建？

### 3-3-1　交流伺服电动机的结构、原理及分类

#### 1.　交流伺服电动机的结构及工作原理

伺服一词源于希腊语"奴隶"的意思。"伺服电动机"可以理解为绝对服从控制信号指挥的电动机；在控制信号发出前，转子不动；当控制信号发出时，转子立即转动；当控制信号消失时，转子立刻停转。伺服电动机是自动控制装置中被用作执行元件的微特电动机，其功能是将电信号转换成转轴的角位移或角速度。伺服电动机一般分为交流伺服电动机和直流伺服电动机两大类。

交流伺服电动机的基本构造与交流感应电动机相似。在定子上有两个空间相位相差 90° 的励磁绕组和控制绕组。按恒定交流电压，利用施加到励磁绕组上的交流电压或相位的变化，达到控制电动机运行的目的。交流伺服电动机的转子通常做成鼠笼式，但为了使伺服电动机具有较宽的调速范围、线性的机械特性，无"自转"现象和快速响应的性能，它与

普通电动机相比，转子电阻大和转动惯量小，转子做得细长；另一种是采用铝合金制成的空心杯形转子，杯壁仅 0.2～0.3 mm，空心杯形转子的转动惯量很小，反应速度快，而且运转平稳，因此被广泛采用。交流伺服电动机的结构图如图 3-19 所示。

交流伺服电动机在没有控制电压时，定子内只有励磁绕组产生的脉动磁场，转子静止不动。当有控制电压时，定子内便产生一个旋转磁场，转子沿旋转磁场的方向旋转，在负载恒定的情况下，电动机的转速随控制电压的大小而变化。当控制电压的相位相反时，伺服电动机将反转。

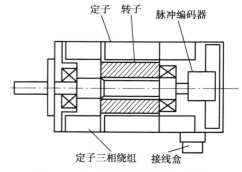

图 3-19 交流伺服电动机的结构图

交流伺服电动机的工作原理与电容运转式单相异步电动机虽然相似，但前者的转子电阻比后者大得多，所以伺服电动机与电容运转式异步电动机相比，有以下三个显著特点。

（1）启动转矩大：由于转子电阻大，使转矩特性（机械特性）更接近于线性，而且具有较大的启动转矩。因此，当定子一有控制电压，转子立即转动，即具有启动快、灵敏度高的特点。

（2）运行范围宽：运行平稳、噪声小。

（3）无自转现象：运转中的伺服电动机，只要失去控制电压，电动机立即停止运转。

### 2. 交流伺服电动机的分类

1）异步型交流伺服电动机

异步型交流伺服电动机指的是交流感应电动机。它有三相和单相之分，也有鼠笼式和线绕式。通常多用鼠笼式三相感应电动机，其结构简单，与同容量的直流电动机相比，质量轻 1/2，价格仅为直流电动机的 1/3。缺点是不能经济地实现范围很广的平滑调速，必须从电网吸收滞后的励磁电流，因而令电网功率因数变差。

这种鼠笼转子的异步型交流伺服电动机简称为异步型交流伺服电动机，用 IM 表示。

2）同步型交流伺服电动机

同步型交流伺服电动机虽较感应电动机复杂，但比直流电动机简单。它的定子与感应电动机一样，都在定子上装有对称三相绕组。而转子却不同，按不同的转子结构又分电磁式及非电磁式两大类。非电磁式又分为磁滞式、永磁式和反应式多种，其中磁滞式和反应式同步电动机存在效率低、功率因数较差、制造容量不大等缺点。数控机床中多用永磁式同步电动机。与电磁式相比，永磁式的优点是结构简单、运行可靠、效率较高；缺点是体积大、启动特性欠佳。但永磁式同步电动机采用高剩磁感应、高矫顽力的稀土类磁铁后，可比直流电动机外形尺寸约小 1/2，质量减轻 60%，转子惯量减到直流电动机的 1/5。它与异步电动机相比，由于采用了永磁铁励磁，消除了励磁损耗及有关的杂散损耗，所以效率高。又因为没有电磁式同步电动机所需的集电环和电刷等，其机械可靠性与感应（异步）电动机相同，而功率因数却大大高于异步电动机，从而使永磁同步电动机的体积比异步电动机小些。这是因为在低速时，感应（异步）电动机由于功率因数低，输出同样的有功功率时，它的视在功率却要大得多，而电动机主要尺寸是据视在功率而定的。

### 3-3-2　交流伺服电动机的控制方式

（1）转矩控制：转矩控制模式是通过外部模拟量的输入或直接的地址赋值来设定电动机轴对外的输出转矩的大小，具体表现为：假如 10 V 对应 5 N·m 的话，当外部模拟量设定为 5 V 时，电动机轴输出为 2.5 N·m；如果电动机轴负载低于 2.5 N·m 时，电动机正转；外部负载等于 2.5 N·m 时，电动机不转；大于 2.5 N·m 时，电动机反转。可以通过即时改变模拟量的设定来改变设定的力矩大小，也可通过通信方式改变对应的地址数值来实现。主要应用在对材质的受力有严格要求的缠绕和放卷的装置中，比如绕线装置或拉光纤设备。转矩的设定要根据缠绕半径的变化随时更改以确保材质的受力不会随着缠绕半径的变化而改变。

（2）位置控制：位置控制模式一般是通过外部输入的脉冲的频率来确定转动速度的大小，通过脉冲的个数来确定转动的角度，也有些伺服可以通过通信方式直接对速度和位移进行赋值。由于位置控制模式对速度和位置都有很严格的控制，所以一般应用于定位装置，应用领域如数控机床、印刷机械等。

（3）速度模式：通过模拟量的输入或脉冲的频率都可以进行转动速度的控制，在有上位控制装置的外环 PID 控制时速度模式也可以进行定位，但必须把电动机的位置信号或直接负载的位置信号给上位反馈做运算用。位置模式也支持直接负载外环检测位置信号，此时电动机轴端的编码器只检测电动机转速，位置信号就由直接的最终负载端的检测装置来提供了，其优点在于可以减小传动过程中的误差，增加整个系统的定位精度。

### 3-3-3　51 系列定时器的使用

定时/计数器 0 和定时/计数器 1 都有 4 种定时模式。

16 位定时器对内部机器周期进行计数，机器周期加 1，定时器值加 1，1 MHz 模式下，一个机器周期为 1 μs。

定时器工作模式寄存器 TMOD，不可位寻址，需整体赋值，高 4 位用于定时器 1，低 4 位用于定时器 0。TMOD 寄存器结构见表 3-4，定时/计数器工作方式设置表见表 3-5。

表 3-4　TMOD 寄存器结构

| D7 | D6 | D5 | D4 | D3 | D2 | D1 | D0 |
|---|---|---|---|---|---|---|---|
| GATE | C/$\overline{\text{T}}$ | M1 | M0 | GATE | C/$\overline{\text{T}}$ | M1 | M0 |
| ←T1 方式字段→ | | | | ←T0 方式字段→ | | | |

表 3-5　定时/计数器工作方式设置表

| M1M0 | 工　作　方　式 | 说　　明 |
|---|---|---|
| 00 | 方式 0 | 13 位定时/计数器 |
| 01 | 方式 1 | 16 位定时/计数器 |
| 10 | 方式 2 | 8 位自动重装定时/计数器 |
| 11 | 方式 3 | T0 分成两个独立的 8 位定时/计数器，T1 此方式停止计数 |

C/$\overline{\text{T}}$：定时器功能选择位，C/$\overline{\text{T}}$=0 时对机器周期计数；C/$\overline{\text{T}}$=1 时对外部脉冲计数。

GATE：门控位，GATE=0，软件置位 TRn 即可启动计时器；GATE=1，需外部中断引脚为高电平时才能软件置位 TRn 启动计时器，一般取 GATE=0。

定时器控制寄存器 TCON 的结构见表 3-6。

表 3-6　TCON 的结构

| TCON | D7 | D6 | D5 | D4 | D3 | D2 | D1 | D0 |
| --- | --- | --- | --- | --- | --- | --- | --- | --- |
| | TF1 | TR1 | TF0 | TR0 | IE1 | IT1 | IE0 | IT0 |
| 位地址 | 8FH | 8EH | 8DH | 8CH | 8BH | 8AH | 89H | 88H |

TFn：Tn 溢出标志位，当定时器溢出时，硬件置位 TFn，中断使能的情况下，申请中断，CPU 响应中断后，硬件自动清除 TFn。中断屏蔽时，该位一般作为软件查询标志，由于不进入中断程序，硬件不会自动清除标志位，可软件清除。

TRn：计时器启动控制位，软件置位 TRn 即可启动计时器，软件清除 TRn 关闭标志位。

IEn：外部中断请求标志位。

ITn：外部中断出发模式控制位，ITn=0 为低电平触发，ITn=1 为下降沿触发。

中断允许控制寄存器 IE 的结构见表 3-7。

表 3-7　IE 的结构

| IE | D7 | D6 | D5 | D4 | D3 | D2 | D1 | D0 |
| --- | --- | --- | --- | --- | --- | --- | --- | --- |
| | EA | — | — | ES | ET1 | EX1 | ET0 | EX0 |
| 位地址 | AFH | — | — | ACH | ABH | AAH | A9H | A8H |

EA（IE.7）：全局中断控制位。EA=1 开启全局中断，EA=0 关闭全局中断。

IE.6 无意义。

ETn：定时器中断使能控制位。置位允许中断，清除禁止中断。

ES：串行接收/发送中断控制位，置位允许中断。

EXn：外部中断使能控制位。置 1 允许，清 0 禁止。

中断优先级控制寄存器 IP 的结构见表 3-8，复位后为 00H。

表 3-8　IP 的结构

| IP | D7 | D6 | D5 | D4 | D3 | D2 | D1 | D0 |
| --- | --- | --- | --- | --- | --- | --- | --- | --- |
| | — | — | — | PS | PT1 | PX1 | PT0 | PX0 |
| 位地址 | — | — | — | BCH | BBH | BAH | B9H | B8H |

IP.6，IP.7 保留，无意义。

PS：串行中断优先级控制位。

PT1/0：定时器 1/0 优先级控制位，置 1 设为高优先级，清 0 设为低优先级。

PXn：外部中断优先级控制位。

中断优先级从高到低依次为 EX0、ET0、EX1、ET1、ES。

定时/计数器工作方式 0 逻辑结构如图 3-20 所示。

TL0 高 3 位不用，低 5 位溢出时，直接向 TH0 进位。

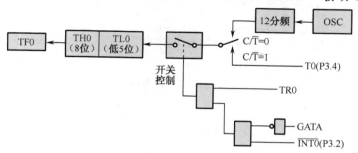

图 3-20 定时/计数器工作方式 0 逻辑结构

通过设置 TH0 和 TL0 初值（0～8191），使计数器从初值开始加 1，溢出后申请中断，溢出后需重新设置初值，否则将从 0 开始加 1 计数。

$T$=(模值-初值)×机器周期，初值为 8191 为计数最小值 1，初值为 0 为计数最大值 8191。

模式 1 和模式 0 功能相同，但模式 1 为 16 位。

定时/计数器工作方式 1 逻辑结构如图 3-21 所示。

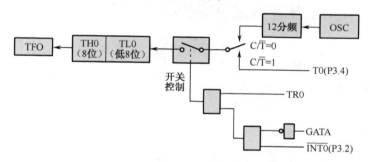

图 3-21 定时/计数器工作方式 1 逻辑结构

定时器模式 2（TMOD=0x2f/0xf2）。

模式 2 构成自动重装的 8 位定时器，计数器的范围为 0～256，其逻辑结构如图 3-22 所示。

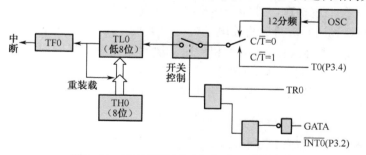

图 3-22 定时/计数器工作方式 2 逻辑结构

TH 作为初值寄存器，TL 作为计数寄存器。TL 溢出时，置位中断标志位，并且把 TH 中的值自动装入 TL。

定时器模式 3，模式 3 只适用于定时器 0。

模式 3 时定时器构成 2 个独立的 8 位计数器，其逻辑结构如图 3-23 所示。

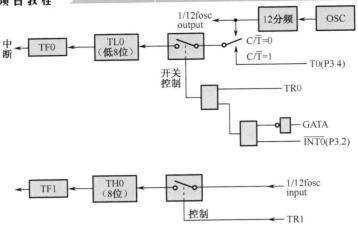

图 3-23　定时/计数器工作方式 3 逻辑结构

此模式下，TL0 和模式 0、模式 1 状态一样可以做计数和定时。TH0 只能用于定时不能用于计数，并占用 T1 的资源 TF1 和 TR1。

## 项目实践——自动送粉器的交流伺服传动控制设计

### 1．实践要求

（1）认识交流伺服电动机的工作原理；

（2）熟悉交流伺服电动机的系统搭建；

（3）熟悉交流伺服电动机的软件编程。

### 2．实践过程

长期以来，在要求调速性能较高的场合，应用直流电动机的调速系统一直占据主导地位。但直流电动机都存在一些固有的缺点，如电刷和换向器易磨损，需经常维护；换向器换向时会产生火花，使电动机的最高速度受到限制，也使应用环境受到限制；而且直流电动机结构复杂，制造困难，所用钢铁材料消耗大，制造成本高。而交流电动机，特别是鼠笼式感应电动机没有上述缺点，且转子惯量较直流电动机小，使得动态响应更好。在同样体积下，交流电动机输出功率可比直流电动机提高 10%～70%，此外，交流电动机的容量可比直流电动机造得大，达到更高的电压和转速。现代数控机床都倾向采用交流伺服驱动，交流伺服驱动已有取代直流伺服驱动之势。

下面以激光熔覆自动送粉器为例，详细说明交流伺服电动机的传动控制。

#### 1）激光熔覆自动送粉器工作过程分析

激光熔覆技术是利用激光直接快速成形和激光绿色再制造的一种重要方法，它是在快速凝固过程中，通过送粉器向工作区域添加熔覆材料，利用高能量密度激光束将不同成分和性能的合金快速熔化，直接形成非常致密的金属零件和在已损坏零件表面形成与零件具有完全相同成分、性能的合金层。通过激光熔覆，可以无须借助刀具和模具就能从 CAD 文件直接制造出各种复杂的近乎致密金属零件和在已经损坏的零件表面直接进行修复和再制造，以缩短开发周期，节约成本，降低能源消耗，在航空航天、武器制造和机械电子等行

业具有良好的应用前景。

根据材料的供应方式不同，激光熔覆可分为两大类：预置法和同步送粉法。同步送粉法工艺过程简单，合金材料利用率高，可控性好，容易实现自动化，是激光熔覆技术的首选方法，国内外实际生产中采用较多。在激光同步送粉熔覆工艺中，加工质量主要依赖的参数有：加工速度、粉末单位时间输送率、激光功率密度分布、光斑直径和粉末的输送速度。其中粉末单位时间输送率和粉末的输送速度是由送粉器的输送特性决定的，送粉器是激光熔覆技术中的核心元件之一，它按照加工工艺向激光熔池输送设定好的粉末。送粉器性能的好坏直接影响熔覆层的质量和加工零件尺寸等，所以开发高性能的送粉器对激光熔覆加工显得尤为重要。

送粉器的功能是将粉末按照加工工艺要求精确地送入激光熔池，并确保加工过程中，粉末能连续、均匀、稳定地输送。本任务讲解的是螺旋式送粉器。螺旋式送粉器主要是基于机械力学原理，它主要由粉末存储仓斗、螺旋杆、振动器和混合器等组成，如图 3-24 所示。工作时，电动机带动螺杆旋转，使粉末沿着桶壁输送至混合器，然后混合器中的载流气体将粉末以流体的方式输送至加工区域。为了使粉末充满螺纹间隙，粉末存储仓斗底部加有振动器，能提高送粉量的精度。送粉量的大小可以由电动机的转速调节。

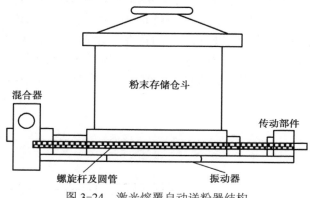

图 3-24　激光熔覆自动送粉器结构

2）伺服控制系统构建

控制系统采用 MCS-51 系列单片机 AT89C51 作为处理器系统。电动机选用松下 MSMA082A1G 型交流伺服电动机，额定输出功率 750 W，内置增量式旋转编码器，分辨率为 10 000。驱动器选用松下 MINA S A 系列全数字式交流伺服驱动器，适用于小惯量的电动机。伺服驱动器连接器 CN I/F 信号作为外部控制信号输入/输出，连接器 CN SIG 作为伺服电动机编码器的连接线。

系统采用了增量式光电编码器的伺服驱动器，它的接线使 PULS1 与单片机输出脉冲信号相连，PULS2 接+5 V 信号，SIGN1 接方向信号，SIGN2 接+5 V 信号，$COM_+$、$COM_-$分别接+24 V 电源正、负端。SRV-ON 与 $COM_-$相连。这样，就完成了位置控制模式下的基本连线。

为了实现送粉的平稳性和实验的需要，同时选用位置控制和速度控制，两者可以通过开关自由切换。

伺服驱动器有一系列参数，通过这些参数的设置和调整，可以改变伺服系统的功能和性能。为了保证系统按照既定的方式运行，需要设置的用户参数如下：

Pr02 设定为"3"，即选用 2 种控制方式，一种为位置控制，另一种为速度控制。

Pr42 设定为"3"，即从控制器送给驱动器的指令脉冲类型选用脉冲/符号方式。

Pr46、Pr4A、Pr4B 为指令分倍频的参数，可实现任意变速比的电子齿轮功能。设定这

3 个参数，使得分倍频后的内部指令等于编码器的分辨率，这 3 个参数的关系如下：

$$F = \frac{f \times (\text{Pr}46 \times 2^{\text{Pr4A}})}{\text{Pr4B}} = 10\,000$$

式中　$F$——电动机转 1 圈所需的内部指令脉冲数；

　　　　$f$——电动机转 1 圈所需的指令脉冲数。

$f$ 选用的是 2 500，故 Pr46 可设定为 "10 000"，Pr4A 设为 "1"，Pr4B 设为 "5 000"。

Pr50 设为 100，即采用速度方式（用输入电压控制电动机转速）时，每输入 1 V 电压，电动机转速为 100 r/min 。

3）单片机控制器的硬件设计

AT89C51 的 P1 口作为 4×4 键盘输入口；P0 口和 P2 口作为液晶显示模块接口，液晶显示模块选用中国台湾南亚公司的液晶显示模块 LMBGA-032-49CK，该模块是根据目前常用的液晶显示控制器 SED1335 的特性设计的，它与 AT89C51 的接口电路如图 3-25 所示；通过 AT89C51 的定时器 T0 的定时中断控制脉冲发送频率，进而控制电动机的转速；P3.0 口作为液晶显示模块的软件复位口，P3.1 口作为电动机的脉冲输入口；另外还有一些开关量的控制。

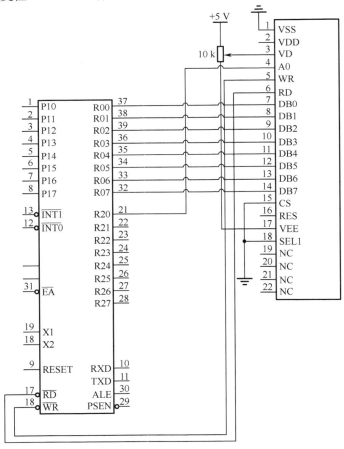

图 3-25　液晶显示模块与单片机接口电路

由于单片机属于 TTL 电路（逻辑 1 和 0 的电平分别为 2.4 V 和 0.4 V），它的 I/O 口输出的开关量控制信号电平无法直接驱动电动机,所以在 P3.1 口控制信号输出端需加入驱动电路。系统采用光电耦合器和三极管 S8050 作驱动,光电耦合器有隔离作用,可防止强电磁干扰,三极管主要起功率放大作用。电动机驱动电路如图 3-26 所示。

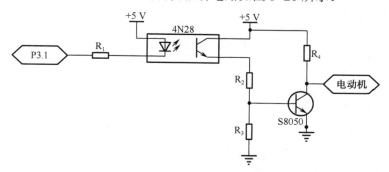

图 3-26　电动机驱动电路

**4）系统软件设计**

控制器的软件主要完成液晶显示、接受键盘输入、伺服电动机匀速运行和气阀控制几项功能,包括主程序、键盘中断服务程序、定时器 T0 中断服务程序及液晶显示子程序。在交流伺服电动机控制系统中单片机的主要作用是产生脉冲序列,它是通过 89C51 的 P3.1 口发送的。系统软件编制采用定时器定时中断产生周期性脉冲序列,不使用软件延时,不占用 CPU。CPU 在非中断时间内可以处理其他事件,只有到了中断时间,才驱动伺服电动机转动一步。因此定时/计数器装入的时间常数的确定是程序的关键。下面重点讨论时间常数的计算。

由于定时/计数器以加 1 方式计数,假定计数值为 $X$,则装入定时/计数器的初值为 $a = 2^n - X$,$n$ 取决于定时/计数器的工作方式。每个机器周期(设为 $T_J$)包括 12 个振荡周期,控制系统的晶振频率为 12 MHz。则:

$$T_J = \frac{12}{F} = \frac{12}{12 \times 10^6} = 1\,\mu s$$

定时时间为:

$$T = X \cdot T_J$$

应装入定时/计数器的初值为:

$$a = 2^n - X = 2^n - \frac{T}{T_J}$$

系统所设定的电动机每转 1 圈需要 2 500 个脉冲,设输入转速为 $N$(r/min),则 MCU 每分钟需要进入中断输出的脉冲数为:

$$M = 2\,500N$$

由于软件中采用左移指令,故进入定时中断频率是输出脉冲频率的 2 倍,每秒进入中断数为:

$$Z = \frac{2 \times M}{60} = \frac{2 \times 2\,500N}{60} = \frac{250N}{3}$$

定时时间为:

$$T_C = \frac{1}{Z} = \frac{3}{250N} \Rightarrow X = \frac{T_C}{T_J} = \frac{3/250N}{1 \times 10^{-6}} = \frac{3 \times 10^6}{250N}$$

由于系统的定时/计数器的工作方式是 1，$n$ 取 16，故输入的电动机转速是 $N$（r/min）时，应装入的时间常数为：

$$a = 2^n - X = 2^n - \frac{T_C}{T_J} = 2^{16} - \frac{3 \times 10^6}{250N}$$

### 3. 项目评价

项目评价表如表 3-9 所示。

表 3-9　项目评价表

| 项　　目 | 目　　标 | 分　值 | 评　分 | 得　分 |
|---|---|---|---|---|
| 建立硬件伺服控制系统 | 能正确分析控制要求，搭建硬件系统 | 20 | 不完整，每处扣 2 分 | |
| 建立控制系统模型 | 按照控制要求，建立控制系统原理图，要求完整、美观 | 10 | 不规范，每处扣 2 分 | |
| 在 Proteus 中搭建仿真系统 | 按照原理图，搭建仿真系统 线路安全简洁，符合工艺要求 | 30 | 不规范，每处扣 5 分 | |
| 程序设计与调试 | 程序设计简洁易读，符合任务要求 | 40 | 不规范，每处扣 5 分 | |
| 总分 | | 100 | | |

## 项目拓展——交流伺服系统组成及性能指标

运动控制系统作为电气自动化一个重要的应用领域，已经被广泛应用于国民经济各个部门。运动控制系统主要研究电动机拖动及机械设备的位移控制问题，交流伺服系统是运动控制系统所研究的重要部分。

1990 年以前，由于技术成本等原因，国内伺服电动机以直流永磁有刷电动机和步进电动机为主，而且主要集中在机床和国防军工行业。1990 年以后，进口永磁交流伺服电动机系统逐步进入中国，期间得益于稀土永磁材料的发展、电力电子及微电子技术日新月异的进步，交流伺服电动机的驱动技术也得以很快发展。如今约占整个电力拖动容量 80% 的不变速拖动系统都采用交流电动机，而只占 20% 的高精度、宽广调速范围的拖动系统采用直流电动机。自 20 世纪 80 年代以来，随着现代电动机技术、现代电力电子技术、微电子技术、控制技术及计算机技术等支撑技术的快速发展，交流伺服控制技术的发展得以极大的迈进，使得先前困扰着交流伺服系统的电动机控制复杂、调速性能差等问题取得了突破性的进展，交流伺服系统的性能日渐提高，价格趋于合理，使得交流伺服系统取代直流伺服系统，尤其是在高精度、高性能要求的伺服驱动领域成了现代伺服驱动系统的一个发展趋势。

### 1. 交流伺服系统的构成

交流伺服系统一般由以下几个部分构成：

（1）交流伺服电动机。可分为永磁交流同步伺服电动机、永磁无刷直流伺服电动机、感应伺服电动机及磁阻式伺服电动机。

（2）PWM 功率逆变器。可分为功率晶体管逆变器、功率场效应管逆变器、IGBT 逆变器（包括智能型 IGBT 逆变器模块）等。

（3）微处理器控制器及逻辑门阵列。可分为单片机、DSP 数字信号处理器、DSP+CPU、多功能 DSP（如 TMS320F240）等。

（4）位置传感器（含速度）。可分为旋转变压器、磁性编码器、光电编码器等。

（5）电源及能耗制动电路。

（6）键盘及显示电路。

（7）接口电路。包括模拟电压、数字 I/O 及串口通信电路。

（8）故障检测、保护电路。

### 2.　交流伺服系统的性能指标

交流伺服系统的性能指标可以从调速范围、定位精度、稳速精度、动态响应和运行稳定性等方面来衡量。低档的伺服系统调速范围在 1∶1 000 以下，一般的在 1∶5 000～1∶10 000，高性能的可以达到 1∶100 000 以上；定位精度一般都要达到±1 个脉冲，稳速精度，尤其是低速下的稳速精度比如给定 1 rpm 时，一般的在±0.1 rpm 以内，高性能的可以达到±0.01 rpm 以内；动态响应方面，通常衡量的指标是系统最高响应频率，即给定最高频率的正弦速度指令，系统输出速度波形的相位滞后不超过 90°或者幅值不小于 50%。进口三菱伺服电动机 MR-J3 系列的响应频率高达 900 Hz，而国内主流产品的频率在 200～500 Hz。运行稳定性方面，主要是指系统在电压波动、负载波动、电动机参数变化、上位控制器输出特性变化、电磁干扰以及其他特殊运行条件下，维持稳定运行并保证一定的性能指标的能力，这方面国产产品（包括部分中国台湾产品）和世界先进水平相比差距较大。

伺服控制技术是决定交流伺服系统性能好坏的关键技术之一，是国外交流伺服技术封锁的主要部分。随着国内交流伺服用电动机等硬件技术逐步成熟，以软形式存在于控制芯片中的伺服控制技术成为制约我国高性能交流伺服技术及产品发展的瓶颈。研究具有自主知识产权的高性能交流伺服控制技术，尤其是最具应用前景的永磁同步电动机伺服控制技术，是非常必要的。

## 仿真实验——反应式步进电动机环形分配器实验

### 1.　实验目的

（1）掌握环形分配器的工作原理和作用；

（2）对反应式步进电动机环形分配器进行多种通电类型控制操作；

（3）了解步进电动机环形脉冲分配器的硬件设计和调试。

### 2.　实验原理

步进电动机控制主要有三个参数：转速、转角、转向。由于步进电动机的转动是由输入电脉冲信号控制的，当步距角一定时，转速由输入脉冲的频率决定，而转角则由输入脉冲信号的脉冲个数决定。转向由环形分配器的输出通过步进电动机 U、V、W 相绕组来控制，环形分配器通过控制各绕组通电的相序来控制步进电动机的转向。

步进电动机是将电脉冲信号转变成角位移（或线位移）的机构，在数控机床、打印机、复印机等机电一体化产品的开环伺服系统中被广泛使用。一般电动机是连续旋转的，而步进电动机是一步步转动的，每输入一个脉冲，它就转过一个固定的角度，这个角度称为步距角。步进电动机的步距角决定了系统的最小位移，步距角越小，位移的控制精度越高。步距角可通过下式计算：

$$\alpha = \frac{360°}{KMZ} = 1.5°$$

式中　$K$——通电方式系数；

　　　$M$——励磁绕组的相数；

　　　$Z$——转子齿数。

当采用单相或双相通电方式时，$K=1$；当采用单、双相轮流通电方式时，$K=2$。可见采用单、双相轮流通电方式还可使步距角减小一半。

### 3. 原理图

控制系统原理图如图 3-27 所示。

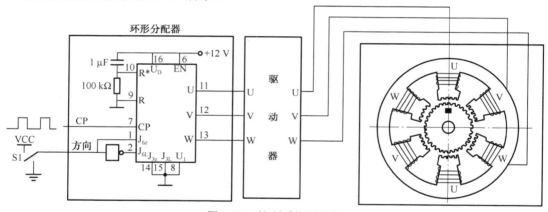

图 3-27　控制系统原理图

### 4. 实物接线

控制系统接线图如图 3-28 所示。

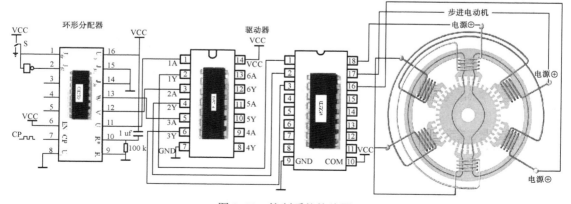

图 3-28　控制系统接线图

**5. 实验步骤**

进行以下三种通电方式设置和操作。

1）三相三拍通电方式

参数设定：$K=1$，$M=3$，$Z=40$。

连续转动：

（1）正转（S1=1），U→V→W→U→V→W→U…通电方式。

（2）反转（S1=0），U→W→V→U→W→V→U…通电方式。

点动：

（1）S1=1，给 CP 一个脉冲，步进电动机转子正转 3°。

（2）S1=0，给 CP 一个脉冲，步进电动机转子反转 3°。

2）三相双三拍通电方式

参数设定：$K=1$，$M=3$，$Z=40$。

连续转动：

（1）正转（S1=1），UV→VW→WU→UV…通电方式。

（2）反转（S1=0），UW→WV→VU→UW…通电方式。

点动：

（1）S1=1，给 CP 一个脉冲，步进电动机转子正转 3°。

（2）S1=0，给 CP 一个脉冲，步进电动机转子反转 3°。

3）三相六拍通电方式

参数设定：$K=2$，$M=3$，$Z=40$。

连续转动：

（1）正转（S1=1），U→UV→V→VW→W→WU→U…通电方式。

（2）反转（S1=0），U→UW→W→WV→V→VU→U…通电方式。

点动：

（1）S1=1，给 CP 一个脉冲，步进电动机转子正转 1.5°。

（2）S1=0，给 CP 一个脉冲，步进电动机转子反转 1.5°。

**6. 动画演示**

动画演示界面如图 3-29 所示。

注：动作顺序与实验步骤一致，方向和角度框内显示正转、反转及角度值。

绕组线 U、V、W 在通电时为红色，不通电时为灰色。一个脉冲完成 UVW 一个循环，当开始后完成多个循环，直到按停止按钮。

**7. 实验报告**

问题 1：步进电动机转向是由什么来控制的？

问题 2：步距角的大小与哪些参数有关？

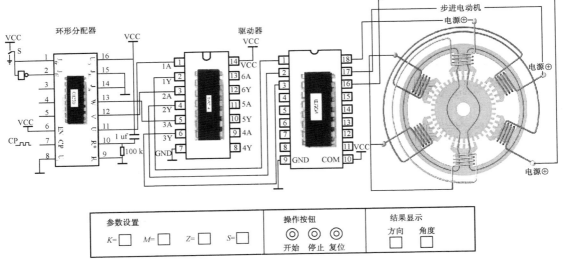

图 3-29　动画演示界面

## 创新案例——垂直型自启闭风力发电机装置设计

### 1. 创新案例背景

风能作为可再生能源，是最具有经济开发价值的清洁能源，风资源的开发利用是我国能源发展战略和结构调整的重要举措之一。人类利用风能已有数千年历史，在蒸汽机发明以前风能作为重要的动力，应用于人类生活的众多方面。经调查市场上大多为水平轴风力发电机，采用偏航调节角度来调节风力大小，在风力过大时采用停机控制，但叶片仍露在外面，受到一定损伤。

### 2. 创新设计要求

（1）通过自然风力实现发电功能。

（2）发电装置要具有增速功能，能实现低风速启动发电。

（3）根据自然界风力的大小实现叶片的伸缩控制。

### 3. 设计方案分析

水平轴风力发电机由于采用偏航调节角度来调节风力大小，在风力过大时采用停机控制，但叶片仍露在外面，受到一定损伤。为此，本设计方案采用垂直轴，当风速达到启动风速时，风机自动打开风叶片启动，根据风力自动调节叶片张开长度，从而控制风机转速在某一范围，避免转速过高过低，提高风机发电效率，避免过度磨损、零部件过热；在风速过大时，为保护风机，可自动关闭。关闭时，叶片缩回，风机成圆筒状。在关键技术上，可以通过机电控制装置实现风机的自动启闭（本方案使用步进电动机控制）。

方案要实现增速，可以选择典型的齿轮传动，考虑到传动比选择及发电机主轴居中的要求，为了对称平衡，选择行星齿轮机构。行星齿轮传动的主要特点是体积小，承载能力大，工作平稳。行星增速器的主要优点是在小的外廓尺寸下可以得到较大的增速比、高转速、大功率。本方案可以采用固定系杆的行星齿轮系。

#### 4. 技术解决方案

1）机械传动增速设计

本设计采用行星齿轮来实现增速作用。如图 3-30 所示。在行星齿轮机构中，设太阳轮、齿圈和行星架的转速分别为 $n_1$、$n_2$ 和 $n_3$，齿数分别为 $Z_1$、$Z_2$、$Z_3$。

中心轮与内齿轮转速、齿数之间的关系：

$$i_{13}^H = \frac{n_1 - n_H}{n_3 - n_H} = \frac{Z_3}{Z_1} = \frac{1}{5}$$

如图 3-31 所示为行星齿轮传动实物图。

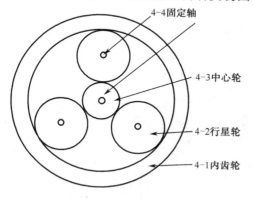

图 3-30　垂直自启闭可调节风力发电机行星齿轮系

图 3-31　行星齿轮传动实物图

内齿轮参数：齿数 $Z_1$=90，模数 $m$=5 mm，分度圆直径 $d_1$=450 mm，外圆直径 $\phi$540 mm。

行星轮参数：齿数 $Z_2$=36，模数 $m$=5 mm，分度圆直径 $d_2$=180 mm，轴孔直径 $\phi$30 mm，键槽宽 8 mm，齿顶圆直径 $\phi$190 mm。

中心轮参数：齿数 $Z_3$=18，模数 $m$=5 mm，分度圆直径 $d_3$=90 mm，轴孔直径 $\phi$30 mm，键槽宽 8 mm，齿顶圆直径 $\phi$100 mm。

2）集线器设计

风力发电机要求能实现风机旋转而导线不发生缠绕的功能，多路剖分牙嵌式集线器装置结构合理、设计巧妙，主要通过集线器的滑环和弹簧片之间的软接触作用，弹簧片始终与滑环保持旋转而接触的状态。

风力发电机多路剖分牙嵌式集线器装置由轴、滑环、环套、拨架、弹簧片组成。集线器中的各个滑环通过紧密配合固定于空心台阶轴的外圆面上，滑环的个数与需连接的导线数相同，分别连接于多只滑环的导线，从空心台阶轴内部穿出，穿孔在圆周方向呈均匀分布状，防止导线间漏电接触；滑环和环套呈牙嵌式啮合，嵌于环套内槽里的弹簧片与滑环保持接触，弹簧片通过导线穿透环套和外部相连；采用绝缘材料的两个半圆形牙嵌式结构的环套与轴上的滑环相嵌，并起到隔开绝缘的作用；工作时通过拨杆带动拨架和环套转动，实现集线器旋转过程中防止导线缠绕的功能。如图 3-32 所示为多路剖分牙嵌式集线器结构图，如图 3-33 所示为多路剖分牙嵌式集线器外观图。

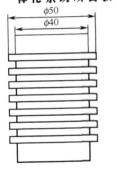
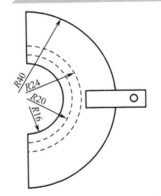
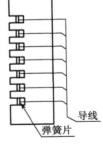

图 3-32　多路剖分牙嵌式集线器结构图

3）总体设计

如图 3-34 所示，垂直式自启闭可调节风力发电机由叶片 6、叶片导轨 5、行星齿轮系 4、链轮 9、链条 8、牵拉绳 16、轴承 15、风速仪 14、步进电动机 10、集线器 12、主轴 13、顶板 11、三角支架 7、底座 2、发电机转轴 3、发电机 1 等组成。叶片 6 的张合动作通过步进电动机 10 和链轮 9、链条 8、牵拉绳 16 来控制，张合量大小由风速仪 14 给出风力信号，再由控制器控制步进电动机 10，实现不同风速下的叶片 6 张合量大小自动调节，并可实现风机的自动启闭。叶片 6 带动行星齿轮系 4 的内齿轮 4-1，再通过行星轮 4-2，传给中心轮 4-3，中心轮 4-3 与发电机转轴 3 相连，实现增速传动，提高发电机 1 的转速。

图 3-33　多路剖分牙嵌式集线器外观图（中间圆柱形零件）

具体实施方式：

内齿轮 4-1 先转动，行星轮 4-2 绕固定轴 4-4 转动，由于内齿轮 4-1 齿数是中心轮 4-3 齿数的 5 倍，所以发电机 1 转速为内齿轮 4-1 的 5 倍。通过连接于内齿轮 4-1 上叶片 6，带动内齿轮 4-1 转动，由内齿轮 4-1 经行星轮 4-2 带动中心轮 4-3 转动，而中心轮 4-3 和发电机 1 相连，发电机 1 发出电流；叶片 6 的张合动作通过步进电动机 10 和链轮 9、链条 8、牵拉绳 16 来控制，张合量大小由风速仪 14 给出风力信号，再由控制器控制步进电动机 10，实现不同风速下的叶片 6 张合量大小自动调节，并可实现风机的自动启闭。

调速时通过控制步进电动机 10 的正反转，由装于主叶片 6 上链条 8 驱动叶片 6 伸缩，如达到启动风速，比如 3 级风，叶片 6 全开；随着风力增大，叶片 6 逐步缩回；如遇 12 级台风以上，叶片 6 全部缩回，风机关闭。

4）控制程序设计

当步进驱动器接收到一个脉冲信号，它就驱动步进电动机按设定的方向转动一个固定的角度（称为"步距角"），它的旋转是以固定的角度一步一步运行的。通过控制脉冲个数来控制角位移量，从而达到准确定位的目的；通过控制脉冲频率来控制电动机转动的速度和加速度，从而达到调速的目的。

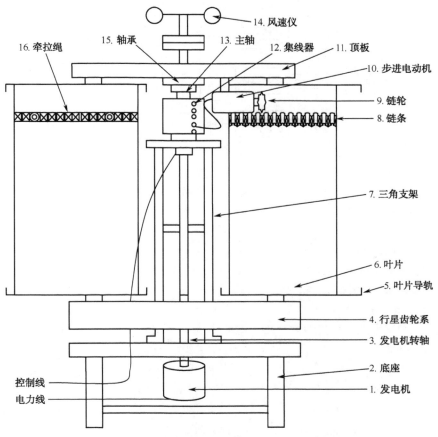

图 3-34　垂直式自启闭可调节风力发电机原理图

当风速仪接收到风的信号时，便发出脉冲信号送给控制板，在控制板设定的程序中，规定的风强度为 3～12 级风。当风速仪接收到 3～12 级风时，发出脉冲信号送给控制板，控制板接收到信号通过所给定的程序发送给步进电动机，步进电动机接收到一个脉冲信号来驱动步进电动机转动。电动机的转动带动链轮转动，链轮带动固定于主叶片上的链条运行，主叶片通过联动牵拉绳拉动其余三条叶片，伸缩程度由风速决定。四个叶片固定在行星齿轮系中的外齿轮上，叶片带动外齿轮转动，由齿轮系扩大传动比来提高内齿轮转速，内齿轮上固定的主轴带动发动机发电。由于发电机发出的是三相脉动低压交流电，交、直流负载不能直接使用，需要通过整流电路变成直流电，再通过逆变器或斩波器变为负载所需要的额定电压。如图 3-35 所示为风力发电系统框图，如图 3-36 所示为该控制系统原理框图。

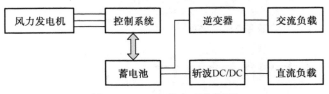

图 3-35　风力发电系统框图

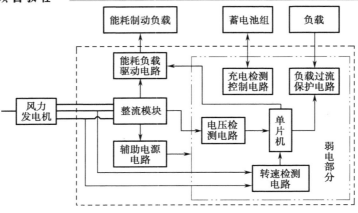

图 3-36　风力发电机控制系统原理框图

风电机主控程序：

```
#include <reg52.h>
#define uint unsigned int
#define uchar unsigned char
#define sint   signed int
/*定变量***************************/
sbit Puls=P2^5;                    //驱动步进电动机
sbit Dir=P2^4;                     //0 打开，1 关闭
sbit Enb=P2^3;                     //切断步进电动机电源
sbit BY1=P3^7;                     //定义按键的输入端 S5 键
sbit closBy1=P3^5;                 //关闭行程信号
sbit OpenBy1=P3^6;                 //打开行程信号
uchar count,kk;
sbit dula=P2^6;
sbit wela=P2^7;
sint   s1,s2,s1s,z1,dd,aa;         //按键计数，每按一下，count 加 1，s1 初始化风级
                                   //数，开始为 0，s2 为方向

uchar code dutable[]={
           0x3f,0x06,0x5b,
           0x4f,0x66,0x6d,
           0x7d,0x07,0x7f,
           0x6f,0x77,0x7c,
           0x39,0x5e,0x79,
           0x71};
/*初始化函数***********************/
void csh(void)
{
```

```
        count=0;                        //按键初始化设置
        Enb=0;
        s1s=0;
        z1=0;

        TH0=0x00;
        TL0=0x00;
        EA=1;
        ET0=1;                          //计数器 0
        TMOD=0X05;                      //工作方式 0
        TR0=1;                          //启动定时器 0
        wela=1;
        P0=0xc0;
        wela=0;
        dula=1;
        P0=0X3F;                        //初始显示 0
        dula=0;
    }


/*主程序*****************************/
    void main()
    {
        uint x;
        uchar yy;
        yy=0;
        x=0;
        csh();

k33:    do
        {
            closefj();                  //关闭风机
        }
        while(closBy1==1);
        yy=0;
        s1=0;
        aa=0;
        z1=0;
        s1s=0;
```

```
        while(1)
        {
            //key();                              //调用按键函数
            if(count==0)
            {
                k2:  s1=pdjjf();                   //判断几级风
                    xianshi();
                    x=s1;
                    if(s1==0)
                    {
                        if(yy==1)
                        {
                            goto k33;
                        }
                        goto k2;
                    }
                    if(s1==z1)
                    goto k2;
                    kk=pdxzfx();                   //方向
                    ts(s2,kk);                     //调速
                    z1=s1;
                    yy=1;
                    delay(100);
            }
        }
    }
```

　　根据目前的风机应用技术来看，大约 3 m/s 的微风速度便可启动运转，而在风速在 13～15 m/s 时（即大树摇动的程度）便可达到额定运转。根据统计，大部分风力机在风速 3 m/s 开始启动，当风速在 25 m/s 以上时，会因为安全理由而自动停止。调节原理是风机根据风力大小，风杯传感器测到风速，由控制器发出信号，由控制板控制步进电动机，经链轮链条带动主叶片，通过钢丝绳来带动装置，实现四叶片同步动作。当步进电动机接收到一个脉冲信号，它就驱动步进电动机按设定的方向转动一个固定的角度，它的旋转是以固定的角度一步一步进行的。通过控制脉冲个数来控制角位移量从而达到准确定位的目的；通过控制脉冲频率来控制电动机转动的速度和加速度，从而达到调速的目的。

　　风力发电机自动启闭及叶片调节程序：

```
/*关闭风机程序************************/
void closefj()
{
```

```c
        if(closBy1==1)
        {
            Enb=1;
            Dir=1;                      //0 打开，1 关闭
            Puls=0;
            delay(50);
            Puls=1;
        }
        if(closBy1==0)
        {
            Enb=0;
            count=0;                    //碰到行程开关只能反转
        }
}
/**判断几级风*****************************/
uint pdjjf()
{
        TH0=0x00;
        TL0=0x00;
        TR0=1;                          //启动计数器 0
        Delay_xMs(186);
        TR0=0;

        if(TL0>16)                      //3 级风
        {
            if(TL0<33)                  //32
            {

                return(350);
            }
        }
        if(TL0>34)                      //4 级风
        {
            if(TL0<54)                  //46
            {
                return (250);
            }
        }
        if(TL0>55)                      //5 级风
```

```
        {
                if(TL0<79)                          //55
                {
                        return (150);
                }
        }
        if(TL0>80)                                  //6 级风
        {
                if(TL0<100)                         //82
                {
                        return (50);
                }
        }
        else
        {
                return(0);
        }
}
/**调速*****************************/
void ts(sint Z,uchar k)
{
        uint x;
        for(x=Z;x>0;x--)
        {       Enb=1;
                Dir=k;                              //0 打开，1 关闭
                Puls=0;
                delay(50);                          //100
                Puls=1;

                if(OpenBy1==0)
                {
                        Enb=0;
                        goto k1;                    //碰到行程开关只能正转
                }
                if(closBy1==0)
                {
                        Enb=0;
                        goto k1;                    //碰到行程开关只能反转
                }
```

```
        }
    k1:     Enb=0;
        }
```

#### 5. 案例小结

设计应用了机械传动理论、自动控制理论等。风能是清洁能源，能起到很好的环保作用，但是随着越来越多大型风电场的建立，一些由风力发电机引发的环保问题也凸显出来。这些问题主要体现在两个方面：一是噪声问题，二是对当地生态环境的影响。

水平轴风轮的尖速比一般为 5～7，在这样的高速下叶片切割气流将产生很大的气动噪声，同时，很多鸟类在这样的高速叶片下也很难幸免。垂直轴风轮的尖速比要比水平轴的小得多，一般在 1.5～2 之间，这样的低转速基本上不产生气动噪声，完全达到了静音的效果。无噪声带来的好处是显而易见的，以前因为噪声问题不能应用风力发电机的场合（如城市公共设施、民宅），现在可以应用垂直轴风力发电机来解决，相对于传统的水平轴风力发电机，垂直轴风力发电机具有设计方法先进、风能利用率高、启动风速低、无噪声等众多优点，具有更加广阔的市场应用前景。

图 3-37　自启闭可调节
风力发电机装置实物图

#### 6. 实物作品

自启闭可调节风力发电机装置实物图如图 3-37 所示。

## 课后练习3

1. 单片机在控制步进电动机时，转速如何控制？
2. 激光熔覆自动送粉器的时间常数如何确定？
3. 火花机在建立伺服控制系统时应注意哪几个环节？

# 模块 4 自动控制技术

## 教学导航

| | |
|---|---|
| 学习目标 | 1. 了解梯形图的编程规则；<br>2. 了解采用跳转/标号指令实现选择性分支控制的 PLC 程序设计；<br>3. 了解采用子程序调用实现的 PLC 程序设计。 |
| 重点 | 1. 掌握基本逻辑指令的应用及 PLC 的接线方法；<br>2. 掌握运用跳转/标号指令实现组合机床动力滑台控制程序；<br>3. 掌握运用子程序调用指令实现机械手控制程序。 |
| 难点 | 1. 逻辑指令的应用及 PLC 的接线方法；<br>2. 在自动生产过程中，运用 PLC 控制进行相关任务的编程与实现。 |

## 模块导学

自动化生产过程中，经常遇到物料的自动传送、分拣、加工、装配等自动工艺过程，这些过程往往按照一定的顺序进行。在工业控制领域中，跳转/标号指令、子程序调用指令、顺序控制等指令应用很广。本模块将结合西门子 PLC 的相关知识来介绍三相异步电动机连续控制、三相异步电动机 Y-△降压启动控制、组合机床动力滑台控制、机械手控制，让学生们进一步了解在自动化生产过程中 PLC 程序设计的主要方法。

# 项目4-1  三相异步电动机连续控制

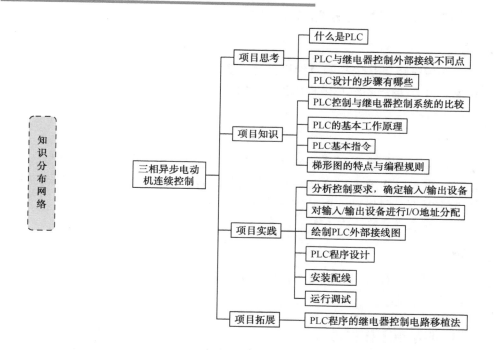

## 项目思考——如何改变传统继电接触器控制系统的缺点？

三相异步电动机采用继电接触器控制装置具有简单易懂、使用方便、价格便宜等优点，但由于硬接线逻辑及大量的机械触点，造成了该系统可靠性不高，并且当控制要求改动需要重新布线时，就要花费大量时间，通用性和灵活性较差。那么有没有一种新的控制方式可以取代传统继电接触器控制系统，用以改善和解决以上问题，是广大技术人员迫切需要的。随着 PLC 技术的发展，使用 PLC 替代传统的继电器实现对电动机的不同控制要求已成为一种趋势。

从三个方面去思考：

（1）什么是 PLC？

（2）采用 PLC 控制与继电器控制外部接线有何不同？

（3）PLC 设计的步骤有哪些？

### 4-1-1 PLC 控制与继电器控制系统的比较

#### 1. 控制方式

继电器控制系统的控制是采用硬件接线实现的，是利用继电器机械触点的串联或并联及延时继电器的滞后动作等组合形成控制逻辑，只能完成既定的逻辑控制。PLC 控制系统采用存储逻辑，其控制逻辑以程序方式存储在内存中，要改变控制逻辑，只需改变程序即可，称软接线。

#### 2. 工作方式

继电器控制系统采用并行的工作方式，PLC 控制系统采用串行的工作方式。

#### 3. 控制速度

继电器控制系统控制逻辑是依靠触点的机械动作实现控制，工作频率低、毫秒级，机械触点有抖动现象。PLC 控制系统是由程序指令控制半导体电路来实现控制，速度快、微秒级，严格同步，无抖动。

#### 4. 定时与计数控制

继电器控制系统是靠时间继电器的滞后动作实现延时控制，而时间继电器定时精度不高，受环境影响大，调整时间困难；继电器控制系统不具备计数功能。PLC 控制系统用半导体集成电路作为定时器，时钟脉冲由晶体振荡器产生，精度高，调整时间方便，不受环境影响；另外，PLC 系统还具备计数功能。

#### 5. 可靠性和维护性

继电器控制系统可靠性较差，线路复杂，维护工作量大；PLC 控制系统可靠性较高，外部线路简单，维护工作量小。

### 4-1-2 PLC 的基本工作原理

#### 1. 扫描工作方式

当 PLC 投入运行后，其工作过程一般分为三个阶段，即输入采样、用户程序执行和输出刷新。完成上述三个阶段称作一个扫描周期。在整个运行期间，PLC 的 CPU 以一定的扫描速度重复执行上述三个阶段。

#### 2. PLC 执行程序的过程

1）输入采样阶段

在输入采样阶段，PLC 以扫描方式依次读入所有输入状态和数据，并将它们存入 I/O 映像区中的相应单元内。输入采样结束后，转入用户程序执行和输出刷新阶段。在这两个阶段中，即使输入状态和数据发生变化，I/O 映像区中相应单元的状态和数据也不会改变。因此，如果输入的是脉冲信号，则该脉冲信号的宽度必须大于一个扫描周期，才能保证在任何情况下，该输入均能被读入。

2）用户程序执行阶段

在用户程序执行阶段，PLC 按由上而下的顺序依次扫描用户程序。在扫描每一条梯形图时，先扫描梯形图左边的由各触点构成的控制线路，并按先左后右、先上后下的顺序对由触点构成的控制线路进行逻辑运算，然后根据逻辑运算的结果，刷新该逻辑线圈在系统 RAM 存储区中对应位的状态；或者刷新该输出线圈在 I/O 映像区中对应位的状态；或者确定是否要执行该梯形图所规定的特殊功能指令。这个结果在全部程序未执行完毕之前不会送到输出端口上。

3）输出刷新阶段

当扫描用户程序结束后，PLC 就进入输出刷新阶段。在此期间，CPU 按照 I/O 映像区内对应的状态和数据刷新所有的输出锁存电路，再经输出电路驱动相应的外部负载。这时才是 PLC 的真正输出。

一般来说，PLC 的扫描周期包括自诊断、通信等，即一个扫描周期等于自诊断、通信、输入采样、用户程序执行、输出刷新等所有时间的总和。

## 4-1-3　PLC 基本指令

S7-200 系列 PLC 具有丰富的指令集，按功能可分为基本逻辑指令、算术与逻辑指令、数据处理指令、程序控制指令及集成功能指令 5 部分。指令是程序的最小独立单位，用户程序由若干条按顺序排列的指令构成。对于各种编程语言（如梯形图和语句表），尽管其表达形式不同，但表示的内容是相同或类似的。

基本逻辑指令是 PLC 中应用最多的指令，是构成基本逻辑运算功能指令的集合，包括基本位操作、取非和空操作、置位/复位、边沿触发、逻辑堆栈、定时、计数、比较等逻辑指令。从梯形图指令的角度来讲，这些指令可分为触点指令和线圈指令两大类。这里仅介绍与本项目有关的部分指令。

### 1．触点指令

触点指令是用来提取触点状态或触点之间逻辑关系的指令集。触点分为常开触点和常闭触点两种形式。在梯形图中，触点之间可以自由地以串联或并联的形式存在。

触点指令代表 CPU 对存储器的读操作，常开触点和存储器的位状态一致，常闭触点和存储器的位状态相反。常开触点对应的存储器地址位为 1 状态时，触点闭合；常闭触点对应的存储器地址位为 0 状态，触点闭合。用户程序中的同一触点可以多次使用。S7-200 系列 PLC 部分触点指令的格式及功能见表 4-1。

表 4-1　S7-200 系列 PLC 部分触点指令的格式及功能

| 梯形图 LAD | 语句表 STL | | 功　能 | |
| --- | --- | --- | --- | --- |
| | 操　作　码 | 操　作　数 | 梯形图含义 | 语句表含义 |
| <br>—┤ bit ├— | LD | bit | 将一常开触点 bit 与母线相连接 | 将 bit 装入栈顶 |
| | A | bit | 将一常开触点 bit 与上一触点串联，可连续使用 | 将 bit 与栈顶相与后存入栈顶 |

续表

| 梯形图 LAD | 语句表 STL | | 功　能 | |
|---|---|---|---|---|
| | 操　作　码 | 操　作　数 | 梯形图含义 | 语句表含义 |
| ┤ bit ├ | O | bit | 将一常开触点 bit 与上一触点并联，可连续使用 | 将 bit 与栈顶相或后存入栈顶 |
| ┤ bit / ├ | LDN | bit | 将一常闭触点 bit 与母线相连接 | 将 bit 取反后装入栈顶 |
| | AN | bit | 将一常闭触点 bit 与上一触点串联，可连续使用 | 将 bit 取反与栈顶相与后存入栈顶 |
| | ON | bit | 将一常闭触点 bit 与上一触点并联，可连续使用 | 将 bit 取反与栈顶相或后存入栈顶 |
| ┤ NOT ├ | NOT | 无 | 串联在需要取反的逻辑运算结果之后 | 对该指令前面的逻辑运算结果取反 |

**说明：**

（1）语句表程序的触点指令由操作码和操作数组成。在语句表程序中，控制逻辑的执行通过 CPU 中的一个逻辑堆栈来实现，这个堆栈有 9 层深度，每层只有 1 位宽度，语句表程序的触点指令运算全部都在栈顶进行。

（2）表中的操作数 bit 寻址寄存器 I、Q、M、SM、T、C、V、S、L 的位值。

### 2. 线圈指令

线圈指令是用来表达一段程序运行结果的指令集。线圈指令包括普通线圈指令、置位及复位线圈指令、立即线圈指令等。

线圈指令代表 CPU 对存储器的写操作，若线圈左侧的逻辑运算结果为"1"，则表示能流能够到达线圈，CPU 将该线圈所对应的存储器的位写入"1"；若线圈左侧的逻辑运算结果为"0"，则表示能流不能够到达线圈，CPU 将该线圈所对应的存储器的位写入"0"。在同一程序中，同一线圈一般只能使用一次。S7-200 系列 PLC 普通线圈指令的格式及功能见表 4-2。

表 4-2　S7-200 系列 PLC 普通线圈指令的格式及功能

| 梯形图 LAD | 语句表 STL | | 功　能 | |
|---|---|---|---|---|
| | 操作码 | 操作数 | 梯形图含义 | 语句表含义 |
| —( bit ) | = | bit | 当能流流进线圈时，线圈所对应的操作数 bit 置 1 | 复制栈顶的值到指定 bit |

**说明：**

（1）线圈指令的操作数 bit 寻址寄存器 I、Q、M、SM、T、C、V、S、L 的位值。

（2）线圈指令对同一元件（操作数）一般只能使用一次。

### 3. 触点及线圈指令的使用

1）LD、LDN 和 = 指令

LD（Load）：装载指令，用于常开触点与起始母线的连接。每一个以常开触点开始的逻辑行（或电路块）均使用这一指令。

LDN（Load Not）：装载指令，用于常闭触点与起始母线的连接。每一个以常闭触点开始的逻辑行（或电路块）均使用这一指令。

=（Out）：线圈驱动指令，用于驱动各类继电器的线圈。

LD、LDN 和=指令的使用方法如图 4-1 所示。

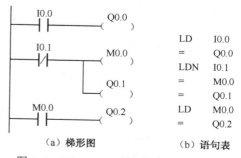

| （a）梯形图 | （b）语句表 |

图 4-1　LD、LDN 和= 指令的使用方法

说明：

（1）LD 和 LDN 指令既可用于与起始母线连接的触点，也可与 OLD、ALD 指令配合，用于分支电路的起点。

（2）=指令是驱动线圈的指令，用于驱动各类继电器线圈，但梯形图中不应出现输入继电器的线圈。

（3）并联的 =指令可以使用任意次，但不能串联使用。

2）A 和 AN 指令

A（And）：与操作指令，用于单个常开触点与前面的触点（或电路块）串联连接。

AN（And Not）：与操作指令，用于单个常闭触点与前面的触点（或电路块）串联连接。

A 和 AN 指令的使用方法如图 4-2 所示。

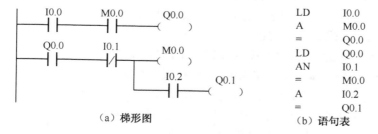

（a）梯形图　　　　　　（b）语句表

图 4-2　A 和 AN 指令的使用方法

说明：

A 和 AN 指令用于单个触点与前面的触点（或电路块）的串联（此时不能用 LD 和 LDN 指令），串联触点的次数不限，即该指令可多次重复使用。

3）O 和 ON 指令

O（Or）：或操作指令，用于单个常开触点与上面的触点（或电路块）的并联连接。

ON（Or Not）：或操作指令，用于单个常闭触点与上面的触点（或电路块）的并联连接。

O 和 ON 指令的使用方法如图 4-3 所示。

说明：

（1）O 和 ON 是用于将单个触点与上面的触点（或电路块）并联连接的指令。

（2）O 和 ON 指令引起的并联是从 O 和 ON 一直并联到前面最近的母线上，并联的数量不受限制。

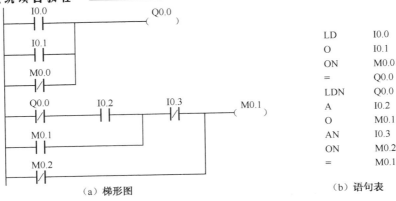

（a）梯形图　　　　　　　　（b）语句表

图 4-3　O 和 ON 指令的使用方法

### 4-1-4　梯形图的特点与编程规则

梯形图直观易懂，与继电器控制电路图相近，很容易为电气技术人员所掌握，是应用最多的一种编程语言。尽管梯形图与继电器控制电路图在结构形式、元件符号及逻辑控制功能等方面是类似的，但它们又有很多不同之处。梯形图具有自己的特点及设计规则。

#### 1. 梯形图的特点

（1）梯形图按自上而下、从左到右的顺序排列。每个继电器线圈为一个逻辑行，即一层阶梯。每一逻辑行起于左母线，然后是触点的连接，最后终止于继电器线圈及右母线（有些 PLC 右母线可省略，如 S7-200 系列 PLC）。

在 S7-200 系列 PLC 的编程软件 STEP7-Micro/WIN 中，一个或几个逻辑行构成一个网络，用 NETWORK***表示，NETWORK 为网络段，后面的***是网络段序号。为了使程序易读，可以在 NETWORK 后面输入程序标题或注释，但不参与程序执行。

**注意**：左母线与线圈之间一定要有触点，而线圈与右母线之间则不能有任何触点。

（2）梯形图中的继电器不是物理继电器，每个继电器均为存储器中的一位，因此称为"软继电器"。当存储器相应位的状态为"1"时，表示该继电器线圈得电，其常开触点闭合或常闭触点断开。也就是说，线圈通常代表逻辑"输出"结果，如指示灯、接触器、中间继电器、电磁阀等。

对 S7-200 系列 PLC 来说，还有一种输出"盒"（也称为功能框或电路块或指令盒），它代表附加指令，如定时器、计数器、移位寄存器以及各种数学运算等功能指令。

因此，可以说梯形图中的线圈是广义的，它只代表逻辑"输出"结果。

（3）梯形图是 PLC 形象化的编程手段，梯形图两端的母线并非实际电源的两端。因此，梯形图中流过的电流也不是实际的物理电流，而是"概念"电流，也称为"能流或使能"，是用户程序执行过程中满足输出条件的形象表示方式。

在梯形图中，能流只能从左到右流动，层次改变只能先上后下。PLC 总是按照梯形图排列的先后顺序（从上到下、从左到右）逐一处理。

（4）一般情况下，在梯形图中，某个编号继电器线圈只能出现一次，而继电器触点（常开或常闭）可无限次引用。

如果在同一程序中，同一继电器的线圈使用了两次或多次，则称为"双线圈输出"。对于"双线圈输出"，有些 PLC 将其视为语法错误，绝对不允许；有些 PLC 则将前面的输出视为无效，只有最后一次输出有效；而有些 PLC 在含有跳转、步进等指令的梯形图中允许双线圈输出。

（5）在梯形图中，前面所有逻辑行的逻辑执行结果将立即被后面逻辑行的逻辑操作所利用。

（6）在梯形图中，除了输入继电器没有线圈，只有触点外，其他继电器既有线圈，又有触点。

**2．梯形图的编程规则**

梯形图的设计必须满足控制要求，这是设计梯形图的前提条件。此外，在绘制梯形图时，还要遵循以下基本规则。

（1）在每一个逻辑行中，串联触点多的支路应放在上方。如果将串联触点多的支路放在下方，则语句增多、程序变长，如图 4-4 所示。

（2）在每一个逻辑行中，并联触点多的电路应放在左方。如果将并联触点多的电路放在右方，则语句增多、程序变长，如图 4-5 所示。

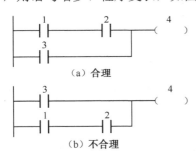
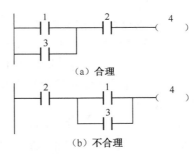

图 4-4　梯形图的编程规则 1　　　　　图 4-5　梯形图的编程规则 2

（3）在梯形图中，不允许一个触点上有双向能流通过。如图 4-6（a）所示，触点 5 上有双向能流通过，该梯形图不可编程。对于这样的梯形图，应根据其逻辑功能进行适当的等效变换，将其简化为图 4-6（b）。

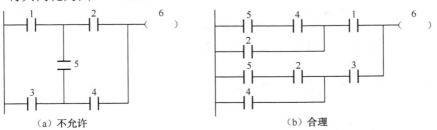

图 4-6　梯形图的编程规则 3

（4）在梯形图中，当多个逻辑行都具有相同条件时，为了节省语句数量，常将这些逻辑行合并，如图 4-7（a）所示，并联触点 1、2 是各个逻辑行所共有的相同条件，可合并成如图 4-7（b）所示的梯形图，利用堆栈指令或分支指令来编程。当相同条件复杂时，这样做可节约许多存储空间，这对存储容量小的 PLC 很有意义。

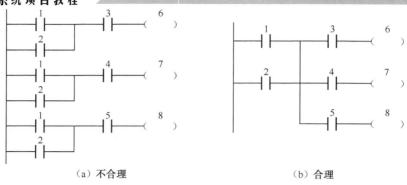

（a）不合理　　　　　　　　　（b）合理

图 4-7　梯形图的编程规则 4

## 项目实践——设计 PLC 控制的三相异步电动机单向连续运行控制系统

### 1. 实践要求

如图 4-8 所示是采用继电器控制的电动机单向连续运行控制电路。主电路由电源开关 Q、熔断器 FU1、交流接触器 KM 的常开主触点、热继电器 FR 的热元件和电动机 M 构成；控制电路由熔断器 FU2、启动按钮 SB1、停止按钮 SB2、交流接触器 KM 的常开辅助触点、热继电器 FR 的常闭触点和交流接触器线圈 KM 组成。

采用继电器控制的电动机单向连续运行控制电路的工作过程如下（先接通三相电源开关 Q）：

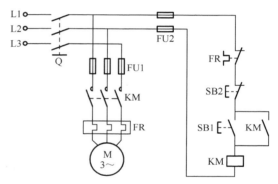

图 4-8　电动机单向连续运行控制电路

试设计 PLC 控制的三相异步电动机单向连续运行控制系统，功能要求如下：

（1）当接通三相电源时，电动机 M 不运转；

（2）当按下启动按钮 SB1 后，电动机 M 连续运转；

（3）当按下停止按钮 SB2 后，电动机 M 停止运转；

（4）电动机具有长期过载保护。

### 2. 实践过程

1）分析控制要求，确定输入/输出设备

通过对采用继电器控制的电动机单向连续运行控制电路的分析，可以归纳出电路中出现了 3 个输入设备，即启动按钮 SB1、停止按钮 SB2 和热继电器 FR；1 个输出设备，即交流接触器线圈 KM。这是将继电器控制转换为 PLC 控制必做的准备工作。

　　2）对输入/输出设备进行 I/O 地址分配

　　根据电路要求，I/O 地址分配见表 4-3。

表 4-3　I/O 地址分配

| 输 入 设 备 | | | 输 出 设 备 | | |
|---|---|---|---|---|---|
| 名　称 | 符　号 | 地　址 | 名　　称 | 符　号 | 地　址 |
| 启动按钮 | SB1 | I0.1 | 交流接触器线圈 | KM | Q0.0 |
| 停止按钮 | SB2 | I0.2 | | | |
| 热继电器 | FR | I0.3 | | | |

　　3）绘制 PLC 外部接线图

　　根据 I/O 地址分配结果，绘制 PLC 外部接线图，如图 4-9 所示。

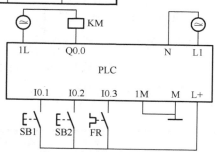

　　4）PLC 程序设计

　　根据控制电路的要求，设计 PLC 控制程序，如图 4-10 所示。

　　5）安装配线

图 4-9　三相异步电动机单向连续运行<br/>控制电路的 PLC 外部接线图

　　按照如图 4-9 所示进行配线，安装方法及要求与继电器控制电路相同。

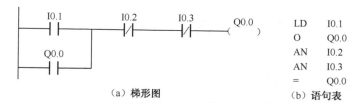

图 4-10　三相异步电动机单向连续运行控制电路的 PLC 控制程序

　　6）运行调试

　　（1）在断电状态下，连接好 PC/PPI 电缆。

　　（2）在作为编程器的 PC 上，运行 STEP7-Micro/WIN 编程软件，打开 PLC 的前盖，将运行模式开关拨到 STOP 位置，或者单击工具栏中的"STOP"按钮，此时 PLC 处于停止状态，可以进行程序输入或编写。

　　（3）执行菜单命令"文件"→"新建"，生成一个新项目；执行菜单命令"文件"→"打开"，打开一个已有的项目；执行菜单命令"文件"→"另存为"，可以修改项目名称。

　　（4）执行菜单命令"PLC"→"类型"，设置 PLC 型号。

　　（5）设置通信参数。

　　（6）编写控制程序。

（7）单击工具栏中的"编译"按钮或"全部编译"按钮来编译输入的程序。

（8）下载程序文件到 PLC。

（9）将运行模式选择开关拨到 RUN 位置，或者单击工具栏中的"RUN"按钮使 PLC 进入运行方式。

（10）按下启动按钮 SB1，观察电动机是否启动。

（11）按下停止按钮 SB2，观察电动机是否能够停止。

（12）再次按下启动按钮 SB1，如果系统能够重新启动运行，并能在按下停止按钮 SB2 后停止，则程序调试结束。

### 3．项目小结

本项目以电动机单向连续运行控制电路为例，介绍 PLC 控制的一般设计步骤及安装调试的方法。在项目实践过程中，让学生对 PLC 基本指令、编程方法、调试步骤等有较为清晰的认识和了解，为以后的设计打下基础。

### 4．项目评价

在规定时间内完成任务，各组自我评价并进行展示，各组之间根据评价表进行检查。项目评价表如表 4-4 所示。

表 4-4　项目评价表

| 项　目 | 目　标 | 分　值 | 评　分 | 得　分 |
|---|---|---|---|---|
| I/O 分配表 | （1）能正确分析控制要求，完整、准确确定输入/输出设备<br>（2）能正确对输入/输出设备进行 I/O 地址分配 | 20 | 不完整，每处扣 2 分 | |
| PLC 接线图 | 按照 I/O 分配表绘制 PLC 外部接线图，要求完整、美观 | 10 | 不规范，每处扣 2 分 | |
| 安装与接线 | （1）能按照 PLC 外部接线图正确安装元件及接线<br>（2）线路安全简洁，符合工艺要求 | 30 | 不规范，每处扣 5 分 | |
| 程序设计与调试 | （1）程序设计简洁易读，符合任务要求<br>（2）在保证人身和设备安全的前提下，通电试车一次成功 | 30 | 第一次试车不成功，扣 5 分；第二次试车不成功，扣 10 分 | |
| 文明安全 | 安全用电，无人为损坏仪器、元件和设备，小组成员团结协作 | 10 | 成员不积极参与，扣 5 分；违反文明操作规程，扣 5～10 分 | |
| 总分 | | 100 | | |

## 项目拓展——PLC 程序的继电器控制电路移植法

PLC 在控制系统的应用中，其外部硬件接线部分较为简单，对被控对象的控制作用都体现在 PLC 的程序上。因此，PLC 程序设计的好坏直接影响控制系统的性能。

PLC 在逻辑控制系统中的程序设计方法主要有继电器控制电路移植法、经验设计法和逻辑设计法。这里先介绍一下继电器控制电路移植法。

1）继电器控制电路移植法的基本步骤

继电器控制电路移植法主要用于继电器控制电路改造时的编程，按原电路逻辑关系对照翻译即可。其具体步骤大致如下：

（1）认真研究继电器控制电路及有关资料，深入理解控制要求，这是设计 PLC 控制程序的基础。找出主电路和控制电路的关键元件和电路，逐一对它们进行功能分析，如哪些是主令电器，哪些是执行电器等。也就是说，找出哪些电气元件可以作为 PLC 的输入/输出设备。

（2）对照 PLC 的输入/输出接线端，对继电器控制线路中归纳出的输入/输出设备进行 PLC 控制的 I/O 编号设置，也即对输入/输出设备进行 PLC I/O 地址分配，并绘制出 PLC 的输入/输出接线图。要特别注意对原继电器控制电路中作为输入设备的常闭触点形式的处理。

（3）将现有继电器控制线路的中间继电器、时间继电器用 PLC 辅助继电器、定时器代替。

（4）完成翻译后，对梯形图进行简化、修改及完善（注意避免因 PLC 的周期扫描工作方式可能引起的错误），并且联机调试。

2）常闭触点的输入处理

PLC 是继电器控制柜的理想替代物，在实际应用中，常遇到对老设备的改造问题，即用 PLC 取代继电器控制柜。这时已有了继电器控制原理图，此原理图与 PLC 的梯形图相类似，因此可以进行相应的转换，但在转换过程中必须注意对作为 PLC 输入信号的常闭触点的处理。

以前述三相异步电动机连续运行控制电路为例，在进行 PLC 改造时，仍沿用继电器控制的习惯，启动按钮 SB1 选用常开形式，停止按钮 SB2 选用常闭形式，热继电器 FR 的触点选用常闭形式，则改造后的 PLC 输入/输出接线如图 4-11（a）所示。此时如果直接将如图 4-11（b）所示的原继电器控制原理图转换为图 4-11（c）所示的 PLC 梯形图，则运行程序时会发现输出继电器 Q0.1 无法接通，电动机不能启动。这是因为图 4-11（a）中的停止按钮 SB2 的输入为常闭形式，在没有按下 SB2 时，此触点始终保持闭合状态，即输入继电器 I0.2 始终得电，图 4-11（c）梯形图中的 I0.2 常闭触点一直处于断开状态，所以输出继电器 Q0.1 无法得电。必须将图 4-11（c）所示的梯形图中的 I0.2 的触点形式改变为常开形式，如图 4-11（d）所示，才能满足控制要求。此类梯形图形式与我们的通常习惯并不符合。

实际设计梯形图时，输入继电器的触点状态全部按相应的输入设备为常开形式进行设计更为合适。因此，建议尽可能用输入设备的常开触点与 PLC 输入端连接，尤其在改造项目中，要尽量将作为 PLC 输入的原常闭触点的接线形式改为常开（某些只能用常闭触点输入的除外）。

采用常开触点输入时，可使 PLC 的输入端口在大多数时间内处于断开状态，这样做既可以节电，又可以延长 PLC 输入端口的使用寿命，同时在将继电器控制电路转换为梯形图时也能保持与继电器控制原理图的习惯相一致，不会给编程带来麻烦。

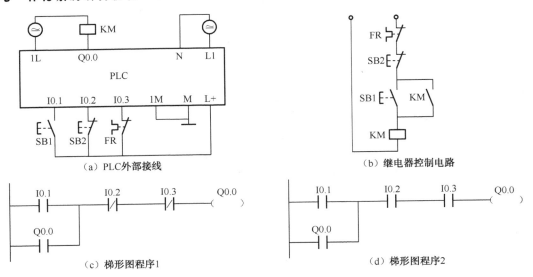

（a）PLC外部接线　　　　　　　　　（b）继电器控制电路

（c）梯形图程序1　　　　　　　　　　（d）梯形图程序2

图 4-11　常闭触点的输入处理

# 项目 4-2　三相异步电动机 Y-△ 降压启动控制

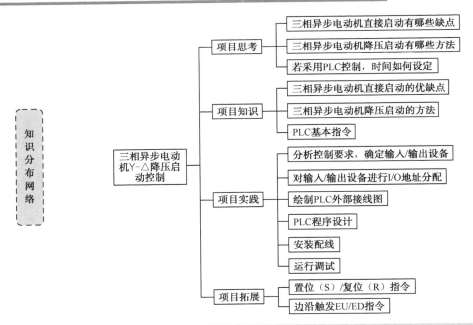

## 项目思考——PLC 控制电动机 Y-△ 启动时间如何设定？

　　三相交流异步电动机以其低成本、高可靠性和易维护等优点在生产、生活中广泛应用，如金属切削机床、起重机、传送带等。为了减小启动电流，一般电动机的启动控制是通过手动或继电器控制方式来实现的，但是存在可靠性和灵活性较差的问题。若采用 PLC 控制可解决这些问题。

从三个方面去思考：

（1）三相异步电动机直接启动有哪些缺点？

（2）三相异步电动机降压启动有哪些方法？

（3）若采用 PLC 控制，时间如何设定？

### 4-2-1　三相异步电动机直接启动的优缺点

三相异步电动机直接启动的优点是所需设备少，启动方式简单，成本低。电动机直接启动的电流是正常运行的 5 倍左右，理论上来说，只要向电动机提供电源的线路和变压器容量大于电动机容量 5 倍以上的，都可以直接启动。这一要求对于小容量的电动机容易实现，所以小容量的电动机绝大部分都是直接启动的，不需要降压启动。

对于大容量的三相交流异步电动机在额定电压下直接启动时，存在着很大的缺点：

（1）它的启动电流高达额定电流的 5～7 倍，对于经常启动的电动机，过大的启动电流将造成电动机发热，影响电动机寿命。

（2）启动转矩超过正常转矩，这会对负载产生冲击，同时电动机绕组在电动力的作用下会发生变形，可能造成短路而烧坏电动机。

（3）过大的启动电流会使线路降压增大，造成电网电压显著下降而影响接在同一电网上的其他负载不能正常工作。

所以直接启动只适用于小容量的电动机，对于大容量或频繁启动的交流异步电动机必须采用降压启动。

### 4-2-2　三相异步电动机降压启动的方法

对于大容量的三相交流异步电动机，为减小启动电流，常用 Y-△降压启动、三相电阻降压启动、自耦变压器降压启动、软启动器降压启动等方法。

（1）Y-△降压启动：Y-△降压启动适用于定子绕组为△连接的电动机。采用这种方式启动时，可使每相定子绕组降低到电源电压的 58%，启动电流为直接启动时的 33%，启动转矩为直接启动时的 33%。启动电流小，启动转矩小。

（2）三相电阻降压启动：电阻降压启动一般用于轻载启动的笼型电动机，且由于其缺点明显而很少采用。定子回路接入对称电阻，这种启动方式的启动电流较大而启动转矩较小，如启动电压降至额定电压的 65%，其启动电流为全压启动电流的 65%，而启动转矩仅为全压启动转矩的 42%，且启动过程中消耗的电能较多。

（3）自耦变压器降压启动：这种方式通常用于要求启动转矩较大而启动电流较小的场合。采用自耦变压器降压启动，电动机的启动电流及启动转矩与其端电压的平方成比例降低，相同启动电流的情况下能获得较大的启动转矩。如启动电压降至额定电压的 65%，其启动电流为全压启动电流的 42%，而启动转矩仅为全压启动转矩的 42%。

（4）软启动器降压启动：其特点是启动平稳，对电网冲击小；不必考虑对被启动电动机的加强设计；启动装置功率适度，一般只为被启动电动机功率的 5%～25%；允许启动的次数较高。但目前设备造价昂贵，主要用于大型机组及重要场所。

### 4-2-3  PLC 基本指令

#### 1. 定时器指令

PLC 控制系统是通过内部软继电器（定时器）来进行定时操作的。PLC 内部的定时器是 PLC 中最常用的器件之一，用好、用对定时器对 PLC 程序的设计非常重要。

S7-200 系列 PLC 的定时器按照工作方式可分为接通延时定时器 TON、断开延时定时器 TOF 和保持型接通延时定时器 TONR 三种类型；按时间间隔（又称时基或时间分辨率）可分为 1 ms、10 ms 和 100 ms 三种。定时器的相关参数见表 4-5。用户应根据所用 PLC 型号及时基需求正确选用定时器的编号。

表 4-5  定时器的相关参数

| LAD 梯形图 | STL 语句表 | 定 时 精 度 | 最 大 值 | 定时器编号 |
|---|---|---|---|---|
| ×××× <br> IN  TON <br> ××××─PT  ×××ms | TON T××, PT | 1 ms | 32.767 | T32、T96 |
|  |  | 10 ms | 327.76 | T33～T36、T97～T100 |
|  |  | 100 ms | 3 276.7 | T37～T63、T101～T255 |
| ×××× <br> IN  TOF <br> ××××─PT  ×××ms | TOF T××, PT | 1 ms | 32.767 | T32、T96 |
|  |  | 10 ms | 327.76 | T33～T36、T97～T100 |
|  |  | 100 ms | 3 276.7 | T37～T63、T101～T255 |
| ×××× <br> IN  TONR <br> ××××─PT  ××× ms | TONR T××, PT | 1 ms | 32.767 | T0、T64 |
|  |  | 10 ms | 327.76 | T1～T4、T65～T68 |
|  |  | 100 ms | 3 276.7 | T5～T31、T69～T95 |
| 操作数的类型及范围 | T××：定时器编号，T0～T255 <br> IN：使能输入端，I、Q、M、SM、T、C、V、S、L、使能位 <br> PT：设定值输入端，VW、IW、QW、MW、SW、SMW、LW、AIW、T、C、AC、常数、*VD、*LD、*AC | | | |

每个定时器均有一个 16 位的当前值寄存器用于存储定时器累计的时基增量值（1～32 767），一个 16 位的预设值寄存器用于存储时间的设定值，还有一个状态位表示定时器的状态。当当前值寄存器累计的时基增量值大于等于设定值时，定时器的状态位被置 1，该定时器的触点转换。

定时器使能端输入有效后，当前值寄存器对 PLC 内部的时基脉冲增 1 计数，最小的计时单位称为时基脉冲宽度，也称定时精度。从定时器使能端输入有效，到状态位输出有效所经历的时间称为定时时间，定时时间=时基×定时设定值（脉冲数）。定时器的当前值、设定值均为 16 位有符号整数（INT），允许的最大值为 32 767，最长定时时间=时基×最大定时设定值。

除了常数外，还可以用 VW、IW 等作为它们的设定值，即定时器的设定值可以在程序中赋予或根据需要在外部进行设定。

1）TON：接通延时定时器（On Delay Timer）

接通延时定时器用于单一间隔的定时，其梯形图如图 4-12（a）所示。从表 4-5 中可查

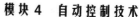

询到编号为 T37 的定时器是时基脉冲为 100 ms 的接通延时定时器；图中的 IN 端为输入端，用于连接驱动定时器线圈的信号；PT 端为设定端，用于标定定时器的设定值。

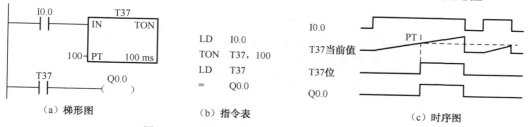

图 4-12　接通延时定时器的控制程序及时序图

定时器 T37 的工作过程（时序图）如图 4-12（c）所示。当连接于 IN 端的 I0.0 触点闭合时，T37 开始定时，当前值逐步增长；当时间累计值（时基×脉冲数）达设定值 PT（100 ms×100=10 s）时，定时器的状态位被置 1（线圈得电），T37 的常开触点闭合，输出继电器 Q0.0 的线圈得电（此时当前值仍增长，但不影响状态位的变化）；当连接于 IN 端的 I0.0 触点断开时，状态位被置 0（线圈失电），T37 的触点断开，Q0.0 的线圈失电，且 T37 的当前值清零（复位）。若 I0.0 触点的接通时间未到设定值就断开，则 T37 跟随复位，Q0.0 不会有输出。

**注意：**连接定时器 IN 端触点的接通时间必须大于等于其设定值，定时器的触点才会转换。

2）TOF：断开延时定时器（Off Delay Timer）

断开延时定时器用于延长时间断开或事件（故障）发生后的单一间隔定时，其梯形图如图 4-13（a）所示。从表 4-5 中可查询到编号为 T37 的定时器是时基脉冲为 100 ms 的断开延时定时器；图中的 IN 端为输入端，用于连接驱动定时器线圈的信号；PT 端为设定端，用于标定定时器的设定值。

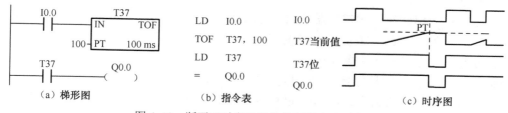

图 4-13　断开延时定时器的控制程序及时序图

定时器 T37 的工作过程（时序图）如图 4-13（c）所示。当连接于 IN 端的 I0.0 触点接通时，T37 的状态位立刻被置 1，T37 的常开触点闭合，输出继电器 Q0.0 的线圈得电，此时 T37 并不开始计时，当前值为 0；而当连接于 IN 端的 I0.0 触点由接通到断开时，T37 才开始计时，当前值逐步增长；当时间累计值（时基×脉冲数）达设定值 PT（100 ms×100=10 s）时，T37 的状态位被置 0，T37 的触点恢复原始状态，其常开触点断开，输出继电器 Q0.0 的线圈失电（此时 T37 的当前值保持不变）。若 I0.0 触点的断开时间未到设定值就接通，则 T37 的当前值清零，Q0.0 状态不变。

**注意：**连接定时器 IN 端触点的断开时间必须大于等于其设定值，定时器的触点才会转换。

另外，由于 TON 和 TOF 型定时器共用定时器编号，所以在程序中，如果某一编号被用作 TON 型，则该编号不能再用作 TOF 型，反之亦然。

3）TONR：保持型接通延时定时器（Retentive On Delay Timer）

保持型接通延时定时器用于多次间隔的累计定时，其构成和工作原理与接通延时定时器类似，不同之处在于保持型接通延时定时器在使能端为 0 时，当前值将被保存；当使能端有效时，在原保持值上继续递增。TONR 的应用具体如图 4-14 所示。从表 4-5 中可查询到编号为 T3 的定时器是时基脉冲为 10 ms 的保持型接通延时定时器。

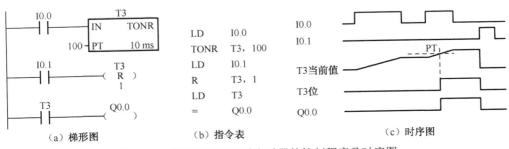

（a）梯形图　　　　　　　（b）指令表　　　　　　　（c）时序图

图 4-14　保持型接通延时定时器的控制程序及时序图

定时器 T3 的工作过程（时序图）如图 4-14（c）所示。当连接于 IN 端的 I0.0 触点闭合时，T3 开始计时，当前值逐步增长；若当前值还未达设定值，IN 端的 I0.0 触点就断开，其当前值保持（不像 TON 一样复位）；当 IN 端的 I0.0 触点再次闭合时，T3 的当前值从原保持值开始继续增长；当时间累计值达设定值 PT（10 ms×100=1 s）时，定时器的状态位被置 1，T3 的常开触点闭合，输出继电器 Q0.0 的线圈得电（当前值仍继续增长）；此时，即使断开 IN 端的 I0.0 触点也不会使 T3 复位。要使 T3 复位必须用复位指令（R），即只有接通 I0.1 触点才能达到复位的目的。

## 2. 定时器的刷新方式

对于 S7-200 系列 PLC 的定时器必须注意的是，1 ms、10 ms、100 ms 定时器的刷新方式是不同的，应保证 1 ms、10 ms、100 ms 三种定时器均运行正常。只有了解 3 种定时器不同的刷新方式，才能编写出可靠的程序。

如图 4-15 所示为定时器循环计时（自复位）电路。

（1）1 ms 定时器的刷新方式。1 ms 定时器采用中断的方式，系统每隔 1 ms 刷新一次，与扫描周期及程序处理无关。因而当扫描周期较长时，在一个周期内可能被多次刷新，其当前值在一个周期内不一定保持一致。

（2）10 ms 定时器的刷新方式。10 ms 定时器由系统在每个扫描周期开始时自动刷新。由于是每个扫描周期只刷新一次，故在每次程序处理期间，其当前值为常数。

（3）100 ms 定时器的刷新方式。100 ms 定时器在该定时器指令执行时才被刷新。

由于定时器内部刷新机制的原因，图 4-15（a）所示的定时器循环计时（自复位）电路若选用 1 ms 或 10 ms 精度的定时器，则运行时会出现错误，而图 4-15（b）所示电路可保证 1 ms、10 ms、100 ms 定时器均运行正常。

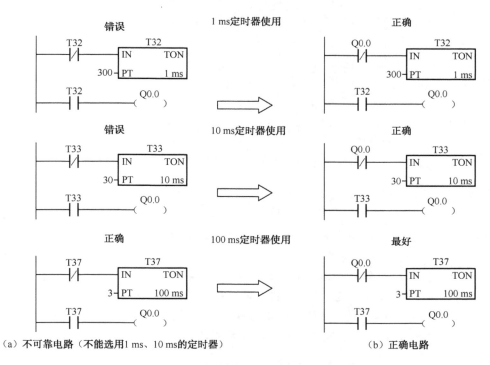

（a）不可靠电路（不能选用 1 ms、10 ms 的定时器）　　　（b）正确电路

图 4-15　定时器循环计时（自复位）电路

### 3. 定时器应用

**实例 4.1**　按下启动按钮 SB 后，指示灯亮。灯亮后，不论如何操作 SB，灯总是在 SB 断开 20 s 后自动熄灭。

**解：** 延时 20 s 应使用 TON 型定时器来实现，查表 4-5 可知，由于延时时间不长，所以 TON 型定时器都可以使用。本例采用 T37 进行延时，设定值为 20 s/100 ms=200。按钮与 PLC 的 I0.0 相连，指示灯与 PLC 的 Q0.0 相连。其梯形图与时序图如图 4-16 所示。

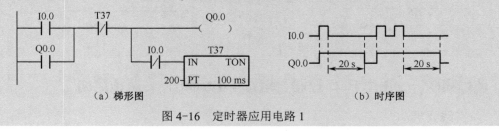

（a）梯形图　　　　　　　　　　　　　（b）时序图

图 4-16　定时器应用电路 1

**实例 4.2**　合上转换开关 SA 后，润滑电动机启动，带动润滑泵对机床进行润滑。润滑一段时间后，润滑电动机自动停止一段时间后又重新自动启动，如此循环，直到断开转换开关为止。

**解：** 这是电动机间歇运动控制问题，可采用两个 TON 型定时器配合实现。SA 开关与 PLC 的 I0.0 相连，电动机的接触器线圈 KM 与 PLC 的 Q0.0 相连。其梯形图与时序图如图 4-17 所示。

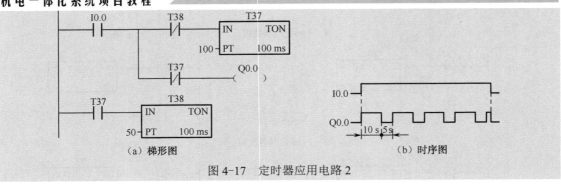

图 4-17　定时器应用电路 2

**实例 4.3**　设计一个延时 1 h 的电路。

**解：**一般 PLC 的一个定时器的延时时间都较短，如果需要延时时间更长的定时器，就需要对定时器进行扩展，可采用多个定时器串级使用来实现长时间延时。当定时器串级使用时，其总的定时时间等于各定时器的定时时间之和。由于 1 h=3 600 s，所以可采用 T37 和 T38 串联来实现，两个定时器的设定值可以是 18 000。当按下启动按钮 SB，即 I0.0 闭合，辅助继电器 M0.0 通电自锁，同时 T37 定时器开始计时，延时 1 800 s。若 T37 延时时间到，则其延时闭合触点闭合，使 T38 定时器开始计时，延时 1 800 s；若 T38 延时时间到，其延时闭合触点闭合，使 Q0.0 输出。其梯形图与时序图如图 4-18 所示。

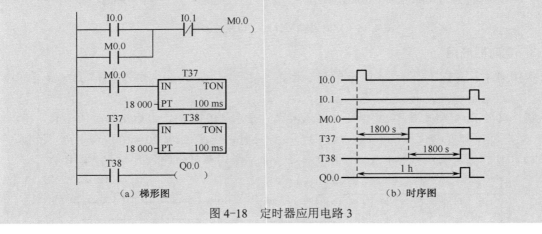

图 4-18　定时器应用电路 3

## 项目实践——采用 PLC 控制三相异步电动机 Y-△ 降压启动

### 1. 实践要求

本项目以三相异步电动机 Y-△ 降压启动为例，对 PLC 控制做一个全面的介绍。电动机启动时将定子绕组接成 Y 形，实现降压启动。正常运转时，再换接成 △ 形接法。该启动方式的设备简单经济，使用较为普遍。Y 形连接时，启动电流仅为 △ 形连接时的 $1/\sqrt{3}$，启动过程中几乎没有电能消耗，但由于启动转矩较小，Y 形连接时启动转矩为 △ 形连接时的 1/3，因而只能空载或轻载启动。如图 4-19 所示是 Y-△ 降压启动的控制电路。

继电器控制的三相异步电动机 Y-△ 降压启动控制电路的工作过程请读者自行分析。

设计 PLC 控制电动机 Y-△ 降压启动控制系统，功能要求如下：

（1）当接通三相电源时，电动机 M 不运转；

（2）当按下启动按钮 SB2 后，电动机 M 定子绕组接成 Y 形降压启动；

（3）延时一段时间后，电动机 M 定子绕组接成 △ 形全压运行；

（4）当按下停止按钮 SB1 后，电动机 M 停止运转；

（5）电动机具有长期过载保护。

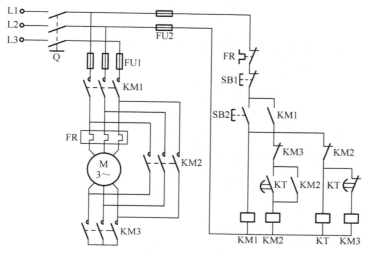

图 4-19　Y-△ 降压启动的控制电路

## 2. 实践过程

1）分析控制要求，确定输入/输出设备

在电路中，接触器 KM2 和 KM3 的常闭辅助触点构成互锁，保证电动机绕组只能连接成 Y 形或 △ 形其中一种形式，以防止接触器 KM2 和 KM3 同时得电而造成电源短路，保证电路工作可靠。当电动机正常运行时，KM2 常闭辅助触点断开，可使 KT 线圈断电，以节约用电。

通过对继电器控制的三相异步电动机 Y-△ 降压启动运行电路的分析，可以归纳出电路中出现了 3 个输入设备，即启动按钮 SB2、停止按钮 SB1 和热继电器 FR；3 个输出设备，即接触器 KM1、KM2 和 KM3。

2）对输入/输出设备进行 I/O 地址分配

根据电路要求，I/O 地址分配见表 4-6。

表 4-6　I/O 地址分配

| 输入设备 | | | 输出设备 | | |
| --- | --- | --- | --- | --- | --- |
| 名　称 | 符　号 | 地　址 | 名　称 | 符　号 | 地　址 |
| 启动按钮 | SB2 | I0.2 | 接触器 | KM1 | Q0.1 |
| 停止按钮 | SB1 | I0.1 | 接触器 | KM2 | Q0.2 |
| 热继电器 | FR | I0.0 | 接触器 | KM3 | Q0.3 |

3）绘制 PLC 外部接线图

根据 I/O 地址分配结果，绘制 PLC 外部接线图，如图 4-20 所示。

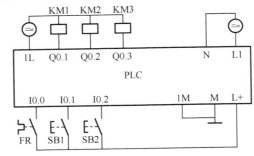

图 4-20　Y-△降压启动的控制电路的 PLC 外部接线图

4）PLC 程序设计

根据控制要求，PLC 控制程序的设计如图 4-21 所示。

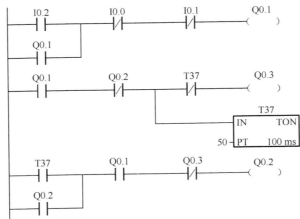

图 4-21　三相异步电动机 Y-△降压启动的 PLC 控制程序

5）安装配线

按照如图 4-20 所示进行配线，安装方法及要求与继电器控制电路相同。

6）运行调试

（1）在断电状态下，连接好 PC/PPI 电缆。

（2）运行 STEP7-Micro/WIN 编程软件，设置通信参数。

（3）编写控制程序，编译并下载程序文件到 PLC。

（4）按下启动按钮 SB2，观察 KM1、KM3 是否立即吸合，电动机定子绕组以 Y 形连接启动。5 s 后，KM3 断开，KM2 吸合，电动机定子绕组以 △ 形连接运行。

（5）按下停止按钮 SB1，观察电动机是否能够停止。

3．项目小结

本项目以三相异步电动机 Y-△降压启动的控制电路为例，介绍 PLC 控制的三相异步电动机 Y-△降压启动的方法。在项目实践过程中，让学生对 PLC 定时器指令、编程方法、调

模块 4 自动控制技术

试步骤等有较为清晰的认识和了解，为以后的设计打下基础。

### 4．项目评价

在规定时间内完成任务，各组自我评价并进行展示，各组之间根据评价表进行检查。项目评价表如表 4-7 所示。

表 4-7　项目评价表

| 项　目 | 目　标 | 分　值 | 评　分 | 得　分 |
|---|---|---|---|---|
| I/O 分配表 | （1）能正确分析控制要求，完整、准确确定输入/输出设备<br>（2）能正确对输入/输出设备进行 I/O 地址分配 | 20 | 不完整，每处扣 2 分 | |
| PLC 接线图 | 按照 I/O 分配表绘制 PLC 外部接线图，要求完整、美观 | 10 | 不规范，每处扣 2 分 | |
| 安装与接线 | （1）能按照 PLC 外部接线图正确安装元件及接线<br>（2）线路安全简洁，符合工艺要求 | 30 | 不规范，每处扣 5 分 | |
| 程序设计与调试 | （1）程序设计简洁易读，符合任务要求<br>（2）在保证人身和设备安全的前提下，通电试车一次成功 | 30 | 第一次试车不成功，扣 5 分；第二次试车不成功，扣 10 分 | |
| 文明安全 | 安全用电，无人为损坏仪器、元件和设备，小组成员团结协作 | 10 | 成员不积极参与，扣 5 分；违反文明操作规程，扣 5～10 分 | |
| 总分 | | 100 | | |

## 项目拓展——S/R、EU/ED 指令

### 1．置位（S）/复位（R）指令

S（Set）/R（Reset）指令用于置位（置"1"）及复位（清"0"）线圈。S/R 指令的格式及功能见表 4-8。

表 4-8　S/R 指令的格式及功能

| 梯形图 LAD | 语句表 STL | | 功　能 |
|---|---|---|---|
| | 操作码 | 操作数 | |
| —( bit S N ) | S | bit, N | 条件满足时，从指定的位地址 bit 开始的 N 个位被置"1" |
| —( bit R N ) | R | bit, N | 条件满足时，从指定的位地址 bit 开始的 N 个位被清"0" |

如图 4-22 所示为 S/R 指令的使用方法 1。I0.1 一旦接通，即使再断开，Q0.0 仍保持接通；I0.2 一旦接通，即使再断开，Q0.0 仍保持断开。

**说明：**

（1）bit 指定操作的起始位地址，寻址寄存器 I、Q、M、S、SM、V、T、C、L 位的值。

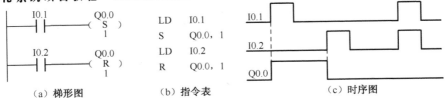

| （a）梯形图 | （b）指令表 | （c）时序图 |

图 4-22　S/R 指令的使用方法 1

（2）N 指定操作的位数，其范围是 0～255，可立即数寻址，也可寄存器寻址（IB、QB、MB、SMB、SB、LB、VB、AC、*AC、*VD）。

（3）S/R 指令具有"记忆"功能。当使用 S 指令时，其线圈具有自保持功能；当使用 R 指令时，自保持功能消失，如图 4-22（c）所示。

（4）S/R 指令的编写顺序可任意安排，但当一对 S/R 指令被同时接通时，编写顺序在后的指令执行有效，如图 4-23 所示。

（5）如果被指定复位的是定时器或计数器，将定时器或计数器的当前值清"0"。

（6）为了保证程序的可靠运行，S/R 指令的驱动通常采用短脉冲信号。

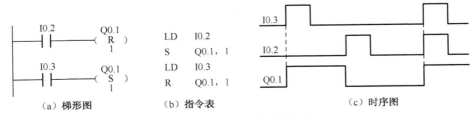

| （a）梯形图 | （b）指令表 | （c）时序图 |

图 4-23　S/R 指令的使用方法 2

### 2. 边沿触发 EU/ED 指令

当信号从 0 变 1 时，将产生一个上升沿；而从 1 变 0 时，则产生一个下降沿，如图 4-24 所示。

边沿触发指令 EU（Edge Up）/ED（Edge Down）检测到信号的上升沿/下降沿时将使输出产生一个扫描周期宽度的脉冲。EU/ED 指令的格式及功能见表 4-9。

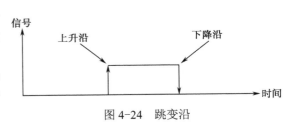

图 4-24　跳变沿

表 4-9　EU/ED 指令的格式及功能

| 梯形图 LAD | 语句表 STL | | 功　　能 |
| --- | --- | --- | --- |
| | 操作码 | 操作数 | |
| ─┤ P ├─ | EU | 无 | 上升沿触发指令检测到每一次输入的上升沿出现时，都将使得电路接通一个扫描周期 |
| ─┤ N ├─ | ED | 无 | 下降沿触发指令检测到每一次输入的下降沿出现时，都将使得电路接通一个扫描周期 |

说明：

（1）EU/ED 指令仅在输入信号发生变化时有效，其输出信号的脉冲宽度为一个扫描周期，即该指令在程序中检测其前方逻辑运算状态的改变，将一个长信号变为短信号。

（2）对开机时就为接通状态的输入条件，EU 指令不执行。

如图 4-25 所示为 EU/ED 指令的使用方法。

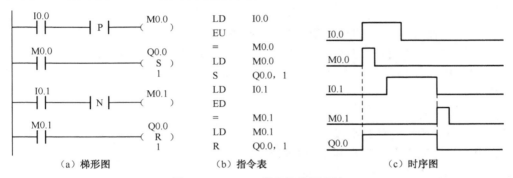

图 4-25  EU/ED 指令的使用方法

从图 4-25（c）时序图可以清楚地看到，当 EU 指令检测到触点 I0.0 状态变化的上升沿时，M0.0 接通一个扫描周期，Q0.0 线圈保持接通状态；而当 ED 指令检测到触点 I0.1 状态变化的下降沿时，M0.1 接通一个扫描周期，Q0.0 线圈保持断开状态。

# 项目 4-3  组合机床动力滑台控制

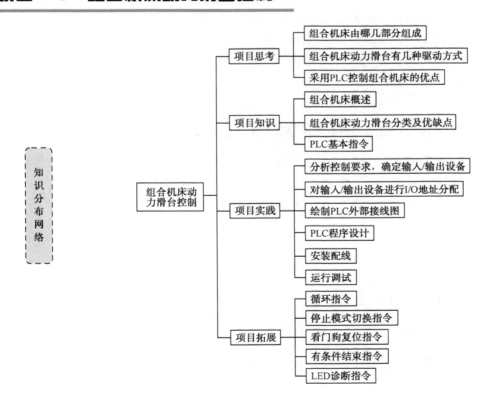

**项目思考——PLC 在组合机床动力滑台中的应用**

组合机床是由通用部件和部分专用部件组成的高效专用机床。而动力滑台是组合机床的一种重要通用部件。可以根据不同工件的加工要求，通过电气控制系统的配合实现动力头各种动作循环。传统的组合机床液压动力滑台的电气部分采用继电器控制系统，可靠性不高、故障发生率高、维护困难，继电器线路接线复杂；若工艺流程改变，则需要改变相应继电器控制系统的接线等问题。由于可编程序控制器具有较高的可靠性，控制过程中能够得到良好的控制精度，以及能够轻而易举地实现工业自动化；另外，它还具有易维护、操作简便等一系列优点，所以可编程序控制器在现代工业中得到了大量而广泛的应用。

从三个方面去思考：

（1）组合机床由哪几部分组成？

（2）组合机床动力滑台有几种驱动方式？

（3）采用 PLC 控制组合机床的优点？

## 4-3-1　组合机床概述

组合机床是一种在制造领域中用途广泛的半自动专用机床，这种机床既可以单机使用，也可以多机配套组成加工自动线。组合机床由通用部件（如动力头、动力滑台、床身、立柱等）和专用部件（如专用动力箱、专用夹具等）两大类部件组成，有卧式、立式、倾斜式、多面组合式多种结构形式。组合机床具有加工精度较高、生产效率高、自动化程度高、设计制造周期短、制造成本低、通用部件能够被重复使用等诸多优点，因而被广泛应用于大批量生产的机械加工流水线或自动线中，如汽车零部件制造中的许多生产线。

组合机床的主运动由动力头或动力箱实现，进给运动由动力滑台的运动实现，动力滑台与动力头或动力箱配套使用，可以对工件完成钻孔、扩孔、铰孔、镗孔、铣平面、拉平面或圆弧、攻丝等孔和平面的多种机械加工工序。

## 4-3-2　组合机床动力滑台分类及优缺点

动力滑台按驱动方式不同分为液压滑台和机械滑台两种形式，它们各有优缺点，分别应用于不同运动与控制要求的加工场合。

### 1. 优点

1）液压滑台

（1）在相当大的范围内进给量可以无级调速。

（2）可以获得较大的进给力。

（3）由于液压驱动，所以零件磨损小，使用寿命长。

（4）工艺上要求多次进给时，通过液压换向阀很容易实现。

（5）过载保护简单可靠。

（6）由行程调速阀来控制滑台的快进转工进，转换精度高，工作可靠。

2）机械滑台

（1）进给量稳定，慢速无爬行，高速无振动，可以降低加工工件的表面粗糙度。

（2）具有较好的抗冲击能力，断续铣削、钻头钻通孔将要出口时，不会因冲击而损坏刀具。

（3）运行安全可靠，易发现故障，调整维修方便。

（4）没有液压驱动管路、泄露、噪声等问题。

## 2. 缺点

1）液压滑台

（1）进给量由于载荷的变化和温度的影响而不够稳定。

（2）液压系统漏油影响工作环境，浪费能源。

（3）调整维修比较麻烦。

2）机械滑台

（1）只能有级变速，变速比较麻烦。

（2）一般没有可靠的过载保护。

（3）快进转工进时，转换位置精度较低。

### 4-3-3　PLC 基本指令

程序控制类指令的作用是控制程序的运行方向，如程序的跳转、程序的循环及按步序进行控制等。程序控制类指令包括跳转/标号指令、循环指令、顺序控制继电器指令、子程序调用指令、结束及子程序返回指令、看门狗复位指令等。

#### 1. 跳转/标号指令

跳转/标号指令在工程实践中常用来解决一些生产流程的选择性分支控制，可以使程序结构更加灵活，缩短扫描周期，从而加快系统的响应速度。跳转/标号指令的格式及功能见表 4-10。

表 4-10　跳转/标号指令的格式及功能

| 梯形图 LAD | 语句表 STL | 功　能 |
| --- | --- | --- |
| ——（ n JMP ） | JMP　n | 条件满足时，跳转指令（JMP）可使程序转移到同一程序的具体标号（n）处 |
| n LBL | LBL　n | 标号指令（LBL）标记跳转目的地的位置（n） |

说明：

（1）跳转标号 n 的取值范围是 0～255。

（2）跳转指令及标号指令必须配对使用，并且只能用于同一程序段（主程序或子程序）中，不能在主程序段中用跳转指令，而在子程序段中用标号指令。

（3）由于跳转指令具有选择程序段的功能，所以在同一程序且位于因跳转而不会被同时执行的两段程序中的同一线圈不被视为双线圈。

**2. 跳转/标号指令应用**

如图 4-26 所示为跳转/标号指令的功能示意图。

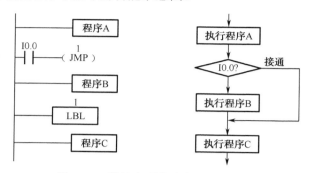

图 4-26 跳转/标号指令的功能示意图

执行程序 A 后，当转移条件成立（I0.0 常开触点闭合），跳过程序 B，执行程序 C；若转移条件不成立（I0.0 常开触点断开），则执行程序 A 后执行程序 B，然后执行程序 C。这两条指令的功能是传统继电器控制所没有的。

跳转/标号指令在工业现场控制中常用于操作方式的选择。

**实例 4.4** 设 I0.0 为点动/连续运行控制选择开关，当 I0.0 得电时，选择点动控制；当 I0.0 不得电时，选择连续运行控制。采用跳转/标号指令实现对其控制的梯形图如图 4-27 所示。

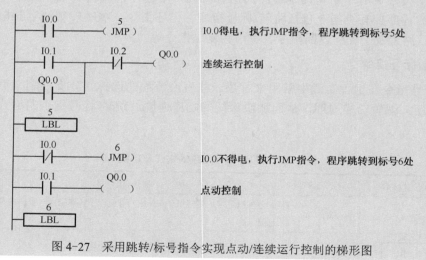

图 4-27 采用跳转/标号指令实现点动/连续运行控制的梯形图

## 项目实践——采用 PLC 控制组合机床

**1. 实践要求**

某组合机床液压动力滑台的工作循环示意图和液压元件动作表如图 4-28 所示。控制要求如下。

（1）液压动力滑台具有自动和手动调整两种工作方式，由转换开关 SA 进行选择。当

SA 接通时为手动调整方式，当 SA 断开时为自动工作方式。

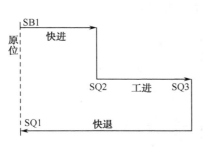

| 工步＼元件 | YV1 | YV2 | YV3 |
|---|---|---|---|
| 原位 | − | − | − |
| 快进 | + | − | − |
| 工进 | + | − | + |
| 快退 | − | + | − |

（a）工作循环示意图　　　　　　　（b）液压元件动作表

图 4-28　液压动力滑台的工作循环示意图和液压元件动作表

（2）选择自动工作方式时，其工作过程为：按下启动按钮 SB1，滑台从原位开始快进，快进结束后转为工进，工进结束后快退至原位，结束一个周期的自动工作，然后自动转入下一周期的自动循环。如果在自动循环过程中，按下停止按钮 SB2 或将转换开关 SA 拨至手动位置，则滑台完成当前循环后返回原位停止。

（3）选择手动调整工作方式时，用按钮 SB3 和 SB4 分别控制滑台的点动前进和点动后退。

**2．实践过程**

1）分析控制要求，确定输入/输出设备

通过对动力滑台控制要求的分析，可以归纳出该电路有 8 个输入设备，即启动按钮 SB1、停止按钮 SB2、点动前进按钮 SB3、点动后退按钮 SB4、行程开关 SQ1、SQ2、SQ3、转换开关 SA；3 个输出设备，即液压电磁阀 YV1～YV3。

2）对输入/输出设备进行 I/O 地址分配

根据 I/O 个数进行 I/O 地址分配，见表 4-11。

表 4-11　I/O 地址分配

| 输入设备 | | | 输出设备 | | |
|---|---|---|---|---|---|
| 名　称 | 符　号 | 地　址 | 名　称 | 符　号 | 地　址 |
| 转换开关 | SA | I0.0 | 液压电磁阀 | YV1 | Q0.0 |
| 启动按钮 | SB1 | I0.1 | 液压电磁阀 | YV2 | Q0.1 |
| 停止按钮 | SB2 | I0.2 | 液压电磁阀 | YV3 | Q0.2 |
| 点动前进按钮 | SB3 | I0.3 | | | |
| 点动后退按钮 | SB4 | I0.4 | | | |
| 行程开关 | SQ1 | I0.5 | | | |
| 行程开关 | SQ2 | I0.6 | | | |
| 行程开关 | SQ3 | I0.7 | | | |

3）绘制 PLC 外部接线图

根据 I/O 地址分配结果，绘制 PLC 外部接线图，如图 4-29 所示。

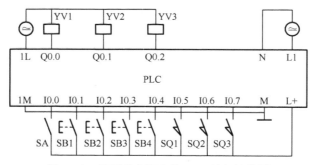

图 4-29　液压动力滑台的 PLC 外部接线图

4）PLC 程序设计

通过选择开关 SA（I0.0）建立自动循环和手动调整两个选择，并采用 M1.0 作为自动循环过程中有无停止按钮动作的记忆元件。当 SA 闭合时，程序跳转至标号 2 处执行手动程序，在此方式下，按下 SB3（I0.3）或 SB4（I0.4）可实现相应的点动调整。为使液压动力滑台只在原位才可以开始自动工作，采用了 $\overline{SA}$（$\overline{I0.0}$）与 SQ1（I0.5）相"与"作为进入自动工作的转移条件，即当 $\overline{I0.0} \cdot I0.5$ 条件满足时，程序跳转至标号 1 处等待执行自动程序。按下启动按钮 SB1（I0.1），系统开始工作，并按快进（M0.0）→工进（M0.1）→快退（M0.2）的步骤自动顺序进行，当快退完成时，如果停止按钮 SB2（I0.2）无按动记忆（M1.0 不得电），则自动返回到快进，进行下一循环；如果停止按钮 SB2 有按动记忆（M1.0 得电），则返回原位停止，再次按动启动按钮 SB1 后，才进入下一次自动循环的启动。如果在自动循环过程中，将转换开关 SA 拨至手动位置，则不能立刻实施手动调整，需在本循环结束后才能实施。为此，将 M0.0～M0.2 常开触点分别与 $\overline{I0.0} \cdot I0.5$ 并联，作为执行自动程序的条件，保证在自动循环过程中不能接通手动调整程序；将 M0.0～M0.2 的常闭触点分别与 I0.0 串联，作为执行手动程序的条件。

根据控制电路要求，采用跳转/标号指令设计 PLC 控制梯形图程序或语句表程序，梯形图程序如图 4-30 所示。

5）安装配线

按照如图 4-29 所示进行配线，安装方法及要求与继电器控制电路相同。

6）运行调试

（1）在断电状态下，连接好 PC/PPI 电缆。

（2）运行 STEP 7-Micro/WIN 编程软件，设置通信参数。

（3）编写控制程序，编译并下载程序文件到 PLC。

（4）将转换开关 SA 拨至手动位置，分别按下 SB3、SB4，观察能否实现点动调整。

（5）将转换开关 SA 拨至自动位置，按下启动按钮 SB1，观察能否实自动循环。

（6）在自动循环过程中按下停止按钮 SB2，观察系统是否按要求停止。

（7）在自动循环过程中将转换开关 SA 拨至手动位置，观察系统是否按要求停止。

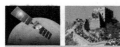

（8）在手动过程中将转换开关 SA 拨至自动位置，观察系统是否正常工作。

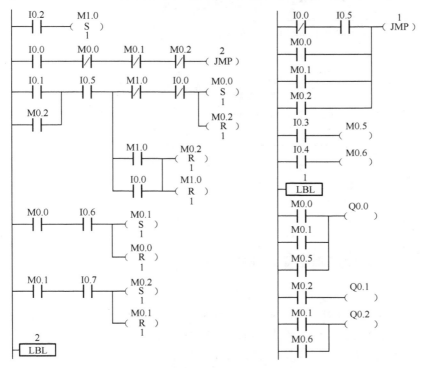

图 4-30　采用跳转/标号指令的液压动力滑台 PLC 控制梯形图程序

### 3．项目小结

本项目以某组合机床液压动力滑台为例，介绍采用 PLC 控制液压动力滑台的方法。在项目实践过程中，让学生对 PLC 跳转指令、编程方法、调试步骤等有较为清晰的认识和了解，为以后的设计打下基础。

### 4．项目评价

在规定时间内完成任务，各组自我评价并进行展示，各组之间根据评价表进行检查。项目评价表如表 4-12 所示。

表 4-12　项目评价表

| 项　目 | 目　标 | 分　值 | 评　分 | 得　分 |
|---|---|---|---|---|
| I/O 分配表 | （1）能正确分析控制要求，完整、准确确定输入/输出设备<br>（2）能正确对输入/输出设备进行 I/O 地址分配 | 20 | 不完整，每处扣 2 分 | |
| PLC 接线图 | 按照 I/O 分配表绘制 PLC 外部接线图，要求完整、美观 | 10 | 不规范，每处扣 2 分 | |

续表

| 项 目 | 目 标 | 分 值 | 评 分 | 得 分 |
|---|---|---|---|---|
| 安装与接线 | （1）能按照 PLC 外部接线图正确安装元件及接线<br>（2）线路安全简洁，符合工艺要求 | 30 | 不规范，每处扣 5 分 | |
| 程序设计与调试 | （1）程序设计简洁易读，符合任务要求<br>（2）在保证人身和设备安全的前提下，通电试车一次成功 | 30 | 第一次试车不成功，扣 5 分；第二次试车不成功，扣 10 分 | |
| 文明安全 | 安全用电，无人为损坏仪器、元件和设备，小组成员团结协作 | 10 | 成员不积极参与，扣 5 分；违反文明操作规程，扣 5～10 分 | |
| 总分 | | 100 | | |

# 项目拓展——程序控制指令及应用

## 1. 循环指令

在控制系统中经常遇到对某项任务需要重复执行若干次的情况，这时可使用循环指令。循环指令由循环开始指令 FOR 和循环结束指令 NEXT 组成，当驱动 FOR 指令的逻辑条件满足时，该指令会反复执行 FOR 与 NEXT 之间的程序段。循环指令的格式及功能见表 4-13。

表 4-13  循环指令的格式及功能

| 梯形图 LAD | 语句表 STL | 功 能 |
|---|---|---|
| FOR<br>—EN    ENO—▶<br>××××—INDX<br>××××—INIT<br>××××—FINAL | FOR INDX，INIT，FINAL | INDX：当前循环计数端<br>INIT：循环初值<br>FINAL：循环终值<br>当使能位 EN 为 1 时，执行循环体，INDX 从 1 开始计数。每执行一次循环体，INDX 自动加 1，并且与终值相比较。如果 INDX 大于 FINAL，则循环结束 |
| —（NEXT） | NEXT | |

说明：

（1）FOR 和 NEXT 必须配对使用，在 FOR 与 NEXT 之间构成循环体，并允许嵌套使用，最多允许嵌套深度为 8 次。

（2）INDX、INIT、FINAL 的数据类型为整型数据。

（3）如果 INIT 的值大于 FINAL 的值，则不执行循环。

实例 4.5  在如图 4-31 所示的梯形图中，当 I0.0=1 时，进入外循环，并循环执行 6 次"网络 1"至"网络 6"；当 I0.1=1 时，进入内循环，每次外循环、内循环都要循环执行 8 次"网络 3"至"网络 5"。如果 I0.1=0，在执行外循环时，则跳过"网络 2"至"网络 4"。

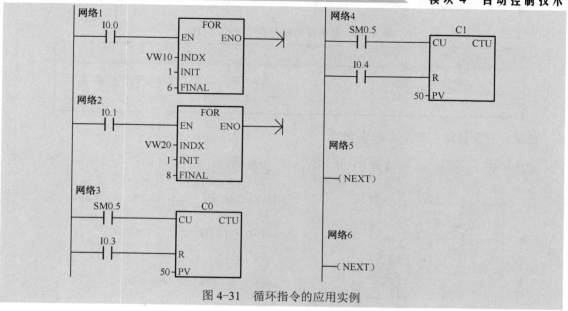

图 4-31　循环指令的应用实例

## 2. 停止模式切换指令

停止模式切换指令为条件指令，一般将诊断故障信号作为条件。当条件为真时，则将 PLC 切换到 STOP 模式，以保护设备或人身安全。停止模式切换指令的格式及功能见表 4-14。

表 4-14　停止模式切换指令的格式及功能

| 梯形图 LAD | 语句表 STL | 功　　能 |
| --- | --- | --- |
| —（STOP） | STOP | 检测到 I/O 错误时，强制转至 STOP（停止）模式 |

说明：停止模式切换指令无操作数。

## 3. 看门狗复位指令

PLC 系统在正常执行时，操作系统会周期性地对看门狗监控定时器进行复位，如果用户程序有一些特殊的操作需要延长看门狗定时器的时间，则可以使用看门狗复位指令。该指令不可滥用，如果使用不当会造成系统严重故障，如无法通信、输出不能刷新等。看门狗复位指令的格式及功能见表 4-15。

表 4-15　看门狗复位指令的格式及功能

| 梯形图 LAD | 语句表 STL | 功　　能 |
| --- | --- | --- |
| —（WDR） | WDR | 当执行条件成立时触发看门狗复位 |

说明：看门狗复位指令无操作数。

## 4. 有条件结束指令

有条件结束指令的格式及功能见表 4-16。

表 4-16  有条件结束指令的格式及功能

| 梯形图 LAD | 语句表 STL | 功　能 |
|---|---|---|
| —（ END ） | END | 当执行条件成立时终止主程序，但不能在子程序或中断程序中使用 |

**说明：** 有条件结束指令无操作数。

**实例 4.6**　如图 4-32 所示为 STOP、WDR、END 指令的应用举例。

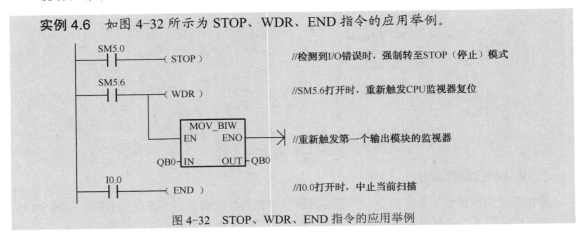

图 4-32　STOP、WDR、END 指令的应用举例

### 5. LED 诊断指令

LED 诊断指令可用来设置 S7-200 CPU 上的 LED 状态，指令的格式及功能见表 4-17。

表 4-17　LED 诊断指令的格式及功能

| 梯形图 LAD | 语句表 STL | 功　　能 |
|---|---|---|
| DIAG_LED<br>EN　　ENO<br>××××—IN | DLED | 当使能位为 1 时，如果输入参数 IN 的数值为 0，则诊断 LED 会被设置为不发光；如果输入参数 IN 的数值大于 0，则诊断 LED 会被设置为发光（黄色）。 |

**说明：** LED 诊断指令无操作数。

在 STEP 7-Micro/WIN 的系统块内可以对 S7-200 CPU 上标记为"SF/DIAG"的 LED 进行配置，系统块的 LED 配置选项如图 4-33 所示。

如果勾选"当 PLC 中有项目被强制时，点亮 LED"复选框，则当 DLED 指令的 IN 参数大于 0 或有 I/O 被强制时发黄光。如果勾选"当一个模块有 I/O 错误时，点亮 LED"复选框，则标记为"SF/DIAG"的 LED 在某模块有 I/O 错误时发黄光。如果取消对两个配置选项的选择，就会让 DLED 指令独自控制标记为"SF/DIAG"的 LED。CPU 系统故障（SF）用红光表示。

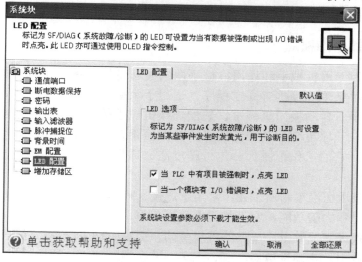

图 4-33 系统块的 LED 配置选项

# 项目 4-4 机械手控制

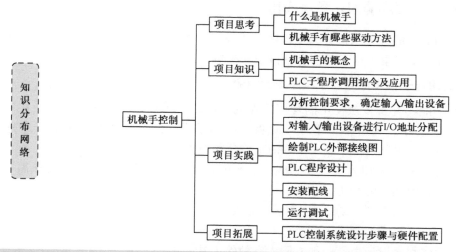

## 项目思考——机械手在工业中是如何工作的?

随着工业自动化程度的提高,工业现场很多重体力劳动及重复性较强的工作必将由机器代替,一方面可以减轻工人的劳动强度,另一方面还可以大大提高生产效率。例如,在我国的许多中小型汽车行业中,冲压成形这一工序还需要人工搬运沉重的工件,既费时费力,又影响效率。在生产中应用机械手可以提高生产的自动化水平和劳动生产率;可以减轻劳动强度,保证产品质量,实现安全生产;尤其在高温、高压、低温、低压、粉尘、易爆、有毒气体和放射性等恶劣的环境中,它代替人进行正常的工作,意义更为重大。

从两个方面去思考:

(1)什么是机械手?

（2）机械手有哪些驱动方法？

### 4-4-1　机械手的概念

机械手可分为专用机械手和通用机械手两大类。专用机械手作为整机的附属部分，动作简单、工作对象单一、具有固定程序，适用于大批量的自动化生产，如自动化生产线上的上料机械手、自动换刀机械手、装配焊接机械手等装置。通用机械手是一种具有独立的控制系统、程序可变、动作灵活多样的机械手，它适用于可变换生产品种的中小批量自动化生产。它的工作范围大、定位精度高、通用性强，广泛应用于柔性自动化生产线。

机械手最早应用在汽车制造工业，常用于焊接、喷漆、上下料和搬运。机械手延伸和扩大了人的手、足和大脑功能，它可替代人从事危险、有害、有毒、低温和高热等恶劣环境中的工作；替代人完成繁重、单调的重复劳动，提高劳动生产率，保证产品质量。目前主要应用于制造业中，特别是电器制造、汽车制造、塑料加工、通用机械制造及金属加工等。机械手与数控加工中心、自动搬运小车与自动检测系统可组成柔性制造系统和计算机集成制造系统，实现生产自动化。随着生产的开展、功能和性能的不断改善和提高，机械手的应用领域日益扩大。

### 4-4-2　PLC 子程序调用指令及应用

S7-200 系列 PLC 的程序结构分为主程序、子程序和中断程序。在 STEP 7-Micro/WIN 编程软件的程序编辑窗口里，这三者都有各自独立的页面。

#### 1. 子程序调用与子程序标号、子程序返回指令

将具有特定功能，并且多次使用的程序段作为子程序。可以在主程序、其他子程序或中断程序中调用子程序，调用某个子程序时将执行该子程序的全部指令，直到子程序结束，然后返回调用程序中该子程序调用指令的下一条指令处。

子程序用于程序的分段和分块，使其成为较小的、更易于管理的块；它只有在需要时才调用，可以更加有效地使用 PLC。

子程序的调用是有条件的，未调用它时不会执行子程序中的指令，因此使用子程序可以减少扫描时间。

子程序在结构化程序设计中是一种方便、有效的工具。

在程序中使用子程序时，需要进行的操作有建立子程序、子程序调用及子程序返回。

1）建立子程序

在 STEP 7-Micro/WIN 编程软件中可以采用以下方法建立子程序：

（1）执行菜单命令"编辑"→"插入"→"子程序"。

（2）在指令树中用鼠标右键单击"程序块"图标，从弹出的快捷菜单中选"插入"下的"子程序"命令。

（3）在"程序编辑器"的空白处单击鼠标右键，从弹出的快捷菜单中选"插入"下的"子程序"命令。

注意，此时仅仅是建立了子程序的标号，子程序的具体功能需要在当前子程序的程序编辑器中进行编辑。

建立了子程序后，子程序的默认名为 SBR_n，编号 n 从 0 开始按递增顺序递增生成。在 SBR_n 上单击鼠标右键，从弹出的快捷菜单中选择"重命名"命令或在 SBR_n 上双击鼠标左键，可以更改子程序名称。

2）子程序调用及子程序返回

子程序编辑好后，返回主调程序的程序编辑器页面，将光标定在需要调用子程序处，双击指令树中对应的子程序或直接用鼠标将子程序拖到需要调用子程序处。子程序调用及子程序返回指令的格式及功能见表 4-18。

表 4-18　子程序调用及子程序返回指令的格式及功能

| 梯形图 LAD | 语句表 STL | 功　能 |
|---|---|---|
| SBR_0<br>EN | CALL　SCR_n | 子程序调用与标号指令（CALL）把程序的控制权交给子程序（SBR_n） |
| ——( RET ) | CRET | 有条件子程序返回指令（CRET）根据该指令前面的逻辑关系，决定是否终止子程序（SBR_n）<br>无条件子程序返回指令（RET）立即终止子程序的执行 |

说明：

（1）子程序调用指令编写在主调程序中，子程序返回指令编写在子程序中。

（2）子程序标号 n 的范围：CPU221/222/224 为 0～63，CPU224XP/226 为 0～127。

（3）子程序既可以不带参数调用，也可以带参数调用。带参数调用的子程序必须事先在局部变量表里对参数进行定义；且最多可以传递 16 个参数，参数的变量名最多为 23 个字符。传递的参数有 IN、IN_OUT、OUT 三类，IN（输入）是传入子程序的输入参数；IN_OUT（输入/输出）将参数的初始值传给子程序，并将子程序的执行结果返回给同一地址；OUT（输出）是子程序的执行结果，它被返回给调用它的程序。被传递参数的数据类型有 BOOL、BYTE、WORD、INT、DWORD、DINT、REAL、STRINGL 八种。

（4）在现行的编程软件中，无条件子程序返回指令（RET）为自动默认，不需要在子程序结束时输入任何代码。执行完子程序以后，控制程序回到子程序调用前的下一条指令。子程序可嵌套，嵌套深度最多为 8 层；但在中断服务程序中，不能嵌套调用子程序。

（5）当有一个子程序被调用时，系统会保存当前的逻辑堆栈，并将栈顶值置 1，堆栈的其他值为 0，把控制权交给被调用的子程序；当子程序完成后，恢复逻辑堆栈，将控制权交还给调用程序。

## 2. 子程序调用指令应用

实例 4.7　不带参数子程序的调用。

电动机点动/连续运转控制的点动部分及连续运转部分可分别作为子程序编写，在主程序中根据需要调用，这样也可以很好地完成控制任务。与此对应的梯形图程序如图 4-34 所示。

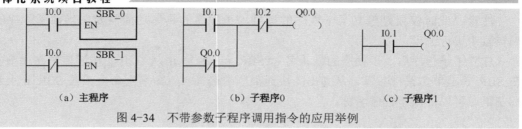

（a）主程序　　　　　　　　（b）子程序0　　　　　　　（c）子程序1

图 4-34　不带参数子程序调用指令的应用举例

**实例 4.8**　带参数子程序的调用。

仍以电动机点动/连续运转控制为例。此时需要在子程序页面的程序编辑器的局部变量表中对参数进行定义，连续运转控制子程序局部变量表定义及程序如图 4-35 所示，点动控制子程序局部变量表定义及程序如图 4-36 所示。

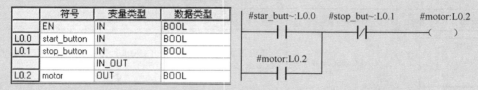

图 4-35　连续运转控制子程序局部变量表定义及程序

| | 符号 | 变量类型 | 数据类型 |
|---|---|---|---|
| | EN | IN | BOOL |
| L0.0 | start_button | IN | BOOL |
| | | IN_OUT | |
| L0.1 | motor | OUT | BOOL |

图 4-36　点动控制子程序局部变量表定义及程序

在主程序编辑页面分别调用以上两个子程序。电动机点动/连续运转控制的主程序如图 4-37 所示。

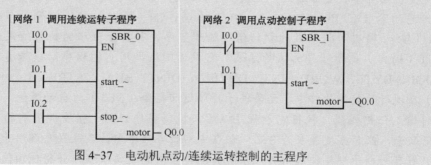

图 4-37　电动机点动/连续运转控制的主程序

从这两个例子可以看出，如果被控系统输入/输出设备的地址发生变化，在实例 4.7 中，主程序及子程序中的地址都需要进行修改。而在实例 4.8 中，只需要修改主程序中设备的地址。显然，带参数的子程序调用更符合结构化程序设计的思想。

## 项目实践——采用 PLC 控制机械手物料搬运

### 1. 实践要求

如图 4-38 所示为某物料搬运工作示意图：由传送带 A 将物料运至机械手处，机械手将物料搬至传送带 B，由传送带 B 将物料运走。

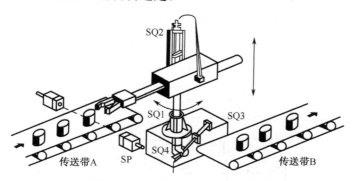

图 4-38　某物料搬运工作示意图

1）机械结构

机械手的全部动作由气缸驱动，而气缸又由相应的电磁阀控制。其中，下降/上升和左转/右转分别由双线圈的三位电磁阀控制。当下降电磁阀通电时，机械手下降；若下降电磁阀断电，机械手停止下降，保持现有的动作状态。当上升电磁阀通电时，机械手上升。同样，左转/右转也是由对应的电磁阀控制的。夹紧/放松则是由单线圈的二位电磁阀控制气缸的运动来实现，当线圈通电时执行放松动作，当线圈断电时执行夹紧动作。并且要求只有当机械手处于上限位时才能进行左转/右转，因此在左转/右转时使用了上限条件作为联锁保护。

为了保证机械手动作准确，在机械手上安装了限位开关 SQ1、SQ2、SQ3、SQ4，分别对机械手进行下降、上升、左转、右转等动作的限位，并给出动作到位的信号。

2）工艺过程

从原点开始：

（1）按下启动按钮，传送带 A 运行，直到光电开关 SP 检测到物体才停止。

（2）光电开关动作，下降电磁阀及夹紧/放松电磁阀通电，机械手下降并保持松开状态。

（3）机械手下降到位，碰到下限位开关，下降电磁阀断电，下降停止，同时夹紧/放松电磁阀断电，机械手夹紧。

（4）机械手夹紧 2 s 后，上升电磁阀通电，机械手上升，而机械手保持夹紧。

（5）机械手上升到位，碰到上限位开关，上升电磁阀断电，上升停止，同时接通左转电磁阀，机械手左转。

（6）机械手左转到位，碰到左限位开关，左转电磁阀断电，左转停止，同时接通下降电磁阀，机械手下降。

（7）机械手下降到位，碰到下限位开关，下降电磁阀断电，下降停止，同时夹紧/放松电磁阀通电，机械手放松。

（8）机械手放松 2 s 后，上升电磁阀通电，机械手上升。

（9）机械手上升到位，碰到上限位开关，上升电磁阀断电，上升停止，同时接通右转电磁阀，机械手右转。此阶段传送带 B 也开始运行，右转到原点，碰到右限位开关，右转电磁阀断电，右转停止，同时传送带 B 也停止。由此完成了一个周期的动作。

3）控制要求

机械手按照要求按一定的顺序动作，其动作流程图如图 4-39 所示。

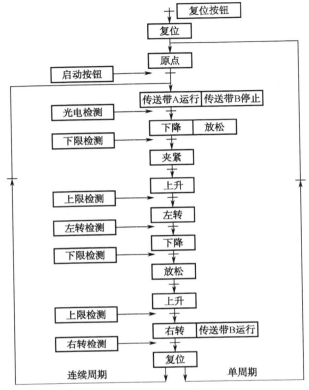

图 4-39　机械手的动作流程图

启动时，机械手从原点开始顺序动作；停止时，机械手停止在现行工步上；重新启动后，机械手按停止前的动作继续进行。

为满足生产要求，机械手的操作方式可分为手动操作和自动操作方式。自动操作方式又分为单步、单周期和连续周期操作方式。

（1）手动操作：在此方式下，传送带 A、传送带 B 不动作，机械手的每一步动作用单独的按钮进行控制，此种方式可使机械手置原位。

（2）单步操作：机械手从原点开始，每按一次启动按钮，机械手控制系统完成一步动作后自动停止。

（3）单周期操作：机械手从原点开始，按一下启动按钮，机械手控制系统自动完成一个周期的动作后停止。

（4）连续周期操作：机械手从原点开始，按一下启动按钮，机械手控制系统动作将自动地、连续不断地周期性循环。

在周期操作方式下，若按一下停止按钮，则机械手动作停止，并保持当前状态。重新启动后，机械手按停止前的动作继续工作。

在连续周期操作方式下，若按一下复位按钮，则机械手将继续完成一个周期的动作后，回到原点自动停止。按下启动按钮解除复位，再重新启动后机械手继续自动周期性循环。

### 2．实践过程

1）分析控制要求，确定输入/输出设备

通过对控制要求的分析，可知系统为开关顺序控制系统。可以归纳出它具有 15 个输入设备，用于产生输入控制信号，即启动按钮、停止按钮、复位按钮、下降按钮、上升按钮、左转按钮、右转按钮、夹紧按钮、放松按钮、下限位开关、上限位开关、左限位开关、右限位开关、光电开关和模式选择开关（4 挡位转换开关）；8 个输出设备，即下降电磁阀、上升电磁阀、左转电磁阀、右转电磁阀、夹紧/放松电磁阀、原点显示指示灯、传送带 A 电动机和传送带 B 电动机。

2）对输入/输出设备进行 I/O 地址分配

根据 I/O 个数进行 I/O 地址分配，见表 4-19。

表 4-19　I/O 地址分配

| 输 入 设 备 | | | 输 出 设 备 | | |
|---|---|---|---|---|---|
| 名　称 | 符　号 | 地　址 | 名　称 | 符　号 | 地　址 |
| 启动按钮 | SB1 | I0.0 | 下降电磁阀 | YV1 | Q0.1 |
| 停止按钮 | SB2 | I0.6 | 上升电磁阀 | YV2 | Q0.2 |
| 复位按钮 | SB3 | I0.7 | 右移电磁阀 | YV3 | Q0.3 |
| 下限位开关 | SQ1 | I0.1 | 左移电磁阀 | YV4 | Q0.4 |
| 上限位开关 | SQ2 | I0.2 | 夹紧/放松电磁阀 | YV5 | Q0.5 |
| 左限位开关 | SQ3 | I0.3 | 原点显示指示灯 | HL | Q0.0 |
| 右限位开关 | SQ4 | I0.4 | 传送带 A 电动机 | KM1 | Q0.6 |
| 光电开关 | SP | I0.5 | 传送带 B 电动机 | KM2 | Q0.7 |
| 下降按钮 | SB4 | I1.0 | | | |
| 上升按钮 | SB5 | I1.1 | | | |
| 左转按钮 | SB6 | I1.2 | | | |
| 右转按钮 | SB7 | I1.3 | | | |
| 放松按钮 | SB8 | I1.4 | | | |
| 夹紧按钮 | SB9 | I1.5 | | | |
| 转换开关 手动 | SA | I2.0 | | | |
| 单步 | | I2.1 | | | |
| 单周期 | | I2.2 | | | |
| 连续周期 | | I2.3 | | | |

3）绘制 PLC 外部接线图

根据 I/O 地址分配结果，绘制 PLC 外部接线图，如图 4-40 所示。

4）PLC 程序设计

（1）主程序设计。

将手动程序和自动程序分别编成相对独立的子程序模块，通过调用指令进行功能的选择。当工作方式选择开关 SA 选择手动工作方式时，I2.0 接通，执行手动工作程序；当 SA

选择自动工作方式（单步、单周期、连续周期）时，I2.1、I2.2、I2.3 分别接通，执行自动控制程序。主程序梯形图如图 4-41 所示。

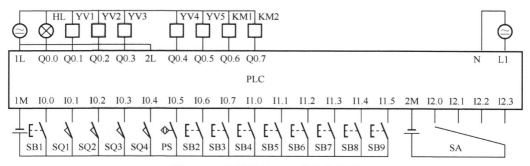

图 4-40　机械手的 PLC 外部接线图

（2）手动程序设计。

手动操作不需要按工序动作，可以按普通继电器控制系统来设计。手动操作控制程序的梯形图如图 4-42 所示。手动按钮 I1.0、I1.1、I1.2、I1.3、I1.4、I1.5 分别控制下降、上升、左转、右转、放松、夹紧动作。为了保证系统的安全运行，还设置了一些必要的联锁保护。其中，在左转/右转的控制环节中接入了 I0.2 做上限联锁，以保证机械手处于上限位时，才能左转/右转。

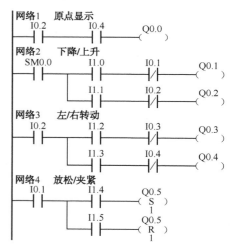

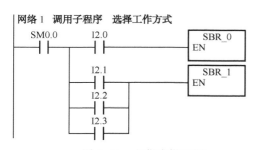

图 4-41　主程序梯形图

图 4-42　手动操作控制程序的梯形图（子程序 0）

由于放松/夹紧动作选用单线圈二位电磁阀控制，所以在梯形图中用置位/复位指令来控制 Q0.5。为防止误操作，机械手处于下限位时才能执行放松/夹紧动作。

（3）自动操作程序。

对于顺序控制可采用多种方法进行编程，此处采用移位寄存器实现顺序控制功能，转换条件由各行程开关及定时器的状态来决定。

机械手的放松/夹紧动作可以采用压力检测、位置检测或按照时间的原则进行控制。本任务用定时器 T37 控制夹紧时间，T38 控制放松时间。其工作过程分析如下。

① 机械手处于原点时，上限位和右限位行程开关闭合，I0.2、I0.4 接通，移位寄存器首

位 M1.0 置 "1"，Q0.0 输出原点显示。

② 按下启动按钮，I0.0 接通，产生移位信号，使移位寄存器左移一位，M1.1 置 "1"（M1.0 清 "0"），输出控制中 Q0.6 输出传送带 A 运行信号。

③ 传送带 A 运行，输送工件，当工件到达光电开关位置时，光电开关 I0.5 接通，传送带 A 停止运行，同时产生移位信号，使移位寄存器左移一位，M1.2 置 "1"，Q0.1 接通、Q0.5 置位，机械手执行下降动作，同时处于放松状态。

④ 当机械手下降至下限位时，下限位开关受压，I0.1 接通，下降停止，同时产生移位信号，使移位寄存器左移一位，M1.3 置 "1"，Q0.5 复位，夹紧动作开始，同时 T37 接通，定时器开始计时。

⑤ 延时 2 s 后，T37 的触点接通，产生移位信号，使移位寄存器左移一位，M1.4 置 "1"，Q0.2 接通，机械手上升并保持夹紧。

⑥ 机械手上升至上限位时，上限位开关受压，I0.2 接通，上升停止，同时产生移位信号，使移位寄存器左移一位，M1.5 置 "1"，Q0.3 接通，机械手左转。

⑦ 机械手左转至左限位时，左限位开关受压，I0.3 接通，左转停止，同时产生移位信号，使移位寄存器左移一位，M1.6 置 "1"，Q0.1 接通，机械手下降。

⑧ 机械手下降至下限位时，下限位开关受压，I0.1 接通，下降停止，同时产生移位信号，使移位寄存器左移一位，M1.7 置 "1"，Q0.5 接通，放松动作开始，同时 T38 接通，定时器开始计时。

⑨ 延时 2 s 后，T38 的触点接通，产生移位信号，使移位寄存器左移一位，M2.0 置 "1"，Q0.2 接通，机械手上升。

⑩ 机械手上升至上限位时，上限位开关受压，I0.2 接通，上升停止，同时产生移位信号，使移位寄存器左移一位，M2.1 置 "1"，Q0.4、Q0.7 接通，机械手右转的同时启动传送带 B 将工件传送走。

⑪ 机械手右转至原点时，右限位开关受压，I0.4 接通，右转停止，传送带 B 停止，同时产生移位信号，使移位寄存器左移一位，M2.2 置 "1"，一个自动循环周期结束。

自动操作程序中包含了单步、单周期和连续周期运动。当程序执行单步操作时，每按一次启动按钮，机械手动作一步；当程序执行单周期操作时，方式选择开关 I2.2 使 M10.0 置 "0"，当机械手自动完成一个循环周期返回原点停止时，移位寄存器自动复位，按一下启动按钮，原点显示灯亮，再一次启动后，又可进行下一次循环；当程序执行连续周期操作时，方式选择开关 I2.3 使 M10.0 置 "1"，当机械手自动完成一个循环周期返回原点时，M2.2 使 M1.1 直接置 "1"，机械手直接进行下一周期的自动循环。如果在连续周期操作过程中按下复位按钮，则 M7.0 被置 "1"，机械手自动完成一个循环周期后停在原位，移位寄存器自动复位。按一下启动按钮解除复位，原点显示灯亮，再一次启动后，又可进行连续周期循环。自动操作方式控制程序的梯形图如图 4-43 所示。

5）安装配线

按照如图 4-40 所示进行配线，安装方法及要求与继电器控制电路相同。

6）运行调试

（1）在断电状态下，连接好 PC/PPI 电缆。

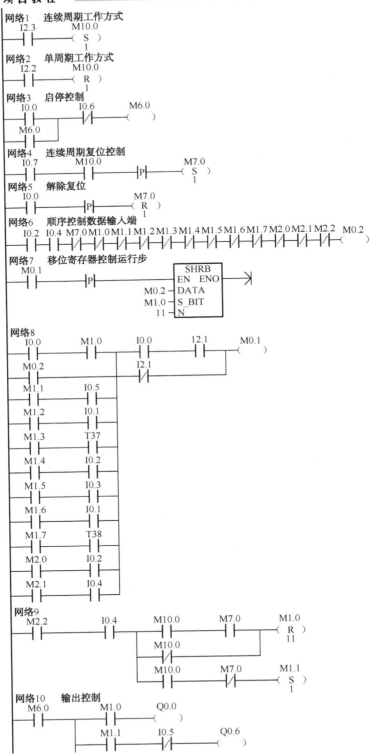

图 4-43  自动操作方式控制程序的梯形图（子程序 1）

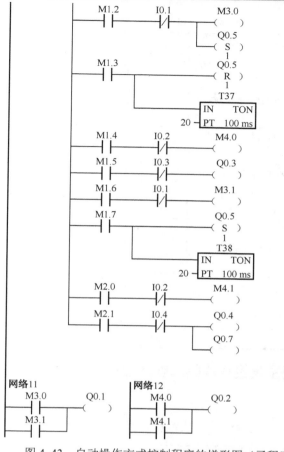

图 4-43  自动操作方式控制程序的梯形图（子程序 1）（续）

（2）运行 STEP 7-Micro/WIN 编程软件，设置通信参数。

（3）编写控制程序，编译并下载程序文件到 PLC。

（4）手动操作：将转换开关 SA 拨至手动位置 I2.0，按照手动操作要求运行调试。

（5）单步操作：将转换开关 SA 拨至单步位置 I2.1，按照单步操作要求运行调试。

（6）单周期操作：将转换开关 SA 拨至单周期位置 I2.2，按照单周期操作要求运行调试。

（7）连续周期操作：将转换开关 SA 拨至连续周期位置 I2.3，按照连续周期操作要求运行调试。

### 3．项目小结

本项目以机械手为例，介绍采用 PLC 控制机械手的方法。在项目实践过程中，让学生掌握对 PLC 主程序、子程序指令的应用，对机械手的控制过程有基本的认识和了解，为以后的设计打下基础。

### 4．项目评价

在规定时间内完成任务，各组自我评价并进行展示，各组之间根据评价表进行检查。项目评价表如表 4-20 所示。

表 4-20  项目评价表

| 项　目 | 目　标 | 分　值 | 评　分 | 得　分 |
|---|---|---|---|---|
| I/O 分配表 | （1）能正确分析控制要求，完整、准确确定输入/输出设备<br>（2）能正确对输入/输出设备进行 I/O 地址分配 | 20 | 不完整，每处扣 2 分 | |
| PLC 接线图 | 按照 I/O 分配表绘制 PLC 外部接线图，要求完整、美观 | 10 | 不规范，每处扣 2 分 | |
| 安装与接线 | （1）能按照 PLC 外部接线图正确安装元件及接线<br>（2）线路安全简洁，符合工艺要求 | 30 | 不规范，每处扣 5 分 | |
| 程序设计与调试 | （1）程序设计简洁易读，符合任务要求<br>（2）在保证人身和设备安全的前提下，通电试车一次成功 | 30 | 第一次试车不成功，扣 5 分；第二次试车不成功，扣 10 分 | |
| 文明安全 | 安全用电，无人为损坏仪器、元件和设备，小组成员团结协作 | 10 | 成员不积极参与，扣 5 分；违反文明操作规程，扣 5～10 分 | |
| 总分 | | 100 | | |

## 项目拓展——PLC 控制系统设计步骤与硬件配置

### 1．PLC 控制系统设计步骤

如图 4-44 所示为 PLC 控制系统设计的一般流程，具体内容如下所示。

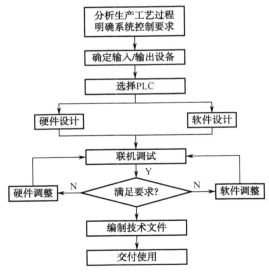

图 4-44  PLC 控制系统设计的一般流程

1）分析被控对象

分析被控对象的工艺过程及工作特点，了解被控对象的全部功能，设备内部机械、液

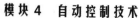

压、气动、仪表、电气几大系统之间的关系，PLC 与其他智能设备（如其他 PLC、计算机、变频器、工业电视、机器人）之间的关系，PLC 是否需要通信联网，需要显示哪些数据及显示的方法等，从而确定被控对象对 PLC 控制系统的控制要求。

此外，在这一阶段还应确定哪些信号需要输入给 PLC，哪些负载由 PLC 驱动，分类统计出各输入量和输出量的性质，是数字量还是模拟量，是直流量还是交流量，以及电压的等级。并考虑需要设置什么样的操作员接口，如是否需要设置人机界面或上位计算机操作员接口。

2）确定输入/输出设备

根据系统的控制要求，确定系统所需的输入设备（如按钮、位置开关、转换开关等）和输出设备（如接触器、电磁阀、信号指示灯等），据此确定 PLC 的 I/O 点数。

3）选择 PLC

该步骤包括 PLC 的机型、容量、I/O 模块、电源和其他扩展模块的选择。

4）分配 I/O 点

分配 PLC 的 I/O 点，画出 PLC 的 I/O 端子与输入/输出设备的连接图或对应表（可结合第 2 步进行）。

5）设计控制程序

PLC 程序设计的一般步骤如下：

（1）对于较复杂系统，需要绘制系统功能图（对于简单的控制系统可省去这一步）；

（2）设计梯形图程序；

（3）根据梯形图编写语句表程序清单；

（4）对程序进行模拟调试及修改，直到满足控制要求为止。在调试过程中，可采用分段调试的方法，并利用监控功能。

6）硬件设计及现场施工

硬件设计及现场施工的步骤如下：

（1）设计控制柜及操作面板、电气布置图及安装接线图；

（2）设计控制系统各部分的电气连接图；

（3）根据图纸进行现场接线并检查。

7）联机调试

联机调试是指对模拟调试通过的程序进行在线统调。开始时，先带上输出设备（接触器线圈、信号指示灯等），不带负载进行调试。应利用监控功能，采用分段调试的方法进行。待各部分都调试正常后，再带上实际负载运行。如不符合要求，则对硬件和程序进行调整。通常只需修改部分程序即可。

全部调试完毕后，交付试运行。经过一段时间运行，如果工作正常、程序不需要修改，则应将程序永久保存到 EEPROM 中，以防程序丢失。

机电一体化系统项目教程

8）整理技术文件

系统交付使用后，应根据调试的最终结果整理出完整的技术文件，并提供给用户，以利于系统的维修和改进。技术文件应包括：

（1）PLC 的外部接线图和其他电气图纸；

（2）PLC 的编程元件表，包括程序中使用的输入/输出位、存储器位和定时器、计数器、顺序控制继电器等的地址、名称、功能，以及定时器、计数器的设定位等；

（3）顺序功能图、带注释的梯形图和必要的总体文字说明。

### 2. PLC 的选型与硬件配置

PLC 的品种繁多，其结构形式、性能、容量、指令系统、编程方式、价格等各有不同，适用的场合也各有侧重。因此，合理选择 PLC，对于提高 PLC 控制系统技术、经济指标有着重要意义。

下面从 PLC 的机型选择、容量选择、I/O 模块选择、电源模块选择等方面分别加以介绍。

1）PLC 的机型选择

机型选择的基本原则是在满足功能要求及保证可靠、维护方便的前提下，力争最佳的性能价格比。

（1）合理的结构形式。整体式 PLC 的每一个 I/O 点的平均价格比模块式的便宜，且体积相对较小，因此一般用于系统工艺过程较为固定的小型控制系统中；而模块式 PLC 的功能扩展灵活方便，I/O 点数量、输入点数与输出点数的比例、I/O 模块的种类等方面的选择余地大，维修时只需更换模块，判断故障的范围也很方便。因此，模块式 PLC 一般用于较复杂系统和环境差（维修量大）的场合。

（2）安装方式的选择。根据 PLC 的安装方式，PLC 控制系统分为集中式、远程 I/O 式和多台 PLC 联网的分布式。集中式不需要设置驱动远程 I/O 硬件，系统反应快、成本低。大型系统经常采用远程 I/O 式，因为它们的装置分布范围很广。远程 I/O 可以分散安装在 I/O 装置附近，I/O 连线比集中式的短，但需要增设驱动器和远程 I/O 电源。多台 PLC 联网的分布式适用于多台设备分别独立控制、又要相互联系的场合，可选用小型 PLC，但必须要附加通信模块。

（3）相当的功能要求。一般小型（低档）PLC 具有逻辑运算、定时、计数等功能，对于只需要开关量控制的设备都可满足控制要求；对于以开关量控制为主、带少量模拟量控制的系统，可选用能带 A/D 和 D/A 转换单元、具有加减算术运算、数据传送功能的增强型低档 PLC；对于控制较复杂，要求实现 PID 运算、闭环控制、通信联网等功能的，可视控制规模大小及复杂程度选用中档或高档 PLC，但价格一般较贵。

（4）响应速度的要求。PLC 的扫描工作方式引起的延迟可达 2～3 个扫描周期。对于大多数应用场合来说，PLC 的响应速度都可以满足要求，这不是主要问题。然而对于某些个别场合，则要求考虑 PLC 的响应速度。为了减少 PLC 的 I/O 响应的延迟时间，既可以选用扫描速度高的 PLC，也可以选用具有高速 I/O 处理功能指令的 PLC，还可以选用具有快速响应模块和中断输入模块的 PLC 等。

（5）系统可靠性的要求。对于一般系统，PLC 的可靠性均能满足。对可靠性要求很高的系统，则应考虑是否采用冗余控制系统或热备用系统。

（6）机型统一。一个企业应尽量做到 PLC 的机型统一，这是因为同一机型的 PLC，其模块可互为备用，便于备品备件的采购和管理；同一机型的 PLC，其功能和编程方法相同，有利于技术力量的培训和技术水平的提高；同一机型的 PLC，其外围设备通用，资源可共享，易于联网通信，配上位计算机后易于形成一个多级分布式控制系统。

2）PLC 的容量选择

PLC 的容量包括 I/O 点数和用户程序存储容量两个方面。

（1）I/O 点数。PLC 的 I/O 点的价格比较高，因此应该合理选用 PLC 的 I/O 点的数量。在满足控制要求的前提下力争使用的 I/O 点最少，但必须留有一定的备用量。通常 I/O 点数是根据被控对象输入、输出信号的实际需要，再加上 10%～15%的备用量来确定的。不同机型的 PLC 输入与输出点的比例不同，选择时应在保证输入、输出点都够用的情况下，使输入、输出点都不会节余很多。有时，选择较少点数的主机加扩展模块可能比直接选择较多点数的主机更经济。

（2）用户程序存储容量。用户程序存储容量是指 PLC 用于存储用户程序的存储器容量，其大小由用户程序的长短决定。

它一般可按下式估算，再按实际需要留适当的余量（26%～30%）。

$$存储容量=开关量 I/O 点总数×10+模拟量通道数×100$$

绝大部分 PLC 均能满足上式的要求。特别要注意的是：当控制较复杂、数据处理量较大时，可能会出现存储容量不够的问题，这时应特殊对待。

3）I/O 模块的选择

一般 I/O 模块的价格占 PLC 价格的一半以上。不同的 I/O 模块，其电路及功能也不同，直接影响 PLC 的应用范围和价格。

4）电源模块及其他外设的选择

（1）电源模块的选择。电源模块的选择较为简单，只需要考虑电源的额定输出电流即可。电源模块的额定电流必须大于 CPU 模块、I/O 模块及其他模块的总消耗电流。电源模块的选择仅针对模块式结构的 PLC 而言，对于整体式的 PLC 不存在电源模块的选择。

（2）编程器的选择。对于小型控制系统或不需要在线编程的系统，一般选用价格便宜的简易编程器。对于由中、高档 PLC 构成的复杂系统或需要在线编程的 PLC 系统，可以选配功能强、编程方便的智能编程器，但智能编程器价格较贵。如果有个人计算机，则可以选用 PLC 的编程软件包，在个人计算机上实现编程器的功能。

（3）写入器的选择。为了防止因干扰、锂电池电压变化等原因破坏 RAM 的用户程序，可选用 EEPROM 写入器，通过它将用户程序固化在 EEPROM 中。现在有些 PLC 或其编程器本身就具有 EEPROM 写入器的功能。

## 仿真实验——PLC 与上位机通信实验

1. 实验目的

（1）熟悉 PLC 与上位机串行通信原理；

（2）熟悉 PLC 与上位机串行通信操作步骤、方法；

（3）能进行交通灯监控系统的通信参数设置、程序下载，并完成 PLC 与上位机串行通信操作。

### 2．实验设备

（1）PLC；

（2）个人计算机（装有 VB 环境）；

（3）专用通信电缆及串行电缆；

（4）串口设备服务器。

### 3．实验原理

本实验通过介绍 PLC 在十字路口交通灯实时监控系统中的具体应用，介绍了 VB 和 PLC 通信的实现过程。如图 4-45 所示，该系统以装有 VB 的 PC 作为上位机，PLC 作为下位机。利用 VB 中的 MSComm 控件和 PLC 的自由口模式创建用户定义的协议，通过 PC/PPI 电缆连接 PC 和 PLC，实现上位机和下位机的串口通信。

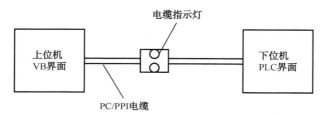

图 4-45　交通灯实时监控系统构成原理图

### 4．实验内容

1）参数设置

参数设置界面如图 4-46 所示。

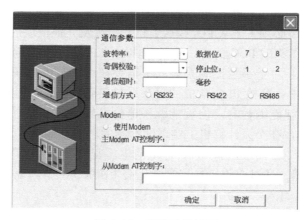

图 4-46　参数设置界面

2）I/O 分配表

I/O 分配表见表 4-21。

表 4-21　I/O 分配表

| 输　入 | 输　出 |
|---|---|
| 交通灯启动按钮 SB1-X0 | 东西直行绿灯 Y0-L1 |
| 东西直行按钮 SB2-X1 | 东西直行红灯 Y1-L2 |
| 南北直行按钮 SB3-X2 | 东西左转绿灯 Y2-L3 |
| 交通灯停止按钮 SB4-X3 | 东西左转红灯 Y3-L4 |
|  | 南北直行绿灯 Y4-L5 |
|  | 南北直行红灯 Y5-L6 |
|  | 南北左转绿灯 Y6-L7 |
|  | 南北左转红灯 Y7-L8 |

3）通信演示

上位机与 PLC 通信界面如图 4-47 所示。

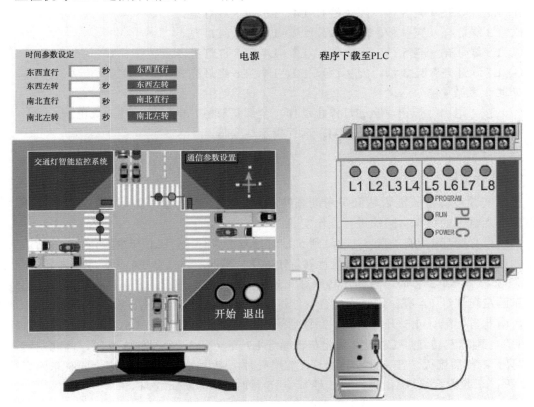

图 4-47　上位机（VB 界面）与 PLC 通信界面

图 4-47 中时间参数设定为：

东西直行　5 秒　　东西直行

东西左转　3 秒　　东西左转

南北直行　5 秒　　南北直行

南北左转　3 秒　　南北左转

**5. 实验步骤**

（1）按 PLC 电源开关 SB（电源指示灯变亮）。

（2）按"程序下载至 PLC"按钮（程序下载至 PLC，按钮指示灯变亮）。

（3）按"交通灯启动"按钮 SB1，运行指示灯变亮。

（4）设置通信参数（按下如图 4-47 所示上位机 VB 界面上的"通信参数设置"按钮，弹出如图 4-46 所示画面，按"确定"按钮后，通信参数才设置完毕）。

（5）设置时间参数。

东西直行　5 秒　　东西直行

东西左转　3 秒　　东西左转

南北直行　5 秒　　南北直行

南北左转　3 秒　　南北左转

（6）按"开始"按钮，电缆指示灯闪烁，交通灯动作：

① L1 绿灯亮（亮 5 秒，闪 3 秒），L4、L6、L8 红灯亮。

② L3 绿灯亮（亮 3 秒，闪 2 秒），L2、L6、L8 红灯亮。

③ L5 绿灯亮（亮 5 秒，闪 3 秒），L2、L4、L8 红灯亮。

④ L7 绿灯亮（亮 3 秒，闪 2 秒），L2、L4、L6 红灯亮。

如此一直循环。

（7）按"退出"按钮，交通灯停止动作，全部变灰色，电缆指示灯为灰色。

（8）按"交通灯停止"按钮 SB4，运行指示灯变暗。

（9）关电源指示灯 SB。

**6. 实验结果**

按照实验步骤检验能否达到参考动画控制要求，实现交通信号的通信与有序控制。可通过配套光盘中的仿真实验仪进行操作实验。

东西直行绿灯 L1 亮（亮 5 秒），到 5 秒时，东西直行绿灯 L1 开始闪亮，3 秒后熄灭；在东西直行绿灯 L1 熄灭后，东西直行红灯 L2 亮、东西左转红灯 L4 灭，东西左转绿灯 L3 亮（亮 3 秒），到 3 秒时，东西左转绿灯 L3 闪亮，2 秒后熄灭。在东西左转绿灯 L3 熄灭时，东西左转红灯 L4 亮，同时南北直行红灯 L6 灭，南北直行绿灯 L5 亮（亮 5 秒），到 5 秒时，南北直行绿灯 L5 开始闪亮，3 秒后熄灭；在南北直行绿灯 L5 熄灭后，南北直行红灯 L6 亮、南北左转红灯 L8 灭，南北左转绿灯 L7 亮（亮 3 秒），到 3 秒时，南北左转绿灯 L7 闪亮，2 秒后熄灭。在南北左转绿灯 L7 熄灭时，南北左转红灯 L8 亮，同时东西直行红灯 L2 灭，东西直行绿灯 L1 亮（亮 5 秒），到 5 秒时……，如此循环。

注：

（1）如图 4-47 所示，上位机 VB 界面指示灯有三种状态，没有运行时为灰色、允许通行为绿色、禁止通行为红色。人行道指示灯与相应的直行指示灯的状态相同。

（2）如图 4-47 所示，上位机 VB 界面东西直行指示灯为绿色时，东西直行车开始行驶，东西直行人开始从人行道通过。

（3）如图 4-47 所示，上位机 VB 界面南北直行指示灯为绿色时，南北直行车开始行驶，南北直行人开始从人行道通过。

（4）如图 4-47 所示，上位机 VB 界面东西、南北左转指示灯为绿色时，相应左转车开始行驶，但行人不可从人行道通过。

### 7．结论分析

根据实验结果分析总结在实验中遇到的问题，以及是如何解决的。

### 8．思考题

（1）一般工业控制中上位机与下位机之间是采用什么方式来进行通信的？

（2）上位机与 PLC 之间通信需要设定哪些主要参数？

## 创新案例——月球寻轨通信型智能小车设计

### 1．创新案例背景

随着我国"神七"和"天宫一号"的成功发射，联想到能否开发出一种智能小车在月球上载着探测仪进行工作。基于以上想法，我们开发了月球寻轨通信型智能小车，以培养学生动手能力和创新思维能力。

### 2．创新设计要求

（1）主要功能：可实现自动追踪（自动寻轨）。

（2）具备避障功能。

（3）具备红外连机通信等功能。

### 3．设计方案分析

首先考虑到设计一个月球寻轨通信型智能小车要具备线性跟踪、USB 无线电收发器、驱动设计、传感器等功能来适应月球探测车载功能。小车采用光敏三极管来寻迹方案，光敏三极管安装在小车前侧。在小车前进过程中，通过光敏三极管实时检测路面状况，并传送到 AVR 单片机，使单片机产生相应的操作，同时具备避障、红外连机通信等功能。

### 4．技术解决方案

月球寻轨通信型智能小车设有两个电动机，六个碰撞型的小型开关，一个以红外线与计算机间通信的异步通信串口，一个由发光二极管和三极管形成的自动追踪系统。轮胎上装有两个传感器，还有两只尾灯。两个静态 LED 和选配的 PC 板实现自动追踪（自动寻轨）光源、设定路线来转弯等功能。

1）系统功能结构设计

如图 4-48 所示为系统功能结构图。

2）原理设计

如图 4-49 所示为系统电路原理图。

3）红外收发器通信原理设计

如图 4-50 所示为红外收发器通信原理图。

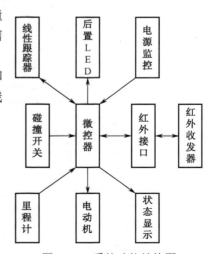

图 4-48 系统功能结构图

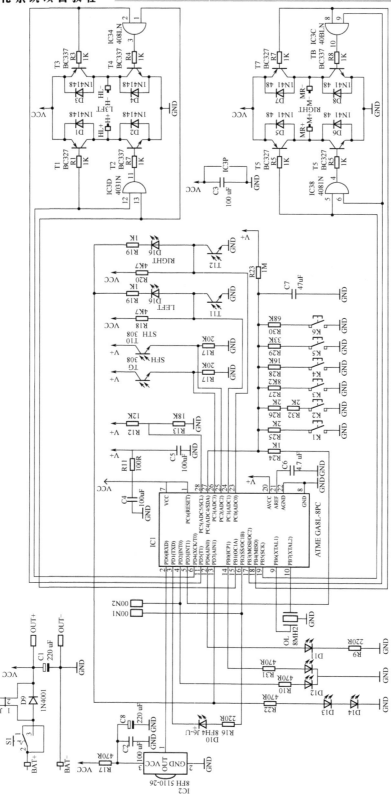

图 4-49　系统电路原理图

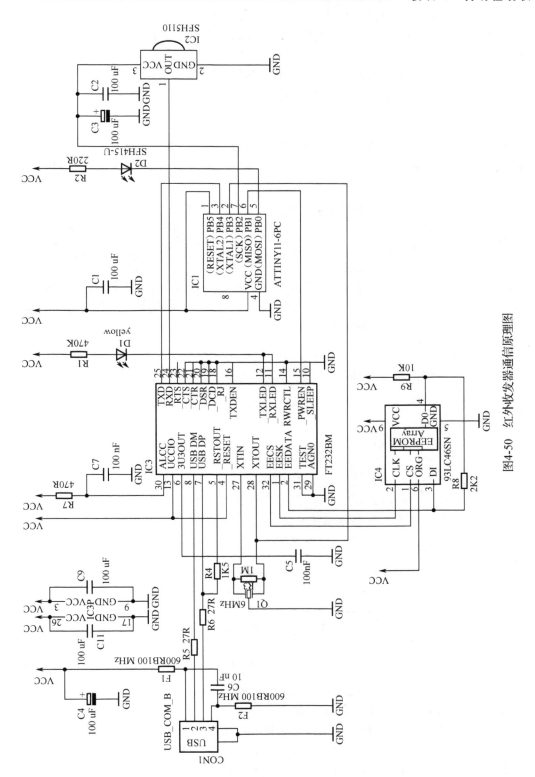

图4-50　红外收发器通信原理图

月球寻轨通信型智能小车用的是免费的 AVR 软件，可以把计算机上的 C 语言源程序转换成机器人可识别的十六进制代码，通过与计算机相连接的红外发射板通信。还可以通过无线把可识别的十六进制代码发射到产品上面，产品接收完就覆盖旧的程序，展示新的动作，以实现可重复编程。发射不同的程序可实现不同的功能，如自动追踪（自动寻轨）、追踪光源、设定路线来转弯、电脑遥控、唱歌、机器人走迷宫、感应人的身体后可后退等动作。

### 5．创新案例小结

作品涉及机械、电子、通信等方面的理论知识，应用了传感器、单片机、电动机等功能元件。创新点主要包括：

（1）实现自动寻轨功能；

（2）实现无线信号传输指令功能；

（3）具有自动避障功能。

作品以后改进或完善之处：

（1）红外遥控、故障报警功能；

（2）小车上组装机械手，实现取样分析、主动排障、活动作业功能；

（3）基于互联网的远程控制功能。

### 6．作品实物效果

月球寻轨通信型智能小车如图 4-51 所示。

图 4-51　月球寻轨通信型智能小车

## 课后练习 4

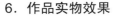

1．什么是 PLC？

2．一般情况下为什么不允许双线圈输出？

3．在 PLC 的外部输入电路中，为什么要尽量少用常闭触点？

4．接通延时定时器和保持型接通延时定时器有何区别？

5．设计满足如图 4-52 所示时序的梯形图。

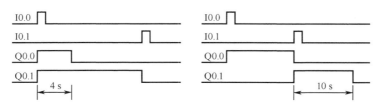

图 4-52　时序图

6．设计周期为 10 s、占空比为 30% 的方波输出信号程序。

7．设计一个由定时器组成的振荡电路。

8．根据如图 4-53 所示的程序结构图，分析程序执行情况，并将分析结果填入表格。

9．有 3 台电动机 M1～M3，在手动操作方式下分别用每个电动机各自的启停按钮控制它们的启停状态；在自动操作方式下按下启动按钮，M1～M3 每隔 5 s 依次启动；按下停止

按钮，M1～M3 同时停止。试采用跳转/标号指令的程序结构实现 PLC 程序控制。

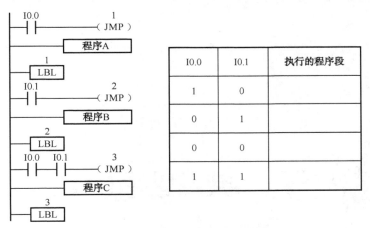

| I0.0 | I0.1 | 执行的程序段 |
|------|------|------------|
| 1 | 0 | |
| 0 | 1 | |
| 0 | 0 | |
| 1 | 1 | |

图 4-53　程序结构图及分析结果

10. 送料车运行如图 4-54 所示，该车由电动机拖动，电动机正转，送料车前进；电动机反转，送料车后退。对送料车的控制要求如下所示。

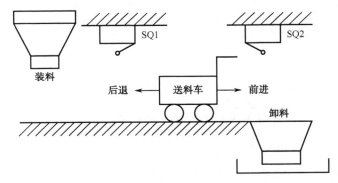

图 4-54　送料车运行

（1）单周工作方式：每按动送料按钮，预先装满料的送料车便自动前进，到达卸料处（SQ2）自动停下来卸料，经延时 $t_1$ 时间后，卸料完毕，送料车自动返回装料处（SQ1）装满料待命。再按动送料按钮，重复上述过程。

（2）自动循环方式：要求送料车在装料处装满料后就自动前进送料，即延时 $t_2$ 装满料后，不需等按动送料按钮，送料车再次前进。重复上述过程，实现送料车自动送料。

试采用多种程序结构编制满足要求的 PLC 程序。

# 模块 5　典型机电一体化系统

## 教学导航

| 学习目标 | 1. 掌握简单机电一体化系统的工作原理分析；<br>2. 掌握简单机电一体化系统的结构分析；<br>3. 熟悉简单机电一体化系统的应用方法；<br>4. 了解机电一体化系统的前沿知识、新设备应用；<br>5. 了解 $X$-$Y$ 绘图机的设计方法。 |
|---|---|
| 重点 | 1. 掌握三坐标测量机工作原理及应用方法；<br>2. 3D 打印机工作原理及应用场合。 |
| 难点 | 1. 三坐标测量机具体操作；<br>2. 3D 打印机具体操作。 |

## 模块导学

本模块内容为三个单独的机电一体化系统例子，学生主要从机电如何结合方面来分析三个典型系统，从而找出机电结合的方法，关键在于机电接口。项目一为 3D 打印机，项目二为三坐标测量机，项目三为小型智能绘图机。

# 项目 5-1　3D 打印机

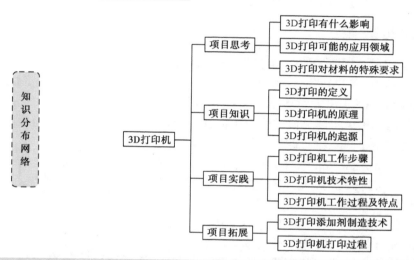

## 项目思考——3D 打印机打印特点与应用领域

3D 打印机近年来得到应用领域的青睐，本项目通过对 3D 打印机的了解、认识，进一步清楚地了解 3D 打印机的产品设计思维的变化、如何打印工作、可能的应用领域、新材料的革新与应用、未来发展趋势等。

从三个方面去思考：

（1）3D 打印机逐层打印的方式改变了传统制造方法，既不同于传统的切削加工，又不同于传统的粉末冶金加工，是一种全新的制造理念。这种制造方法，对我们的传统设计理念和方法会有什么影响？

（2）3D 打印机可能的应用领域有哪些？

（3）3D 打印机对材料的特殊要求，它对产品综合要求的局限性。

### 5-1-1　3D 打印的定义

3D 打印（3D printing）是快速成型技术的一种。它是一种以数字模型文件为基础，运用粉末状金属或塑料等可黏合材料，通过逐层打印的方式来构造物体的技术。3D 打印通常是采用数字技术材料打印机来实现的，过去其常在模具制造、工业设计等领域被用于制造模型，现正逐渐用于一些产品的直接制造，已经有使用这种技术打印而成的零部件。该技术在汽车、航空航天、工业设计、建筑、工程和施工、珠宝、鞋类、牙科和医疗产业、教育、地理信息系统以及其他领域都有所应用。

机电一体化系统项目教程

### 5-1-2　3D打印机的原理

3D打印机的工作原理和传统打印机基本一样，都是由控制组件、机械组件、打印头、耗材和介质等架构组成的，打印原理是一样的。3D打印机主要是在打印前在电脑上设计了一个完整的三维立体模型，然后再进行打印输出。它的原理是：把数据和原料放进3D打印机中，机器会按照程序把产品一层层造出来，打印出的产品可以即时使用。说得简单一点，打印时实质上是断层扫描的逆过程，断层扫描是把某个东西"切"成无数叠加的片，3D打印机工作时就是一片一片地打印，然后叠加到一起，成为一个立体物体。

### 5-1-3　3D打印机的起源

3D打印源自100多年前美国研究的照相雕塑和地貌成形技术，20世纪80年代已有雏形，其学名为"快速成型"。在20世纪80年代中期，选择性激光烧结（Selecting Laser Sintering，SLS）被美国得克萨斯州大学奥斯汀分校的卡尔德卡德博士开发出来并获得专利，项目由DARPA赞助。1979年，类似过程由RF Housholder得到专利，但没有被商业化。1995年，麻省理工创造了"三维打印"一词，当时的毕业生Jim Bredt和Tim Anderson修改了喷墨打印机方案，变为把约束溶剂挤压到粉末床的解决方案，而不是把墨水挤压在纸张上的方案。

3D打印机又称三维打印机，是一种累积制造技术，通过打印一层层的黏合材料来制造三维的物体。现阶段三维打印机被用来制造产品。2003年以来三维打印机的销售逐渐扩大，价格也开始下降。科学家们表示，三维打印机的使用范围还很有限，不过在未来的某一天人们一定可通过3D打印机打印出更实用的物品。如图5-1所示为桌面级3D打印机。

图5-1　桌面级3D打印机

应用领域：该技术可用于模具、工业设计、航空航天、汽车、牙科和医疗产业、珠宝、鞋类、建筑、工程和施工、教育、地理信息系统和许多其他领域。

### 项目实践——认识3D打印机

#### 1．实践要求

（1）认识3D打印机，掌握其工作步骤；
（2）熟悉3D打印机的技术特性、工作过程；
（3）熟悉3D打印机的材料使用类型、特点。

#### 2．实践过程

1）3D打印机的工作步骤

3D打印机的工作步骤是这样的：先通过计算机建模软件建模，如果有现成的模型也可以，比如动物模型、人物或者微缩建筑等；然后通过SD卡或者U盘把它复制到3D打印机

194

中，进行打印设置后，打印机就可以把它们打印出来。

3D 打印与激光成型技术一样，采用了分层加工、叠加成型来完成 3D 实体打印。每一层的打印过程分为两步：首先在需要成型的区域喷洒一层特殊胶水，胶水液滴本身很小，且不易扩散；然后是喷洒一层均匀的粉末，粉末遇到胶水会迅速固化黏结，而没有胶水的区域仍保持松散状态。这样在一层胶水一层粉末的交替下，实体模型将会被"打印"成型，打印完毕后只要扫除松散的粉末即可"刨"出模型，而剩余粉末还可循环利用。

2）3D 打印机的三维设计

三维打印的设计过程是：先通过计算机建模软件建模，再将建成的三维模型"分区"成逐层的截面，即切片，从而指导打印机逐层打印。

设计软件和打印机之间协作的标准文件格式是 STL 文件格式。一个 STL 文件使用三角面来近似模拟物体的表面，三角面越小其生成的表面分辨率越高。PLY 是一种通过扫描产生三维文件的扫描器，其生成的 VRML 或者 WRL 文件经常被用作全彩打印的输入文件。

3）3D 打印机的打印过程

3D 打印机通过读取文件中的横截面信息，用液体状、粉状或片状的材料将这些截面逐层地打印出来，再将各层截面以各种方式黏合起来从而制造出一个实体。这种技术的特点在于其几乎可以造出任何形状的物品。

4）3D 打印机分辨率

打印机打出的截面厚度（即 Z 方向）以及平面方向（即 X-Y 方向）的分辨率是以 dpi（每英寸像素）或者微米（μm）来计算的。一般的厚度为 100 μm，即 0.1 mm，也有部分打印机如 Objet Connex 系列还有三维 Systems' ProJet 系列可以打印出 16 μm 的一层。而平面方向则可以打印出跟激光打印机相近的分辨率。打印出来"墨水滴"的直径通常为 50～100 μm。用传统方法制造出一个模型，根据模型的尺寸及复杂程度，通常需要数小时到数天，而用三维打印的技术则可以将时间缩短为数小时，当然这是由打印机的性能以及模型的尺寸和复杂程度而定的。

5）3D 打印机与 2D 打印机的区别

3D 打印机与 2D 打印机的区别在于多了一个维度。日常见到的普通打印机通过 XY（X 轴是喷头移动方向，Y 轴是介质前后移动方向）两个坐标轴点确保打印图像的成像位置和电脑中设计的图纸位置保持一致，Z 轴实际上是喷头与介质之间的间距上下移动方向。围绕 XYZ 三点完成机械、电路、驱动程序的相关设计即可。

3D 打印是添加剂制造技术的一种形式，在添加剂制造技术中三维对象是通过连续的物理层创建出来的。3D 打印机相对于其他的添加剂制造技术而言，具有速度快、价格便宜、高易用性等优点。3D 打印机就是可以"打印"出真实 3D 物体的一种设备，功能上与激光成型技术一样，采用分层加工、叠加成型，即通过逐层增加材料来生成 3D 实体，与传统的去除材料加工技术完全不同。称之为"打印机"是参照了其技术原理，因为分层加工的过程与喷墨打印十分相似。随着这项技术的不断进步，我们已经能够生产出与原型的外观、感觉和功能极为接近的 3D 模型。说得简单一点，3D 打印是断层扫描的逆过程，断层扫描是把某个东西"切"成无数叠加的片，3D 打印就是一片一片的打印，然后叠加到一起，成

机电一体化系统项目教程

为一个立体物体。

传统的制造技术如注塑法可以以较低的成本大量制造聚合物产品，而三维打印技术则可以以更快、更有弹性以及更低成本的办法生产数量相对较少的产品。一个桌面尺寸的三维打印机就可以满足设计者或概念开发小组制造模型的需要。

6）3D 打印机的制作方法

三维打印机的分辨率对大多数应用来说已经足够（在弯曲的表面可能会比较粗糙，像图像上的锯齿一样）。要获得更高分辨率的物品可以通过如下方法：先用当前的三维打印机打出稍大一点的物体，再稍微经过表面打磨即可得到表面光滑的"高分辨率"物品。

有些技术可以同时使用多种材料进行打印，有些技术在打印的过程中还会用到支撑物，比如在打印出一些有倒挂状的物体时就需要用到一些易于除去的东西（如可溶的东西）作为支撑物。

7）3D 打印机产品

目前，世界上最小的 3D 打印机来自维也纳技术大学，由其化学研究员和机械工程师研制。这款迷你 3D 打印机只有大号装牛奶盒大小，质量约 3.3 磅（约 1.5 kg），造价 1 200 欧元（约 1.1 万元人民币）。相比于其他的打印技术，这款 3D 打印机的成本大大降低。研发人员还在对打印机进行材料和技术的进一步实验，希望能够早日面世。

华中科技大学史玉升科研团队经过十多年努力，实现重大突破，研发出的 3D 打印机可加工零件长宽最大尺寸达到 1.2 m。从理论上说，只要长宽尺寸小于 1.2 m 的零件（高度无须限制），都可通过这部机器"打印"出来。据介绍，由于这项技术将复杂的零件制造变为简单的由下至上的二维叠加，大大降低了设计与制造的复杂度，让一些传统方式无法加工的奇异结构制造变得快捷，一些复杂铸件的生产由传统的 3 个月缩短到 10 天左右；同时，对研发出的新产品可快速根据图纸做出样品，大大缩短研发周期。如今，该设备被国内外二百多家用户购买使用，每台价格从几十万元到二百多万元不等。

由大连理工大学参与研发的最大加工尺寸达 1.8 m 的激光 3D 打印机进入调试阶段，其采用"轮廓线扫描"的独特技术路线，可以制作大型工业样件及结构复杂的铸造模具。这种基于"轮廓失效"的激光三维打印方法已获得两项国家发明专利。据介绍，该激光 3D 打印机只需打印零件每一层的轮廓线，使轮廓线上砂子的覆膜树脂碳化失效，再按照常规方法在 180 ℃的加热炉内将打印过的砂子加热固化和后处理剥离，就可以得到原型件或铸模。这种打印方法的加工时间与零件的表面积成正比，大大提升打印效率，打印速度可达到一般 3D 打印的 5～15 倍。

8）3D 打印机的技术特性

3D 打印机的不同之处在于以不同层构建创建部件，并且以可用的材料的方式。某些利用熔化或软化可塑性材料的方法来制造打印的"墨水"，例如，选择性激光烧结（Selective Laser Sintering，SLS）和熔融沉积快速成型（Fused Deposition Modeling，FDM）。还有一些技术是用液体材料作为打印的"墨水"的，如光固化成型（Stereo Lithography Apparatus，SLA）、分层实体制造（Laminated Object Manufacturing，LOM）。每种技术都有各自的优缺点，因而一些公司会提供多种打印机以供选择。一般来说，主要考虑的因素是打印的速度和成本、3D 打印机的价格、物体原型的成本，还有材料及色彩的选择和成本。可以直接打印金属的打印机价格昂贵，有时人们会先使用普通的 3D 打印机来制作模具，然后用这些模具制作金属部件。

9）3D 打印机的工作过程及特点

主流 3D 打印技术包括 FDM、SLA、3DP、SLS。

（1）熔融沉积快速成型（Fused Deposition Modeling，FDM）。

熔融沉积又叫熔丝沉积，它是将丝状热熔性材料加热融化，通过带有一个微细喷嘴的喷头挤喷出来。热熔材料融化后从喷嘴喷出，沉积在制作面板或者前一层已固化的材料上。温度低于固化温度后开始固化，通过材料的层层堆积形成最终成品。

在 3D 打印技术中，FDM 的机械结构最简单，设计最容易，制造成本、维护成本和材料成本也最低，因此也是在家用的桌面级 3D 打印机中使用得最多的技术，而工业级 FDM 机器，主要以 Stratasys 公司产品为代表。

FDM 技术的桌面级 3D 打印机主要以 ABS 和 PLA 为材料，ABS 强度较高，但是有毒性，制作时臭味严重，必须拥有良好通风环境，此外其热收缩性较大，影响成品精度；PLA 是一种生物可分解塑料，无毒性、环保，制作时几乎无味，成品形变也较小，所以国外主流桌面级 3D 打印机均已转为使用 PLA 作为材料。

FDM 技术的优势在于制造简单、成本低廉，但是桌面级的 FDM 打印机因出料结构简单，所以难以精确控制出料形态与成型效果；同时温度对于 FDM 成型效果影响非常大，而桌面级 FDM 3D 打印机通常都缺乏恒温设备，因此基于 FDM 的桌面级 3D 打印机的成品精度通常为 0.3～0.2 mm，少数高端机型能够支持 0.1 mm 层厚，但是受温度影响非常大，成品效果依然不够稳定。此外，大部分 FDM 机型制作的产品边缘都有分层沉积产生的"台阶效应"，较难达到所见即所得的 3D 打印效果，所以在对精度要求较高的快速成型领域较少采用 FDM。

（2）光固化成型（Stereo Lithography Apparatus，SLA）。

光固化技术是最早发展起来的快速成型技术，也是研究最深入、技术最成熟、应用最广泛的快速成型技术之一。光固化技术主要使用光敏树脂为原料，通过紫外光或者其他光源照射凝固成型，逐层固化，最终得到完整的产品。

光固化技术优势在于成型速度快、原型精度高，非常适合制作精度要求高、结构复杂的原型。使用光固化技术的工业级 3D 打印机，最著名的是 Objet，该制造商的 3D 打印机提供超过 123 种感光材料，是目前支持材料最多的 3D 打印设备。

光固化快速成型应该是 3D 打印技术中精度最高、表面也最光滑的，Objet 系列最低材料层厚可以达到 16 μm（0.016 mm）。但是光固化快速成型技术也有两个不足：首先光敏树脂原料有一定毒性，操作人员使用时需要注意防护；其次光固化成型的原型在外观方面非常好，但是强度方面尚不能与真正的制成品相比，一般主要用于原型设计验证方面，然后通过一系列后续处理工序将快速原型转化为工业级产品。此外，SLA 技术的设备成本、维护成本和材料成本都远远高于 FDM。因此，基于光固化技术的 3D 打印机主要应用在专业领域，桌面领域已有两个桌面级别 SLA 技术 3D 打印机项目启动，一个是 Form1，一个是 B9，相信不久的将来会有更多低成本的 SLA 桌面级 3D 打印机面世。

（3）三维粉末黏接（Three Dimensional Printing and Gluing，3DP）。

3DP 技术由美国麻省理工学院开发成功，原料使用粉末材料，如陶瓷粉末、金属粉末、塑料粉末等。3DP 技术的工作原理：先铺一层粉末，然后使用喷嘴将黏合剂喷在需要成型的区域，让材料粉末黏接，形成零件截面，然后不断重复铺粉、喷涂、黏接的过程，层层叠加，获得最终打印出来的零件。

3DP 技术的优势在于成型速度快、无须支撑结构，而且能够输出彩色打印产品，这是其他技术都比较难以实现的。3DP 技术的典型设备是 3DS 旗下 zcorp 的 zprinter 系列，也是 3D 照相馆使用的设备。zprinter 的 z650 打印出来的产品最大可以输出 39 万色，色彩方面非常丰富，也是在色彩外观方面打印产品最接近成品的 3D 打印技术。

但是 3DP 技术也有不足：首先粉末黏接的直接成品强度并不高，只能作为测试原型；其次由于粉末黏接的工作原理，成品表面不如 SLA 光洁，精细度也有劣势。所以，一般为了产生拥有足够强度的产品，还需要一系列的后续处理工序。此外，由于制造相关材料粉末的技术比较复杂，成本较高，所以 3DP 技术主要应用在专业领域，桌面级别仅有一个 PWDR 项目在启动，尚需观察后续进展。

（4）选择性激光烧结（Selective Laser Sintering，SLS）。

该工艺由美国德克萨斯大学提出，于 1992 年开发了商业成型机。SLS 利用粉末材料在激光照射下烧结的原理，由计算机控制层层堆结成型。SLS 技术同样是使用层叠堆积成型，所不同的是：它首先铺一层粉末材料，将材料预热到接近熔化点；再使用激光在该层截面上扫描，使粉末温度升至熔化点；然后烧结形成黏接；接着不断重复铺粉、烧结的过程，直至完成整个模型成型。

激光烧结技术可以使用非常多的粉末材料，并制成相应材质的成品。激光烧结的成品精度好、强度高，但是最主要的优势还是在于金属成品的制作。激光烧结可以直接烧结金属零件，也可以间接烧结金属零件，最终成品的强度远远优于其他 3D 打印技术。SLS 家族最知名的是德国 EOS 的 M 系列。

激光烧结技术虽然优势非常明显，但是也同样存在缺陷：首先粉末烧结的表面粗糙，需要后期处理；其次使用大功率激光器，除了本身的设备成本，还需要很多辅助保护工艺，整体技术难度较大，制造和维护成本非常高，普通用户无法承受。所以应用范围主要集中在高端制造领域，而尚未有桌面级 SLS 3D 打印机开发的消息，要进入普通民用领域，可能还需要一段时间。

3．项目小结

3D 打印领域发展迅猛，从巨型的房屋打印机到微型的纳米级细胞打印机，各种新技术层出不穷，但是主要还是集中在专业领域。民用市场还是以简单架构的 FDM 为主，无论效果还是精度都还不能让人满意。我们期待随着技术发展和成本降低，桌面级 3D 打印机也能够真正实现所见即所得的打印效果，那时候 3D 打印改变世界将不再是一个梦想。

科学家们正在利用 3D 打印机制造诸如皮肤、肌肉和血管片段等简单的活体组织，很有可能有一天我们能够制造出像肾脏、肝脏甚至心脏这样的大型人体器官。如果生物打印机能够使用病人自身的干细胞，那么器官移植后的排异反应将会减少。人们也可以打印食品，康奈尔大学的科学家们已经成功打印出了杯形蛋糕。几乎所有人都相信，食品界的终极应用将是能够打印巧克力的机器。

而 3D 打印的价值体现在想象力驰骋的各个领域，3D 打印正让"天马行空"转变为"脚踏实地"的可能，人们利用 3D 打印为自己所在的领域贴上了个性化的标签。人们纷纷展示了如何 3D 打印马铃薯、巧克力、小镇模型，甚至扩展到用 3D 打印汽车和飞机。3D 打印行业的发展犹如其定义本身，始终凸显着"创新突破"这一关键特质。

1）创新突破的体现

（1）3D 打印应用领域的扩展延伸。

3D 打印的优势在 2011 年被充分应用于生物医药领域，利用 3D 打印进行生物组织直接打印的概念日益受到推崇。比较典型的包括 Open3DP 创新小组宣布 3D 打印在打印骨骼组织上的应用获得成功，利用 3D 打印技术制造人类骨骼组织的技术已经成熟；哈佛大学医学院的一个研究小组则成功研制了一款可以实现生物细胞打印的设备；另外，3D 打印人体器官的尝试也正在研究中。

随着 3D 打印材料的多样化发展以及打印技术的革新，3D 打印不仅在传统的制造行业体现出非凡的发展潜力，同时其魅力更延伸至食品制造、服装奢侈品、影视传媒以及教育等多个与人们生活息息相关的领域。

利用 3D 打印技术改善艺术及生活的例子屡见不鲜。比如荷兰时尚设计师 Iris van Herpen 展示了她的服装设计作品，这些服装作品全部使用 3D 打印机一次成型。通过 3D 打印技术制造的服装突破了传统服装剪裁的限制，帮助设计师完整地展现其灵感。而在 Cornell 大学的一个项目中，研究团队制造了一台 3D 打印机用于打印食物，展现了烹调的独特方式；其优势在于能够精确控制食物内部材料分布和结构，将原本需要经验和技术的精细烹调转换为电子屏幕前的简单设计。

（2）3D 打印的速度、尺寸及技术日新月异。

在速度突破上，2011 年，个人使用 3D 打印机的速度已突破了送丝速度 300 mm/s 的极限，达到 350 mm/s。在体积突破上，3D 打印机体积为适合不同行业的需求，也呈现"轻盈"和"大尺寸"的多样化选择。已有多款适合办公室打印的小巧 3D 打印机，并在不断挑战"轻盈"极限，为未来进入家庭奠定基础。

在 Vienna University of Technology 的一个研究项目中，该团队设计了迄今为止世界上最小的 3D 打印设备，并且降低了打印设备的制造成本，也有望未来进驻家庭。在"大尺寸"领域，德国的 3D 打印公司发布了 4 000 mm×2 000 mm×1 000 mm 尺寸的 3D 打印机，该款大尺寸 3D 打印机使打印大尺寸部件一次成型成为可能。

3D 打印技术日新月异，在 2011 年 Lexus 对外发布了新 3D 打印技术，该技术基于高科技循环编织技术，使用激光进行 3D 打印，能够以编织的方式制作复杂的 3D 模型。据国外媒体报道，对于大多数消费者来说，3D 打印机可以算是一种奢侈品，其目的更多是为了让更多消费者感受到 3D 打印机的神奇。3D 打印是未来的科技趋势，将从各个方面改变人类的生活。当然从目前来看，它还局限于诸如医学、设计、建筑等专业领域，但不能否认的一个现象是低成本的 3D 打印机越来越多，厂商也有意将其消费化。那么对于普通用户来说，3D 打印便可能成为一种低成本的家庭生产工具。尽管 3D 打印技术是一项高速发展的新科技，但仅仅是迈出了第一步。目前，大部分的 3D 打印机仍仅局限于打印 ABS 等塑料材质，由于其需要热溶解并再造成型，所以一些用户也对其产生的气体是否安全而产生质疑。值得注意的是，一些使用木材、石头甚至是盐的新型 3D 打印机也正在研发中，包括美国加州奥克兰的 Emerging Objects 和位于德国的相关公司，都推出了能够兼容其他材质的 3D 打印机。

（3）设计平台革新。

基于 3D 打印民用化普及的趋势，3D 打印的设计平台正从专业设计软件向简单设计应用发展，其中比较成熟的平台有基于 WEB 的 3D 设计平台 3D Tin。另外，微软、谷歌及其他软件行业巨头也相继推出了基于各种开放平台的 3D 打印应用，大大降低了 3D 设计的门槛，甚至有的应用已经可以让普通用户通过类似玩乐高积木的方式设计 3D 模型。

（4）色彩绚烂、形态逼真。

3D 打印机的创造物除了色彩丰富之外也相当精美。Warner 说道："目前为止，大多数创造物的最高分辨率为 100 μm。但是我们能够以 25 μm 的分辨率进行打印，创造出非常光洁的表面。打印出色彩逼真而且没有任何毛刺的物体，不仅会受到 3D 打印发烧友的喜爱，对于普通消费者来说也是大受欢迎。"

MikeDuma 说道："其中一个有趣的推广就是家庭使用，我们把它称为家庭实用替代物。当你想要灯泡或者任何有着塑料支架的东西时，它们都可以打印出来。家庭用户也可以使用打印机打印玩具和临时需要的东西，25 μm 的分辨率甚至可以让你使用足够牢固的材料来打印假牙。"

MikeDuma 还说过："普通消费者所使用的 3D 打印机技术，最令人激动的发展莫过于家庭机器人的出现。"3D 打印使你能够进入机器人的世界。如果使用者能够快速重新设计并开发技术原型，那么他们就能够制造出多功能的简单机器人来做家务。那真的能够创造出接近终端用户、消费者和普通家庭成员的机器人。Warner 相信，3D 打印技术在技术领域带来的轰动，不会逊色于 20 世纪 80 年代的台式计算机和最近几年的平板电脑。

2）未来趋势

相信各位成龙迷们对好莱坞大作《十二生肖》，这部影片并不陌生，但该部影片中有项非常流行的技术不知各位是否有留意，《十二生肖》中成龙佩戴了专业扫描手套来扫描剧中十二生肖铜像，另外一边通过专业设备将所扫描的铜像完美打印，看似很科幻不切实际。其实，影片中出现的专业设备就是目前流行的 3D 打印技术，曾经这类技术属于试验阶段的产品，对于技术高速发展的现代来说，已经有国产品牌推出万元内的 3D 打印机产品，并且还在京城首家 3D 打印机体验馆中进行了展示。

打印机是一款一直被定义于办公用户的产品，但我们却觉得 3D 打印机并不只属于办公用品，而是一款生活中常会使用到的家电产品。为什么说 3D 打印机是款家电产品呢？首先，我们大胆假设一下，如果生活中安装某设备，突然发现少掉一颗螺丝，正常情况下可能会去五金店里配；但有了 3D 打印机之后，就完全可以在家中打印一个相符的螺丝，用户无须出门就会解决问题。另外，用户也可通过 3D 打印机制作 DIY 产品，比如在网络上看见非常别致的装饰品，就可通过 3D 打印机将其打印出来。当然，生活中会使用 3D 打印机的机会还不止这些。

3）3D 打印机发展的制约因素

（1）价格因素。

大多数桌面级 3D 打印机的售价在 2 万元人民币左右，一些国内的仿制品价格可以低到

6 000 元。但是据 3D 打印机代理商透露，国产的 3D 打印机质量很难保障。

对于桌面级 3D 打印机来说，由于仅能打印塑料产品，因此使用范围非常有限；而且对于家庭用户来说，3D 打印机的使用成本仍然很高。因为在打印一个物品之前，人们必须会懂得 3D 建模，然后将数据转换成 3D 打印机能够读取的格式，最后再进行打印。

（2）原材料限制。

3D 打印不是一项高深艰难的技术，它与普通打印的区别在于打印材料，以色列的 Object 是掌握最多打印材料的公司，它已经可以使用 14 种基本材料并在此基础上混搭出 107 种材料，两种材料的混搭使用、上色也已经成为现实。但是，这些材料的种类与人们生活的大千世界里的材料相比，还相差甚远。不仅如此，这些材料的价格便宜的要几百元 1 kg，最贵的要四万元左右 1 kg。

（3）成像精细度不够（也就是分辨率太低）。

3D 打印是一层层来制作物品的，如果想把物品制作得更精细，则需要减小每层厚度；如果想提高打印速度，则需要增加层厚，而这势必影响产品的精度质量。若生产同样精度的产品，同传统的大规模工业生产相比，没有成本上的优势，尤其是考虑到时间成本、规模成本之后。

（4）社会风险成本。

如同核反应既能发电、又能破坏一样，3D 打印技术在初期就让人们看到了一系列隐忧，而未来的发展也会令不少人担心。如果什么都能彻底复制，想到什么就能制造出什么，在听上去很美好的同时，也着实让人恐惧。

（5）整个行业没有标准，难以形成产业链。

21 世纪 3D 打印机的生产商百花齐放。3D 打印机缺乏标准，同一个 3D 模型给不同的打印机打印，所得到的结果是大不相同的。此外，打印原材料也缺乏标准，2012—2013 年，3D 打印机厂商都想让消费者买自己提供的打印原料，这样他们就能获取稳定的收入。这样做虽然可以理解，毕竟普通打印机也是这一模式，但 3D 打印机生产商所用的原料一致性太差，从形式到内容千差万别，这让材料生产商很难进入，研发成本和供货风险都很大，难以形成产业链。表面上是 3D 打印机捆绑了 3D 打印材料，事实上却是材料捆绑了打印机，非常不利于降低成本和抵抗风险。

（6）意料之外的工序：3D 打印前所需的准备工序，打印后的处理工序。

很多人可能以为 3D 打印就是在计算机上设计一个模型，不管多复杂的内部结构，只要按一下按钮，3D 打印机就能打印一个成品，这个想法其实不正确。真正设计一个模型，特别是一个复杂的模型，需要大量的工程、结构方面的知识，需要精细的技巧，并根据具体情况进行调整。用塑料熔融打印来举例，如果在一个复杂部件内部没有设计合理的支撑，打印的结果很可能是会变形的，后期的工序也通常避免不了。媒体将 3D 打印描述成打印完毕就能直接使用的神器，可事实上制作完成后还需要一些后续工艺：或打磨、或烧结、或组装、或切割，这些过程通常需要大量的手工工作。

（7）缺乏杀手锏产品及设计。

都说 3D 打印能给人们巨大的生产自由度，能生产前所未有的东西。可直到 2012 年，这种级别的产品还很少，几乎没有。做些小规模的饰品、艺术品是可以的，做逆向工程也可以的，但要谈到大规模工业生产，3D 打印还不能取代传统的生产方式。如果 3D 打印能生产别的工艺所不能生产的产品，而这种产品又能极大提高某些性能，或能极大改善生活的品质，那这样才有可能更快地促进 3D 打印机的普及。

4．项目评价

项目评价表如表 5-1 所示。

表 5-1　项目评价表

| 项　　目 | 目　　标 | 分　值 | 评　　分 | 得　　分 |
|---|---|---|---|---|
| 叙述 3D 打印机的原理 | 能正确全面说明 | 20 | 不完整，每处扣 2 分 | |
| 说明 3D 打印机的应用领域 | 在各领域需举一例说明 | 20 | 不完整，每处扣 2 分 | |
| 分析 3D 打印机中机电一体化技术应用 | 分析全面、正确、详尽 | 40 | 不完整，每处扣 4 分 | |
| 描绘 3D 打印机的未来发展 | 能发挥想象能力，不设标准 | 20 | 不完整，每处扣 2 分 | |
| 总分 | | 100 | | |

## 项目拓展——3D 打印机其他应用

最近几年，3D 打印机的价格已经能让中小企业负担得起，从而使重工业的原型制造环节进入办公环境完成，并且可以放入不同类型的原材料进行打印。因为快速成型技术在市场上占据主导地位，因此 3D 打印机在生产应用方面有着巨大的潜力。3D 打印技术在珠宝首饰、鞋类、工业设计、建筑、汽车、航天、牙科及医疗方面都能得到广泛的应用。

3D 打印的耗材由传统的墨水、纸张转变为胶水、粉末，当然胶水和粉末都是经过处理的特殊材料，不仅对固化反应速度有要求，对于模型强度及"打印"分辨率都有直接影响。目前的 3D 打印技术能够实现 600 dpi 分辨率，每层厚度只有 0.01 mm，即使模型表面有文字或图片也能够清晰打印。当然，受到喷墨打印原理的限制，打印速度势必不会很快，目前较先进的产品可以实现每小时 25 mm 高度的垂直速率，相比早期产品有 10 倍提升，而且可以利用有色胶水实现彩色打印，色彩深度高达 24 位。由于打印精度高，打印出的模型品质自然不错，除了可以表现出外形曲线上的设计，结构及运动部件也不在话下。如果用来打印机械装配图，齿轮、轴承、拉杆等都可以正常活动，而腔体、沟槽等形态特征位置准确，甚至可以满足装配要求，打印出的实体还可通过打磨、钻孔、电镀等方式进一步加工。同时粉末材料不限于砂型材料，还有弹性伸缩、高性能复合、熔模铸造等其他材料可供选择。不过，虽然 3D 打印机价格在不断降低，很多厂商、设计院、大学等都开始或准备配备，但产品价格依然较高。3D Systems 推出的新款 In Vision LD 入门级桌面型产品价格为 1.59 万美元，而 Z Corporation 出品的中端型号 Z510 要价为 10 万美元。好在 3D 打印机的耗材成本并不夸张，比如打印手机模型大概花费 20 美元材料费，比起其他成型技术成本要低得多。

玩具厂商 WobbleWorks 在互联网上筹集 3 万美元，投资研发出了一种廉价的 3D 打印技术，可以打印出一些复杂结构物体的"3D 涂鸦手"。据了解，这支价值 50 美元的"3D 涂鸦手"通过利用特殊"墨水"塑料线来书写，当用笔尖画出一个图形后，会立即冷却，随后出现一个 3D 结构模型。WobbleWorks 公司还让艺术家为该"3D 涂鸦手"模型设计出更多的图形，从 3D 动物到壮观的埃菲尔铁塔。该公司发言人表示，每个人都会用笔，所以他们设计了这款 3D 打印笔。如果你喜欢乱涂鸦、描绘或者在空中比画手势，都可以通过这

支"3D 涂鸦手"发现乐趣。使用者用这支"3D 涂鸦手"画出一个东西，随后就会有一个相应的塑料 3D 模型"拔地而生"。同时，研究人员还表示，这支"3D 涂鸦手"还可以作为塑料焊接工具使用。使用者甚至可以在任何表面上绘制图像，绘制时将笔尖向上抬，就会出现逼真的 3D 物体了，十分神奇。

# 项目 5-2　三坐标测量机

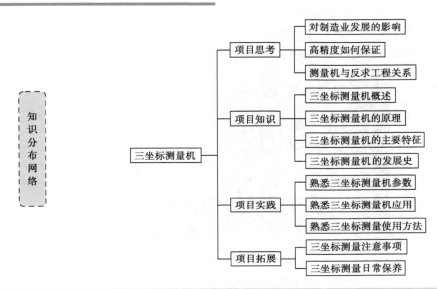

**项目思考——三坐标测量机高精度测量原理与特征**

三坐标测量机简称 CMM。自 20 世纪 60 年代中期第一台三坐标测量机问世以来，随着计算机技术的进步以及电子控制系统、检测技术的发展，它为测量机向高精度、高速度方向发展提供了强有力的技术支持。本项目要求掌握三坐标测量机的原理、应用，了解其主要参数及特征。

从三个方面去思考：

（1）三坐标测量机对制造业发展的影响？

（2）三坐标测量机的高精度如何保证和体现？

（3）三坐标测量机在反求工程中的地位，以及对产品设计、制造流程的影响？

## 5-2-1　三坐标测量机概述

三坐标测量机（Coordinate Measuring Machine，CMM）是指在一个六面体的空间范围内，能够表现几何形状、长度及圆周分度等测量能力的仪器，通常配有计算机进行数据处理和控制操作，又称为三坐标测量仪或三次元。如图 5-2 所示为三坐标测量机实物图。

图 5-2　三坐标测量机实物图

### 5-2-2 三坐标测量机的原理

三坐标测量机是测量和获得尺寸数据的最有效的方法之一，因为它可以代替多种表面测量工具及昂贵的组合量规，并把复杂的测量任务所需时间从小时减少到分钟。三坐标测量机的功能是快速准确地评价尺寸数据，为操作者提供关于生产过程状况的有用信息，这与所有的手动测量设备有很大的区别。将被测物体置于三坐标测量空间，可获得被测物体上各测点的坐标位置。根据这些点的空间坐标值，经计算求出被测物体的几何尺寸、形状和位置。如图 5-3 所示为三坐标测量软件界面。

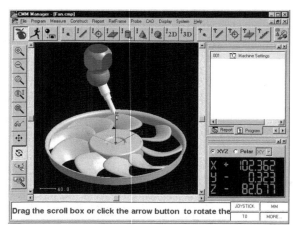

图 5-3　三坐标测量软件界面

### 5-2-3 三坐标测量机的主要特征

（1）三轴大多采用天然高精密花岗岩导轨，保证了整体具有相同的热力学性能，避免由于三轴材质不同其热膨胀系数不同所造成的机器精度误差。

花岗岩与航空铝合金的比较：①铝合金材料热膨胀系数大，一般航空铝合金材料的横梁和 $Z$ 轴在使用几年之后，三坐标的测量基准——光栅尺就会受损，精度改变；②由于三坐标的平台是花岗岩结构，这样三坐标的主轴也是花岗岩材质，主轴采用花岗岩而横梁和 $Z$ 轴采用铝合金等其他材质，在温度变化时会因为三轴的热膨胀系数不同而引起测量精度的失真。

（2）三轴导轨（上海欧潼）采用全天然花岗岩四面全环抱式矩形结构，配上高精度自洁式预应力气浮轴承，是确保机器精度长期稳定的基础。同时轴承受力沿轴向方向稳定均衡，有利于保证机器硬件寿命。

（3）大多厂家采用小孔出气的技术，耗气量为 30 L/min 左右，在轴承间隙形成冷凝区域，抵消轴承运动摩擦带来的热量，增加设备整体热稳定性。按照物理学理论，当气体以一定的压力通过圆孔的时候，会因为气体摩擦产生热量；在高精密测量中，微小的热量也会影响精度的稳定性；而当出气孔的孔径小于一定的直径的时候，却会在出气孔的周围形成冷凝效应。正是利用这一物理学原理，采用小孔出气的技术，使得冷凝效应恰恰抵消测量中因为空气摩擦产生的微弱热量，使得设备能够保持长时间的温度稳定性，从而保证精度稳定性。

（4）三轴均采用镀金光栅尺，分辨率为 0.1 μm；同时采用一端固定，一端自由伸缩的方式安装，减少了光栅尺的变形。

（5）传动系统采用国际先进的设计，无任何导轨受力变形，最大程度保证机器精度和稳定性。采用钢丝增强同步带传动结构，有效减少高速运动时的震动，具有高强度、高速度及无磨损的特点。

### 5-2-4　三坐标测量机的发展史

三坐标测量机是一种工业仪器，在很多年前有一段应用及发展的历史。三坐标测量机的发展可划分为以下三代。

第一代：世界上第一台测量机由英国的 FERRANTI 公司于 1959 年研制成功，当时的测量方式是测头接触工件后，靠脚踏板来记录当前坐标值，然后使用计算器来计算元素间的位置关系。1964 年，瑞士 SIP 公司使用软件来计算两点间的距离，开始了利用软件进行测量数据计算的时代。20 世纪 70 年代初，德国 ZEISS 公司使用计算机辅助工件坐标系代替机械对准，从此测量机具备了对工件基本几何元素尺寸、形位公差的检测功能。

第二代：随着计算机的飞速发展，测量机技术进入了 CNC 控制机时代，完成了复杂机械零件的测量和空间自由曲线曲面的测量，测量模式增加和完善了自学功能，改善了人机界面，使用专门测量语言，提高了测量程序的开发效率。

第三代：从 20 世纪 90 年代开始，随着工业制造行业向集成化、柔性化和信息化发展，产品的设计、制造和检测趋向一体化，这就对作为检测设备的三坐标测量机提出了更高的要求，从而提出了第三代测量机的概念。其特点是：①具有与外界设备通信的功能；②具有与 CAD 系统直接对话的标准数据协议格式；③硬件电路趋于集成化，并以计算机扩展卡的形式成为计算机的大型外部设备。

现阶段，三坐标测量机的发展也进入了一个非常快的发展阶段。高水准的精度测量技术带来了很多新的变化，在很多方面起着非常良好的效果。

中国的三坐标测量机研制起步于 20 世纪 70 年代，研究机构包括北京航空精密机械研究所（303 所）、上海机床厂、上海第三机床厂、北京二机床、北京机床研究所、天津大学和新天光学仪器厂。但限于技术难度，只有北京航空精密机械研究所在随后的测量机发展中进入了可实用的阶段，这正是基于该所具有超精密加工技术、精密检测技术的特点而形成的，从而把国家科委、国防科工委的研究三坐标测量机的课题于 1978 年变为应用型产品（二阶型），随后 303 所的三坐标测量机就被广泛应用于航空航天工业，如沈飞、哈飞、成飞、西飞等。20 世纪 80 年代改革开放以后，303 所的精密测量技术受到了当时世界上三坐标测量机行业巨头意大利 DEA 公司的关注，在此基础上双方开始合作研发。303 所也成为国内第一家引进了国外先进技术的研究所，随后推出多种新型三坐标测量机，并研发了国内第一支三坐标测量机用测头、电控系统、软件系统，从此开始商业化运行。进入 21 世纪以后，303 所又成功研制了大型龙门式三坐标测量机，从而结束了国外在这一技术上的垄断，为我国航空航天、船舶、重型装备制造业的技术提升提供了有力的质量保障，同时也为国家节省了大量的外汇。

## 项目实践——三坐标测量机主要参数与应用

### 1．实践要求

（1）熟悉三坐标测量机主要参数；

（2）熟悉三坐标测量机主要应用；

（3）熟悉三坐标测量机主要使用方法。

### 2．实践过程

三坐标测量机主要参数如下。

机型：EUROTONEX152510。

测量行程：$X$ 轴 2 500 mm；

　　　　　$Y$ 轴 1 500 mm；

　　　　　$Z$ 轴 1 000 mm。

结构：三轴花岗岩、四面全环抱的德式活动桥式结构。

传动方式：直流伺服系统 + 预载荷高精度空气轴承。

长度测量系统：RENISHAW 开放式光栅尺，分辨率为 0.1 μm。

测头系统：雷尼绍控制器、雷尼绍测头、雷尼绍测针。

机台：高精度（00 级）花岗岩平台。

使用环境：温度（20±2）℃，湿度 40%～70%，温度梯度 1 ℃/m，温度变化 1 ℃/h。

空气压力：0.4～0.6 MPa。

空气流量：30～50 L/min。

整机尺寸（LWH）：3.7 m×2.7 m×3.3 m。

机台承重：3 500 kg。

整机质量：9 000 kg。

长度精度 MPEe：≤2.1+$L$/350（μm）。

探测球精度 MPEp：≤2.1 μm。

1）应用案例

主要用于机械、汽车、航空、军工、家具、工具原型、机器等中小型配件、模具等行业中的箱体、机架、齿轮、凸轮、蜗轮、蜗杆、叶片、曲线、曲面等的测量，还可用于电子、五金、塑胶等行业中，可以对工件的尺寸、形状和形位公差进行精密检测，从而完成零件检测、外形测量、过程控制等任务。

制造业中的质量目标是零件的生产应与设计要求保持一致。但是，保持生产过程的一致性要求对制造流程进行控制。建立和保持制造流程一致性最为有效的方法是准确地测量工件尺寸，获得尺寸信息后，分析和反馈数据到生产过程中，使之成为持续提高产品质量的有效工具。

（1）三坐标测量机在模具行业中的应用。

坐标测量机在模具行业中的应用相当广泛，它是一种集设计开发、检测、统计分析于一身的现代化智能工具，更是保障模具产品质量技术的有效工具。当今主要使用的三坐标测量机有桥式测量机、龙门式测量机、水平臂式测量机和便携式测量机。测量方式大致可分为接触式与非接触式两种。

模具的型芯、型腔与导柱、导套的匹配如果出现偏差，可以通过三坐标测量机找出偏差值以便纠正。在模具的型芯、型腔轮廓加工成型后，很多镶件和局部的曲面要通过电极在电脉冲上加工成型，从而电极加工的质量和非标准的曲面质量成为模具质量的关键。因此，用三坐标测量机测量电极的形状必不可少。三坐标测量机可以利用 3D 数模的输入，将成品模具与数模上的定位、尺寸、相关的形位公差、曲线、曲面进行测量比较，输出图形化报告，直观清晰地反映模具质量，从而形成完整的模具成品检测报告。在某些模具使用了一段时间出现磨损要进行修正，但又无原始设计数据（即数模）的情况下，可以用截面法采集点云，用规定格式输出，探针半径补偿后造型，从而达到完好如初的修复效果。

当一些曲面轮廓既非圆弧，又非抛物线，而是一些不规则的曲面时，可用油泥或石膏手工做出曲面作为底胚。然后用三坐标测量机测出各个截面上的截线、特征线和分型线，用规定格式输出，探针半径补偿后造型，在造型过程中圆滑曲线，从而设计制造出全新的模具。

三坐标测量机在模具行业中应用的优点如下：

① 测量机能够为模具工业提供质量保证，是模具制造企业测量和检测的最好选择。测量机在处理不同工作方面的灵活性及自身的高精度，使其成为一个仲裁者。在为过程控制提供尺寸数据的同时，测量机可提供入厂产品检验、机床校验、客户质量认证、量规检验、加工试验及优化机床设置等附加性能。高度柔性的三坐标测量机可以配置在车间环境，并直接参与到模具加工、装配、试模、修模的各个阶段，提供必要的检测反馈，减少返工的次数并缩短模具开发周期，从而降低模具的制造成本并将生产纳入控制。

② 测量机具备强大的逆向工程能力，是一个理想的数字化工具。通过不同类型测头和不同结构形式测量机的组合，能够快速、精确地获取工件表面的三维数据和几何特征，这对于模具的设计、样品的复制、损坏模具的修复特别有用。此外，测量机还可以配备接触式和非接触式扫描测头，并利用 PC-DMIS 测量软件提供的强大的扫描功能，完成具备自由曲面形状特征的复杂工件 CAD 模型的复制。无须经过任何转换，可以被各种 CAD 软件直接识别和编程，从而大大提高了模具设计的效率。

具体来说，在模具制造企业中应用测量机完成设计和检测任务时，要密切关注测量基准的选择、测头的标定和选择、测点数及测量位置的规划、坐标系的建立、环境的影响、局部几何特征的影响、CNC 控制参数等多方面的因素。这当中的每一个因素，都足以影响测量结果的精度和效率。

（2）三坐标测量机在汽车行业的应用。

三坐标测量机是通过测头系统与工件的相对移动，探测工件表面点三维坐标的测量系统。通过将被测物体置于三坐标测量机的测量空间，利用接触或非接触探测系统获得被测物体上各测点的坐标位置。根据这些点的空间坐标值，由软件进行数学运算，求出待测的几何尺寸、形状和位置。因此，三坐标测量机具有高精度、高效率和万能性的特点，是完成各种汽车零部件几何量测量与品质控制的理想解决方案。

汽车零部件具有品质要求高、批量大、形状各异的特点。根据不同的零部件测量类型，主要分为箱体、复杂几何形状和曲线曲面三类。每一类相对测量系统的配置是不尽相同的，需要从测量系统的主机、探测系统和软件方面进行相互的配套与选择。

发动机是由许多各种形状的零部件组成，这些零部件的制造质量直接关系到发动机的性能和寿命。因此，需要在这些零部件生产中进行非常精密的检测，以保证产品的精度及公差配合。在现代制造业中，高精度的综合测量机越来越多地应用于生产过程中，使产品质量的目标和关键渐渐由最终检验转化为对制造流程进行控制，通过信息反馈对加工设备的参数进行及时地调整，从而保证产品质量和稳定生产过程，提高生产效率。

在传统测量方法选择上，人们主要依靠两种测量手段完成对箱体类工件和复杂几何形状工件的测量，即通过三坐标测量机执行箱体类工件的检测；通过专用测量设备，比如专用齿轮检测仪、专用凸轮检测设备等完成具有复杂几何形状工件的测量。因此对于从事生产复杂几何形状工件的企业来说，完成上述产品的质量控制不仅需要配置通用的测量设备，比如三坐标测量机、通用标准量具、量仪；同时，还需要配置专用的检测设备，比如各种尺寸类型的齿轮专用检测仪器、凸轮检测仪器等。这样往往导致企业的计量部门需要配置多类型的计量设备和从事计量操作的专业检测人员，计量设备使用率较低，同时企业负担较高的计量人员培训费用和测量设备使用和维护费用，企业无法实现柔性、通用计量检测。因此，降低企业的测量成本、计量人员的培训费用、测量设备的使用和维修费用，达到提高测量检测效率的目的，使企业具备生产过程的实时质量控制能力，这将关系到企业在市场活动中的应变能力，对帮助企业建立并维护良好的市场信誉具有重要的决定作用。

2）使用方法

CMM 按测量方式可分为接触测量、非接触测量以及接触和非接触并用式测量，接触测量常用于测量机械加工产品以及压制成型品、金属膜等。本节以接触式测量机为例来说明几种扫描物体表面以获取数据点的方法，数据点结果可用于加工数据分析，也可为逆向工程技术提供原始信息。扫描指借助测量机应用软件在被测物体表面特定区域内进行数据点采集，此区域可以是一条线、一个面片、零件的一个截面、零件的曲线或距边缘一定距离的周线。扫描类型与测量模式、测头类型及是否有 CAD 文件等有关，状态按钮（手动/DCC）决定了屏幕上可选用的"扫描"（SCAN）选项。若用 DCC 方式测量，又具有 CAD 文件，那么扫描方式有"开线"（OPEN LINEAR）、"闭线"（CLOSED LINEAR）、"面片"（PATCH）、"截面"（SECTION）及"周线"（PERIMETER）扫描。若用 DCC 方式测量，且只有线框型 CAD 文件，那么可选用"开线"（OPEN LINEAR）、"闭线"（CLOSED LINEAR）和"面片"（PATCH）扫描方式。若为手动测量模式，那么只能用基本的"手动触发扫描"（MANUL TTP SCAN）方式。若在手动测量模式时，测头为刚性测头，那么可用选项为"固定间隔"（FIXED DELTA）、"变化间隔"（VARIABLE DELTA）、"时间间隔"（TIME DELTA）和"主体轴向扫描"（BODY AXIS SCAN）方式。

3）数据管理

（1）数据转换。数据转换的任务和要求：

① 将测量数据格式转化为 CAD 软件可识别的 IGES 格式，合并后以产品名称或用户指定的名称分类保存。

② 不同产品、不同属性、不同定位、易于混淆的数据应存放在不同的文件中，并在 IGES 文件中分层分色。

数据转换使用《三坐标测量数据处理系统》完成，操作方法见软件用户手册。

（2）重定位整合。

① 应用背景。在产品的测绘过程中，往往不能在同一坐标系将产品的几何数据一次测出。其原因一是产品尺寸超出测量机的行程，二是测量探头不能触及产品的反面，三是在工件拆下后发现数据缺失，需要补测。这时就需要在不同的定位状态（即不同的坐标系）下测量产品的各个部分，称为产品的重定位测量。而在造型时则应将这些不同坐标系下的重定位数据变换到同一坐标系中，这个过程称为重定位数据的整合。对于复杂或较大的模型，测量过程中常需要多次定位测量，最终的测量数据就必须依据一定的转换路径进行多次重定位整合，把各次定位中测得的数据转换成一个公共定位基准下的测量数据。

② 重定位整合原理。工件移动（重定位）后的测量数据与移动前的测量数据存在着移动错位，如果在工件上确定一个在重定位前后都能测到的形体（称为重定位基准），那么只要在测量结束后，通过一系列变换使重定位后对该形体的测量结果与重定位前的测量结果重合，即可将重定位后的测量数据整合到重合前的数据中。重定位基准在重定位整合中起到了纽带的作用。

### 3．项目小结

目前社会经济发展迅速，很多精密机械行业都在逐步使用三坐标测量机，主要以测量工件的三维数据为主。它被广泛应用于工业生产中的各个领域，如模具检测、齿轮检测、刀具检测、摩配检测等，是精密测量仪器中重要的一种仪器。三坐标测量机可以与夹具配合使用，三坐标夹具使用在三坐标测量机上，利用其模块化的支持和参考装置，完成对所测工件的柔性固定。三坐标测量机测量精度的好坏，关键在于测针，有什么精度需要，就选择什么材质的测针，用户可以根据自己所需去选择。

### 4．项目评价

项目评价表如表 5-2 所示。

表 5-2　项目评价表

| 项　　目 | 目　　标 | 分　值 | 评　分 | 得　　分 |
|---|---|---|---|---|
| 叙述三坐标测量机工作原理 | 能正确全面说明 | 20 | 不完整，每处扣 2 分 | |
| 说明三坐标测量机在反求工程中的应用 | 需举两例说明 | 20 | 每例 10 分；不完整，每处扣 2 分 | |
| 列出三坐标测量机测量方法，有条件的实地操作 | 列出全面、正确、详尽 | 40 | 不完整，每处扣 4 分 | |
| 描绘三坐标测量机应用前景 | 能发挥想象能力，不设标准 | 20 | 不完整，每处扣 2 分 | |
| 总分 | | 100 | | |

## 项目拓展——三坐标测量机注意事项与日常保养

### 1．注意事项

正确使用三坐标测量机对其使用寿命、精度起到关键作用，应注意以下几个问题：

（1）工件吊装前，要将探针退回坐标原点，为吊装位置预留较大的空间；工件吊装要平稳，不可撞击三坐标测量机的任何构件。

（2）正确安装零件，安装前确保符合零件与测量机的等温要求。

（3）建立正确的坐标系，保证所建的坐标系符合图纸的要求，才能确保所测数据准确。

（4）当编好程序自动运行时，要防止探针对工件的干涉，故需注意要增加拐点。

（5）对于一些大型较重的模具、检具，测量结束后应及时吊下工作台，以避免工作台长时间处于承载状态。

**2. 日常保养**

三坐标测量机的组成比较复杂，主要由机械部件、电气控制部件、计算机系统组成。平时在使用三坐标测量机测量工件的同时，也要注意机器的保养，以延长机器的使用寿命。三坐标测量机的机械部件有多种，需要日常保养的是传动系统和气路系统的部件，保养的频率应该根据测量机所处的环境决定。一般在环境比较好的精测间中的测量机，推荐每三个月进行一次常规保养；如果使用环境中灰尘比较多，测量间的温度、湿度不能完全满足测量机使用环境的要求，则应该每月进行一次常规保养。

1）测量机导轨的保护

三坐标测量机的导轨是测量机的基准，只有保养好气浮块和导轨才能保证测量机的正常工作。三坐标测量机导轨的保养除了要经常用酒精和脱脂棉擦拭外，还要注意不要直接在导轨上放置零件和工具。尤其是花岗石导轨，因其质地比较脆，任何小的磕碰都会造成碰伤，如果未及时发现，碎渣就会伤害气浮块和导轨。要养成良好的工作习惯，用布或胶皮垫在下面，以保证导轨的安全。

2）测量机气路的保养

由于压缩空气对三坐标测量机的正常工作起着非常重要的作用，所以对气源的维修和保养非常重要。其中有以下主要项目：

（1）要选择合适的空压机，最好另有储气罐，使空压机工作寿命长，压力稳定。

（2）空压机的启动压力一定要大于工作压力。

（3）开机时，要先打开空压机，然后接通电源。

每天使用测量机前检查管道和过滤器，放出过滤器内及空压机或储气罐中的水和油。一般三个月要清洗随机过滤器和前置过滤器的滤芯，空气质量较差的周期要缩短。因为过滤器的滤芯在过滤油和水的同时本身也被油污染堵塞，时间稍长就会使测量机实际工作气压降低，影响三坐标测量机的正常工作。每天都要擦拭导轨上的油污和灰尘，保持气浮块和导轨的正常工作状态。

3）测量机调整与保护

（1）Z 轴平衡的调整。

测量机的 Z 轴平衡分为重锤和气动平衡，主要用来平衡 Z 轴的质量，使 Z 轴的驱动平稳。如果误动气压平衡开关，会使 Z 轴失去平衡。处理的方法：

① 将测座的角度转到 90°，避免操作过程中碰测头。

② 按下"紧急停"开关。

③ 一个人用双手托住 Z 轴，向上推、向下拉，感觉平衡的效果。

④ 一人调整气压平衡阀，每次调整量小一点，两人配合将 Z 轴平衡调整到向上和向下

的感觉一致即可。

（2）行程终开关的保护及调整。

行程终开关是用于机器行程终保护和 HOME 时使用。行程终开关一般使用接触式开关或光电式开关。接触式开关最容易在用手推动轴运动时改变位置，造成接触不良，可以适当调整开关位置来保证接触良好。光电式开关要注意检查插片位置正常，经常清除灰尘，保证其工作正常。

4）测量机温度控制

（1）空调的风向。

当人们在使用测量机时要尽量保持测量机房的环境温度与检测时一致，而且要注意电气设备、计算机、人员都是热源。在设备安装时要做好规划，使电气设备、计算机等与测量机有一定的距离。测量机房应加强管理，不要有多余人员停留，高精度测量机使用环境的管理更应该严格。

测量机房的空调应尽量选择变频空调。变频空调不仅节能性能好，而且控温能力强。在正常容量的情况下，控温可在±1 ℃范围内。

由于空调器吹出风的温度不是 20 ℃，因此绝不能让风直接吹到测量机上。有时为防止风吹到测量机上而把风向转向墙壁或一侧，结果出现机房内一边热一边凉，温差非常大的情况。空调器的安装应有规划，应让风吹到室内的主要位置，风向向上形成大循环（不能吹到测量机），尽量使室内温度均衡。有条件的应安装风道将风送到房间顶部通过双层孔板送风，回风口在房间下部。这样使气流无规则的流动，可以使机房温度控制更加合理。

（2）空调的开关时间。

每天早晨上班时打开空调，晚上下班再关闭空调，这种工作方式严重影响测量机的使用效率，在冬夏季节精度会很难保证；对测量机正常稳定也会有很大影响。所以，经常使用测量机的单位应保持 24 h 恒温，即不关空调；不常使用者，在打开空调后，温度达到20 ℃，并在温度稳定大约 4 h 后，测量机精度才能稳定，方可使用测量机进行测量。

（3）机房结构布局。

由于测量机房要求恒温，所以机房要有保温措施。如有窗户要采用双层窗，并避免阳光照射。门口要尽量采用过渡间，减少温度散失。机房的空调选择要与房间相当，机房过大或过小都会对温度控制造成困难。在南方湿度较大的地区或北方的夏天或雨季，当正在制冷的空调突然被关闭后，空气中的水汽会很快凝结在温度相对比较低的测量机导轨和部件上，会使测量机的气浮块和某些部件严重锈蚀，影响测量机寿命；而计算机和控制系统的电路板会因湿度过大出现腐蚀或造成短路。如果湿度过小，会严重影响花岗石的吸水性，可能造成花岗石变形；灰尘和静电会对控制系统造成危害。所以，机房的湿度并不是无关紧要的，要尽量控制在 60%±5%的范围内。空气湿度大、测量机房密封性不好是造成机房湿度大的主要原因。在湿度比较大的地区机房的密封性要求好一些，必要时增加除湿机。

（4）管理方式。

要避免灰尘对测量机产生影响，解决的办法就是改变管理方式，将"放假前打扫卫生"改为"上班时打扫卫生"，而且要打开空调和除湿机清除水分。要定期清洁计算机和控制系统中的灰尘，减少或避免因此而造成的故障隐患。使用标准件检查机器效果很好，但是相对来说比较麻烦，只能一段时间做一次。比较方便的办法是用一个典型零件，编好自动测量程序后，在机器精度校验好的情况下进行多次测量，将结果按照统计规律计算后得出一个合理的值及公差范围并将其记录下来。操作员可以经常检查这个零件以确定机器的精度情况。

## 项目 5-3　小型智能绘图机

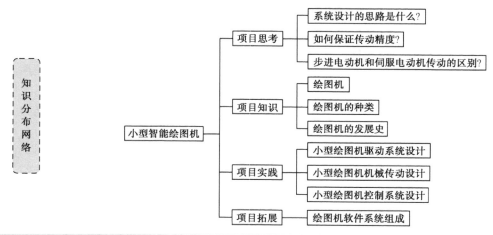

### 项目思考——小型机电一体化系统设计特点

　　小型智能绘图机是典型的机电一体化系统产品，包括机械设计、电子控制设计两部分。

　　以小型笔式绘图机为例，模块化的小幅面平板式画笔驱动系统通常由导轨座、移动滑块、工作平台、滚珠丝杠副及伺服电动机等部件组成，其外观形式如图 5-4 所示。其中，伺服电动机作为执行元件用来驱动滚珠丝杠，滚珠丝杠的螺母带动滑块和工作平台在导轨上运动，完成工作台在 $X$ 或 $Y$ 方向的直线移动，调整画笔的高度从而实现直线的生成。导轨副、滚珠丝杠螺母副和伺服电动机等均已标准化，由专门厂家生产，设计时只需根据工作载荷选取即可。控制系统根据需要可以选用标准的工业控制计算机，也可以设计专门的微机控制系统。

图 5-4　小型绘图机驱动系统

　　学生需思考的是：采用什么控制方法来保证绘图机的绘图精度及控制装置的选择。此项目为实践项目，列出详尽的设计过程，有条件的学校可以购买相应的制作配件进行设计制作。

　　从三个方面去思考：

　　（1）小型智能绘图机作为一个系统，总体设计方案制定的比较与分析，为什么选择此方案？初步树立"系统设计"的思路是什么？

## 项目实践——小型绘图机驱动系统设计

### 1．实践要求

题目：小型绘图机驱动系统设计。

主要设计参数如下：

工作台面尺寸为 600 mm×600 mm，可绘图范围 210 mm×297 mm（A4 图纸）。$X$、$Y$ 方向的定位精度均为±0.2 mm。

（1）学习机电一体化系统总体设计方案拟定、分析与比较的方法。

（2）通过对机械系统的设计掌握几种典型传动元件与导向元件的工作原理、设计计算方法与选用原则，如齿轮同步带减速装置、蜗杆副、滚珠丝杠螺母副、直线滚动导轨副等。

（3）通过对进给伺服系统的设计，掌握常用伺服电动机的工作原理、计算选择方法与控制驱动方式，学会选用典型的位移速度传感器，如交流、步进伺服进给系统，增量式旋转编码器，直线光栅等。

（4）通过对控制系统的设计，掌握一些典型硬件电路的设计方法和控制软件的设计思路，如控制系统选用原则、CPU 选择、A/D 与 D/A 配置、键盘与显示电路设计等，控制系统的管理软件、伺服电动机的控制软件等。

（5）培养学生独立分析问题和解决问题的能力，学习并初步树立"系统设计"的思路。

（6）锻炼、提高学生应用手册和标准、查阅文献资料以及撰写科技论文的能力。

### 2．实践过程

1）方案制定

（1）导轨副的选用。要设计的 X-Y 工作台是用来配套轻型画笔的，需要承受的载荷非常小，但脉冲当量小、定位精度高。因此，决定选用直线滚动导轨副，它具有摩擦系数小、不易爬行、传动效率高、机构紧凑、安装预紧方便等优点。

（2）丝杠螺母副的选用。伺服电动机的旋转运动需要通过丝杠螺母副转换成直线运动，要满足±0.2mm 的定位精度，滑动丝杠副无能为力，只有选择滚珠丝杠副才能达到。滚珠丝杠副的传动精度高、动态响应快、运转平稳、寿命长、效率高，预紧后可消除反向间隙。

（3）伺服电动机的选用。项目规定的脉冲当量尚未达到 0.001 mm，定位精度也未达到微米级，最快移动速度也不高。因此，本设计不必采用高档次的伺服电动机，如交流伺服电动机或直流伺服电动机等，可以选用性能好一些的步进电动机，如混合式步进电动机，以降低成本、提高性价比。

（4）联轴器的选用。由于系统对中性的要求较高，因此决定选用刚性联轴器，其具有结构简单、制造成本低等优点。考虑到工作载荷不大，拟选用套筒联轴器，其具有结构简单、制造容易、径向尺寸小的优点。

（5）检测装置的选用。选用步进电动机作为伺服电动机后，可选开环控制，也可选闭环控制。任务书所给的精度对于步进电动机来说不是很高，决定采用开环控制。

（6）控制系统的设计。

① 设计的驱动系统只有单坐标定位，所以控制系统应该设计成连续控制型。

② 对于步进电动机的开环控制，选用 MCS-51 系列的 AT89C51，能够满足设计任务书

给定的相关指标。

③ 要设计一套完整的控制系统，在选择 CPU 之后，还需要扩展键盘与显示电路、I/O 接口电路、D/A 转换电路、串行接口电路等。选择合适的驱动电源，与步进电动机配套使用。考虑到 $X$、$Y$ 两个方向的工作范围相差不大，承受的载荷也相差不多，为了减少设计工作量，$X$、$Y$ 两个坐标的导轨副、丝杠螺母副、伺服电动机、检测装置拟采用相同的型号与规格。

2）机械传动设计

（1）滚珠丝杠副的选型与计算。

① 确定滚珠丝杠副的导程 $P_h$。

根据传动关系图及传动条件，查《机床设计手册》取滚珠丝杠副的导程 $P_h$=10 mm。

② 滚珠丝杠副的载荷及转速计算。

a. 最小载荷 $F_{min}$。

选机器空载时滚珠丝杠副的传动力，根据工作台尺寸确定其质量为 25 kg，由滚动导轨副的摩擦系数 $f$=0.005 得：

$$F_{min}=fG=0.005×25×9.8=1.225 \text{ N}$$

b. 最大载荷 $F_{max}$。

选机器承受最大负荷时滚珠丝杠副的传动力。

$$F_{max}=F_1+f(F_2+G)=2\ 000+0.005(1\ 500+25×9.8)=2\ 008.725 \text{ N}$$

c. 滚珠丝杠副的当量转速 $n_m$ 及平均工作载荷 $F_m$。

当负荷与转速接近正比变化，各种转速使用机会均等时，可采用下列公式计算：

$$n_m=(n_{max}+n_{min})/2=[(2/0.01)+(0.4/0.01)]/2=120 \text{ r/min}$$

$$F_m=(2×F_{max}+F_{min})/3=(2×2\ 008.725+1.225)/3=1\ 339.56 \text{ N}$$

③ 确定预期额定动载荷。

根据要求选取各系数，载荷系数 $f_w$=1.5；精度为 1、2、3 级时，选精度系数 $f_a$=1.0；一般情况下选接触器系数或称可靠性系数 $f_c$=1.0，重要场合可靠性达 97% 时，选 $f_c$=0.44，$L_h$=22 000 h，由公式得：

$$C_{am}=\sqrt[3]{\frac{60n_mL_h}{10^6}}\cdot\frac{f_wF_m}{f_af_c}=\sqrt[3]{\frac{60×120×22\ 000}{10^6}}×\frac{1.5×1\ 339.56}{1.0×0.44}=24\ 708.8 \text{ N}$$

④ 按精度要求确定允许的滚珠丝杠的最小螺纹底径 $d_{2m}$。

a. 估算滚珠丝杠副的最大允许轴向变形量 $\delta_m$。

机床或机械装置伺服系统精度大多在空载下检验，空载时作用在滚珠丝杠副上的最大轴向工作载荷是静摩擦力 $F_0$。移动部件在综合拉压刚度 $K_{min}$ 处启动和反向时，由于 $F_0$ 方向变化将产生误差 $2F_0/K_{min}$，又称摩擦死区误差。它是影响重复定位精度的最主要因素，一般占重复定位精度的 1/2～2/3，所以规定滚珠丝杠副允许的最大轴向变形为：

$$\delta_m=\frac{F_0}{K_m}\approx(1/3～1/4)\text{重复定位精度}=(0.002\ 5～0.003\ 4) \text{ mm}$$

影响定位精度的最主要因素是滚珠丝杠副的精度，其次是滚珠丝杠副滚珠丝杠本身的拉压弹性变形（因为这种弹性变形随滚珠螺母在滚珠丝杠上的位置变化而变化），以及滚珠丝杠副摩擦力矩的变化等。一般估算：$\delta_m\leqslant(1/4～1/5)$定位精度。

即 $\delta_m \leqslant (1/4 \sim 1/5)$ 定位精度 $= (0.004 \sim 0.005)$ mm

以上两种方法估算的最小值取做 $\delta_m$ 值，即 $\delta_m = 0.002\ 5$ mm。

b. 估算滚珠丝杠副的底径 $d_{2m}$。

由滚珠丝杠副的安装方式（两端固定）得：

$$d_{2m} \geqslant 10\sqrt{\frac{10F_0 L}{\pi \delta_m E}} = 0.039\sqrt{\frac{F_0 L}{\delta_m}}$$

式中　$F_0$——导轨静摩擦力；

　　　$E$——杨氏弹性模量 $2.1 \times 10^5$ N/mm²；

　　　$L$——两个固定支承之间的最大距离（mm）。

$L = (1.1 \sim 1.2)$ 行程 $+ (10 \sim 14)P_h = 1.2 \times 500 + 12 \times 10 = 720$ mm

所以：

$$d_{2m} = 0.039\sqrt{\frac{1.225 \times 720}{0.002\ 5}} = 23.16\ \text{mm}$$

⑤ 确定滚珠丝杠副的规格代号。

根据传动方式及使用情况确定滚珠螺母形式。按照 $P_h$、$C_{am}$ 的值，可在手册中先查出对应的滚珠丝杠副的底径 $d_2$，额定动载荷 $C_a$（应注意 $d_2 \geqslant d_{2m}$，$C_a \geqslant C_{am}$，但不宜过大，否则会使滚珠丝杠副的转动惯量偏大，结构尺寸也偏大），接着再确定公称直径、循环圈数、滚珠螺母的规格代号及有关的安装连接尺寸。根据条件 $d_2 \geqslant d_{2m}$，$C_a \geqslant C_{am}$，选用滚珠丝杠副的型号为 3210-5，公称直径 $d_0 = 34.7$ mm，$d_1 = 32.5$ mm，$d_2 = 24.7$ mm，$C_a = 39.7$ kN。

⑥ 对预紧滚珠丝杠副，确定其预紧力 $F_b$。

由最大轴向工作载荷 $F_{max}$ 确定，即：

$$F_b = \frac{1}{3}F_{max} = \frac{1}{3} \times 2\ 008.725 = 669.575\ \text{N}$$

⑦ 滚珠丝杠副工作图设计。

确定滚珠丝杠副的螺纹长度　　　　$L_s = L_u + 2L_e$

$L_e = 40\text{mm}$，$L_u = $ 有效行程 $+$ 螺母长度 $= 500 + 8P_h = 580$ mm

得：

$$L_s = 580 + 80 = 660\ \text{mm}$$

⑧ 滚珠丝杠螺母的安装连接尺寸。

　　　　$D_1 = 40$ mm，$D = 66$ mm，$D_4 = 53$ mm，$L = 72$ mm，$B = 11$ mm，$h = 6$ mm

（2）电动机的选型与计算。

① 作用在滚珠丝杠副上各种转矩计算。

设外加载荷产生的摩擦力矩为 $T_F$（N·m），则如下所示。

空载时：

$$T_{F0} = \frac{FP_h}{2\pi\eta} = \frac{1.225 \times 0.01}{2 \times 3.14 \times 0.9} = 0.002\ 2\ \text{N·m}$$

外加径向载荷的摩擦力矩：

$$T_{FL} = \frac{F_L P_h}{2\pi\eta} = \frac{8.725 \times 0.01}{2 \times 3.14 \times 0.9} = 0.015\ \text{N·m}$$

滚珠丝杠副预加载荷 $F_b$ 产生的预紧力矩：

$$T_b = \frac{F_b P_h}{2\pi} \cdot \frac{1-\eta}{\eta^2} = \frac{669.575 \times 0.01}{2 \times 3.14} \times \frac{1-0.9^2}{0.9^2} = 0.25 \text{ N} \cdot \text{m}$$

② 负荷转动惯量 $J_L$（kg·m²）及传动系统转动惯量 $J$（kg·m²）的计算如下所示。

$$J_L = \sum_i \left(\frac{n_i}{n_m}\right)^2 + \sum m_j \left(\frac{V_j}{2\pi n_m}\right)^2$$

$$J = J_M + J_L$$

滚动丝杠的转动惯量：

$$J_s = \frac{\pi \times 7.8 \times 10^3 \times 0.033^4 \times 0.72}{32} = 6.5 \times 10^{-4} \text{ kg} \cdot \text{m}^2$$

$$J_L = J_s + \left(\frac{P_h}{2\pi}\right)^2 \cdot m = 6.5 \times 10^{-4} + \left(\frac{0.01}{2 \times 3.14}\right)^2 \times 25 = 7.13 \times 10^{-4} \text{ kg} \cdot \text{m}^2$$

由

$$\frac{1}{4} \leqslant \frac{J_M}{J_L} \leqslant 1$$

即

$$1.78 \times 10^{-4} \leqslant J_M \leqslant 7.13 \times 10^{-4}$$

取 $J_M = 3.57 \times 10^{-4}$ kg·m²，则有

$$J = J_M + J_L = (3.57 + 7.13) \times 10^{-4} = 10.7 \times 10^{-4} \text{ kg} \cdot \text{m}^2$$

③ 加速转速 $T_a$ 和最大加速转矩 $T_{am}$。

当电动机转速从 $n_1$ 升至 $n_2$ 时：

$$T_a = J \cdot \frac{2\pi(n_1 - n_2)}{60t_a} = 10.7 \times 10^{-4} \times \frac{2 \times 3.14 \times (200 - 40)}{60 \times 2} = 9.2 \times 10^{-3} \text{ N} \cdot \text{m}$$

当电动机从静止升速到 $n_{max}$ 时：

$$T_{am} = J \cdot \frac{2\pi n_{max}}{60t_a} = 10.7 \times 10^{-4} \times \frac{2 \times 3.14 \times 200}{60 \times 2} = 11.2 \times 10^{-3} \text{ N} \cdot \text{m}$$

④ 电动机最大启动转矩 $T_r$（N·m）。

$$T_r = T_{am} + T_F + T_b + T_L = 11.2 \times 10^{-3} + 0.015 + \frac{2\,000 \times 0.01}{2 \times 3.14 \times 0.9} + 0.25 = 3.815 \text{ N} \cdot \text{m}$$

⑤ 电动机连续工作的最大转矩。

$$T_M = T_F + T_L = 0.015 + 3.79 = 3.8 \text{ N} \cdot \text{m}$$

⑥ 电动机的选择。

在选择电动机时主要从以下几个方面考虑：

a. 能满足控制精度要求；

b. 能满足负载转矩的要求；

c. 满足惯量匹配原则。

上述计算均没有考虑机械系统的传动效率。当选择机械传动总效率 $\eta = 0.96$，且同时也在车削时，由于材料的不均匀等因素的影响，会引起负载转矩突然增大。为避免计算上的误差及负载转矩突然增大使步进电动机丢步而引起加工误差，可以适当考虑安全系数，安全系数

一般可以在 1.2～2 之间选取。如果选取安全系数 $K$=1.5，则步进电动机的总负载转矩为：

$$T_{\Sigma}=KT_{m}=(3.815/0.96)\times 1.5=5.96\ \text{N·m}$$

如果选上述预选的步进电动机 90BYG2602，其最大静转矩 $T_{jmax}$=6.3 N·m。在五相十拍驱动时，其步矩角为 0.36°/step。为了保证带负载能正常加速启动和定位停止，电动机的启动转矩必须满足：$T_{jmax}{\geqslant}T_{\Sigma}$，由 $T_{jmax}$=6.3 N·m$\geqslant T_{\Sigma}$=5.96 N·m，故选用合适。

⑦ 步进电动机的性能校核。

a．最快进给速度时电动机输出转矩校核。

设计给定工作台最快进给速度 $V_{maxf}$=2 000 mm/min，脉冲当量 $\zeta$=(5×0.75°/360°) mm/脉冲，得电动机对应的运行频率 $f_{maxf}$=[$V_{maxf}$/(60$\zeta$)]=[2000/(60×5×0.75°/360°)]=3 200 Hz。从 90BYG2602 步进电动机的运行矩频特性曲线（见图 5-5）可以看出，在此频率下，电动机的输出转矩 $T_{maxf}{\approx}3.5$ N·m，远远大于最大工作负载转矩 $T_{eq1}$=0.066 57 N·m，满足设计要求。

b．最快进给速度时电动机运行频率校核。

与最快进给速度 $V_{maxf}$=2 000 mm/min 对应的电动机运行频率为 $f_{maxf}$=3 200 Hz。查表可知 90BYG2602 步进电动机的空载运行频率可达 20 000 Hz，可见没有超出上限。

c．启动频率的计算。

已知电动机转轴上的总转动惯量 $J_{eq}$=4.437 kg·cm$^2$，电动机转子的转动惯量 $J_{M}$=4 kg·cm$^2$，电动机转轴不带任何负载时的空载启动频率 $f_{q}$=1 800 Hz（查表），则可以求出步进电动机克服惯性负载的启动频率：

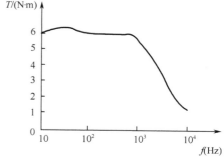

图 5-5　90BYG2602 步进电动机的运行矩频特性曲线

$$f_{L}=\frac{f_{q}}{\sqrt{1+J_{eq}/J_{M}}}=1\ 240\ \text{Hz}$$

上式说明，要想保证步进电动机启动时不失步，任何时候的启动频率都必须小于 1 240 Hz。实际上，在采用软件升降频时，启动频率选得更低，通常只有 100 Hz（即 100 脉冲/s）。

综上所述，本次设计中进给传动选用 90BYG2602 步进电动机完全满足设计要求。

（3）滚动直线导轨选择、计算和验算。

本设计采用滚动直线导轨，其最大优点是摩擦系数小，动、静摩擦系数差很小，因此其具有运动轻便灵活、运动所需功率小、摩擦发热少、磨损小、精度保持性好、低速运动平稳性好、移动精度和定位精度高的优点。所采用的滚动直线导轨结构如图 5-6 所示。

在选择导轨时，主要遵循以下几条原则。

① 精度不干涉原则：导轨的各项精度在制造和使用时互不影响才易得到较高的精度。

② 动摩擦系数相近的原则：比如选用滚动导轨或塑料导轨，由于摩擦系数小且静、动摩擦系数相近，故可获得较低的运动速度和较高的重复定位精度。

③ 导轨能自动贴合原则：要使导轨精度高，必须使相互结合的导轨有自动贴合的性能。对水平位置工作的导轨，可以靠工作台的自重来贴合；其他导轨靠附加的弹簧力或者滚轮的压力使其贴合。

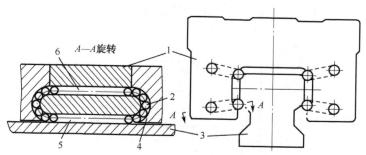

1—运动件；2—滚珠；3—承导体；4—返回器；5—工作滚道；6—返回滚道

图5-6  滚动直线导轨结构

④ 移动的导轨在移动过程中，能始终全部接触的原则：也就是固定的导轨长，移动的导轨短。对水平安装的导轨，以下导轨为基准，上导轨为弹性体。

⑤ 能补偿因受力变形和受热变形的原则。

根据以上原则且因为所设计的机械所受力不是很大，所以初选导轨为 GGB16AAL2P2-4，其额定静、动载荷 $C_{0a}$=6.07 kN，$C_a$=6.8 kN。查表确定各系数为：

$$f_h=1,\ f_t=1,\ f_c=0.66,\ f_a=1,\ f_w=1.2$$

从而可以确定所受的最大力为 3.23 kN。滚动体为球体时，有公式：

$$L=50\left(\frac{f_h f_t f_c f_a}{f_w}\cdot\frac{C_a}{F_c}\right)^3=50\times\left(\frac{1\times1\times0.66\times1}{1.2}\times\frac{35.1}{3.23}\right)^3=10\ 675\ \text{km}$$

$$L_h=\frac{L\times10^3}{2Sn\times60}=\frac{10\ 675\times10^3}{2\times0.8\times4\times60}=27\ 799\ \text{h}\geqslant22\ 000\ \text{h}$$

式中　$L$——距离寿命时间（km）；

　　　$n$——移动件每分钟往返次数；

　　　$S$——移动件行程长度（m）；

　　　$L_h$——寿命时间（h）。

所以，满足寿命的要求，合格。

3）控制系统设计

（1）设计要求。

采用 MCS-51 系列单片机来完成该控制系统及系统框图的设计。系统主要包括键盘、显示电路、驱动电路、步进电动机等，同时系统要有自动错误处理功能，如限位控制、驱动出错处理，这就需要在程序设计时提供相应的中断处理程序。

（2）方案分析。

本系统的主要执行元件是步进电动机。步进电动机是一种将电脉冲信号转换成直线或角位移的执行元件，它不能直接接到交直流电源上，而必须使用步进电动机控制驱动器。典型步进电动机控制系统如图 5-7 所示：AT89C51 单片机可以发出脉冲频率从几赫兹到几十千赫兹连续变化的脉冲信号，它为环形分配器提供脉冲序列。环形分配器的主要功能是把来自控制环节的脉冲序列按一定的规律分配后，经过功率放大器的放大加到步进电动机驱动电源的各项输入端，以驱动步进电动机转动。环形分配器主要有两大类：一类是用计

机电一体化系统项目教程

算机软件设计的方法实现环形分配器要求的功能，通常称为软环形分配器；另一类是用硬件构成的环形分配器，通常称为硬环形分配器。

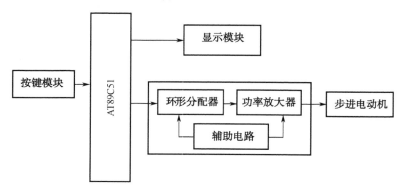

图 5-7  步进电动机控制系统

（3）单片机与步进电动机驱动器接口。

采用单片机系统对步进电动机进行串行控制，系统从 CP 脉冲控制端按电动机旋转速度的要求发出相应周期间隔的脉冲，即可使电动机旋转。当需要电动机恒转速运行时，就发出恒定周期的脉冲串；当需要加速或减速运行时，就发出周期递减或递增的脉冲串；当需要锁定状态时，只要停止发脉冲串就可以。由此可以方便地对电动机转速进行控制。方向电平控制线可实现对电动机方向的控制，为低电平"0"时，环行分配器按正方向进行脉冲分配，电动机正向旋转；而为高电平"1"时，环行分配器按反方向进行脉冲分配，电动机反向旋转，从而可实现工作台的来回运动。

图 5-8 简单画出串行控制方法的接线图。图中是采用 AT89C51 单片机的 P1.0 作为方向电平信号，P1.1 作为 CP 脉冲信号。设正常的 P1.1 为高电平，CP 脉冲输出低电平有效，产生 CP 脉冲的子程序如下。

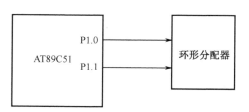

图 5-8  串行控制方法的接线图

| | | | |
|---|---|---|---|
| CW: | CLR | P1.0; | 正转电平 |
| | CLR | P1.1; | 输出低电平，产生脉冲前沿 |
| | LCALL | D5 μs; | 调延时子程序，使脉冲宽度为 5 μs |
| | SETB | P1.0; | 输出高电平，产生脉冲后沿 |
| | RET; | | 返回 |

要想电动机反方向运行，可调用如下子程序。

| | | | |
|---|---|---|---|
| CW: | SETB | P1.0; | 输出反转电平 |
| | CLR | P1.1; | 输出脉冲前沿 |
| | LCALL | D5 μs; | 延时 5 μs |
| | SETB | P1.0; | 输出脉冲后沿 |
| | RET; | | 返回 |

（4）步进电动机驱动电源选用。

本项目设计中选用的 90BYG2602 型电动机，生产厂家为常州宝马集团公司，选择 SM-202A 细分驱动器，如图 5-9 所示。

① 特点。

a. 电源电压小于+40 VDC。

b. 斩波频率大于 35 kHz。

c. 输入信号与 TTL 兼容。

d. 可驱动两相或四相混合式步进电动机。

e. 双极性恒流斩波方式。

f. 光电隔离信号输入。

g. 细分数可选 SM-202A 型：2、4、8、16、32、64 或根据用户要求设计。

h. 驱动电流可由开关设定。

i. 外形尺寸：85 mm×59 mm×19 mm。

j. 质量：0.11 kg。

② 引脚说明。

a. +40 V 与 GND 端为外接直流电源。

b. A+、A−端为电动机 A 相。

c. B+、B−端为电动机 B 相。

图 5-9  SM-202A 细分驱动器

d. +COM 端为光电隔离电源公共端，典型值为+5 V，高于+5 V 时应在 CP、DIR 及 FREE 端串接电阻。

e. CP 端为脉冲信号，下降沿有效。

f. DIR 端为方向控制信号，电平高低决定电动机运行方向。

g. FREE 端为驱动器使能信号，高电平或悬空电动机可运行，低电平驱动器无电流输出，电动机处于自由状态。

③ 电气特性 （$T_j$=25 ℃）。

a. 信号逻辑输入电流 10 ～25 mA。

b. 下降沿脉冲时间大于 5 μs。

c. 绝缘电阻大于 500 MΩ。

④ 使用环境及参数。

a. 冷却方式：自然冷却或强制风冷。

b. 使用环境：尽量避免粉尘及腐蚀性气体。

c. 温度：0～+50 ℃。

d. 湿度：40%～89%RH。

⑤ 机械安装。

如图 5-10 所示为机械安装尺寸图。

⑥ 电源供给。

本驱动器可采用非稳压型直流电源供电，也可以采用变压器降压+桥式整流+电容滤波供电。

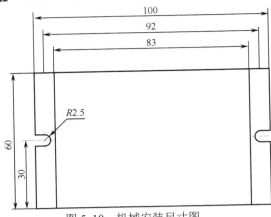

图 5-10    机械安装尺寸图

⑦ 输入接口电路。

如图 5-11 所示为输入接口电路。

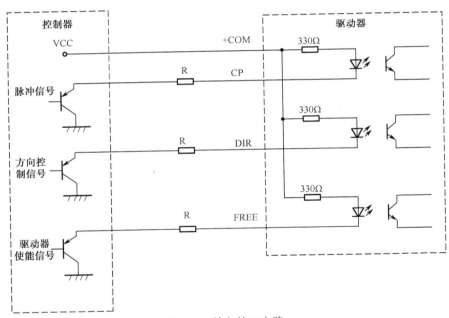

图 5-11    输入接口电路

⑧ 电动机接线。

SM-202A 驱动器能驱动 4 线、6 线或 8 线的两相/四相电动机。图 5-12 详细列出了 4 线、6 线、8 线电动机的接法。

⑨ 驱动器与电动机的匹配。

a. 供电电压的选定。一般来说，供电电压越高，电动机高速时力矩越大，越能避免高速时掉步。但另一方面，电压太高可能损坏驱动器，而且在高电压下工作时，低速运动振动较大。

b. 输出电流的设定值。对于同一电动机，电流设定值越大时，电动机输出力矩越大，但电流大时电动机和驱动器的发热也比较严重。所以，一般情况是把电流设成供电动机长期工作时出现温热但不过热的数值。

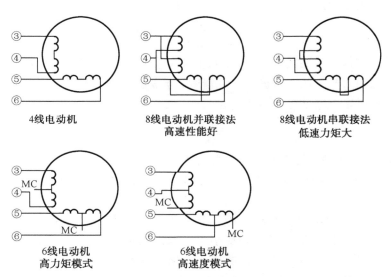

图 5-12　电线接线

4 线电动机和 6 线电动机高速度模式：输出电流设成等于或略小于电动机额定电流值。

6 线电动机高力矩模式：输出电流设成电动机额定电流的 70%。

8 线电动机串联接法：输出电流设成电动机额定电流的 70%。

8 线电动机并联接法：输出电流可设成电动机额定电流的 1.4 倍。

电流设定后运转电动机 15～30 min，如电动机温升太高，则应降低电流设定值。如降低电流值后，电动机输出力矩不够则应改善散热条件，保证电动机及驱动器均不烫手。

⑩ 驱动器接线。

一个完整的步进电动机控制系统应含有步进电动机、步进驱动器、直流电源及控制器（脉冲源）。本项目设计选择与步进电动机 90BYG2602 相配套的驱动电源 BD28Nb 型，输入电压为 100VAC，相电流为 4A，分配方式为两相八拍，其与控制器的接线方式如图 5-13 所示。

### 3．项目小结

在本项目设计中采用步进电动机直接驱动滚珠丝杠来实现工作台的水平移动，因其无位置反馈，其精度主要取决于驱动

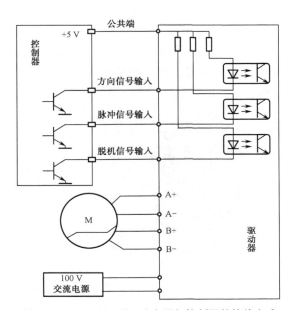

图 5-13　BD28Nb 型驱动电源与控制器的接线方式

系统和机械传动机构的性能和精度，所以它的精度不高。一般以功率步进电动机作为伺服驱动元件，其具有结构简单、工作稳定、调试方便、维修简单、价格低廉等优点，但是因

其无减速装置，多用在精度和速度要求不高、驱动力矩不大的场合。同时由公式：

$$i=\frac{360\delta}{\alpha h}$$

式中，$\alpha$ 为步进电动机的步距角（°）；$\delta$ 为脉冲当量（mm/脉冲）；$h$ 为丝杠螺距（mm）。

易知可以通过增大传动比 $i$ 来提高定位精度。但是因本项目采用的是步进电动机直接驱动滚珠丝杠副，所以定位精度是由步距角 $\alpha$ 来确定的。而：

$$\alpha=\frac{360}{kmz}（°）$$

式中，$m$ 为定子相数；$z$ 为转子齿数；$k$ 为通电系数。

这就要求步进电动机有较小的步距角，而较小的步距角就需要较大的转子齿数，从而大大增加了成本。

在项目中所选的是滚动直线导轨，因其具有摩擦系数小（0.0025～0.005），动、静摩擦力相差甚微，运动轻便灵活，所需功率小，摩擦发热小，磨损小，精度保持性好，低速运动平稳，移动精度和定位精度都较高的优点，所以其可以消除在低速度移动时的爬行现象。但是其滚动导轨结构复杂，制造成本高，抗震性差。

项目中传动部件用的是滚珠丝杠螺母机构，其摩擦损失小，传动效率高（可达 85%～98%）。丝杠螺母之间预紧后，可以完全消除间隙，具有刚度大、摩擦阻力小等优点。但是它有不能自锁、运动有可逆性等缺点，即会出现旋转运动变为直线运动或直线运动变为旋转运动。虽然滚珠丝杠螺母副传动效率很高，但不能自锁，用在垂直传动或水平放置的高速大惯量传动中，必须装有制动装置。

为了减少丝杠的受热变形，可以将丝杠制成空心，在支承法兰处通入恒温油进行强迫冷却循环。

滚珠丝杠副必须采用润滑油或锂基油脂进行润滑，同时要采用防尘密封装置，如可用接触式或非接触密封圈、螺旋式弹簧钢带、或折叠式塑性人造革防护罩等。并且滚珠丝杠副采用内循环的方式，如图 5-14 所示。

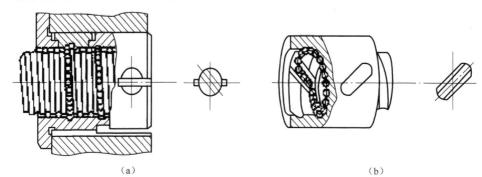

（a）　　　　　　　　　　　　　　　　　（b）

图 5-14　滚珠丝杠副（内循环）

这种方式结构紧凑，定位可靠，刚性好，且不易磨损，返回滚道短，不易发生滚珠堵塞，摩擦损失也小。

在系统的控制方面，本项目采用的是开环控制系统，其控制简图如图 5-15 所示。

该开环控制系统具有结构简单、工作稳定、调试方便、维修简单、价格低廉等优点，

但是其精度较低。

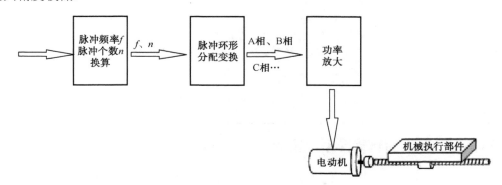

图 5-15　开环控制系统

在步进电动机驱动和控制方面，项目中采用的是专用的与步进电动机相匹配的驱动控制器，完全可以实现控制要求。

综上所述，虽然项目设计中存在一些缺点，但是这些都不会影响控制的精度，并且都可以达到项目任务中的要求，所以上述设计是满足设计要求的，完全可以实现对工作台的控制。

本项目设计的目的是巩固所学机电一体化系统设计知识，熟悉典型机电一体化系统的设计，重点是传动系统的设计。传动系统的设计思路很简单，主要是选择丝杠副和直线运动导轨及其工作强度的校核。项目设计的每个零件尺寸一定要很精确，螺纹孔的位置也要很准确，否则在装配的过程中会出现很多问题。初期学生可能碰到的问题及解决方案主要有以下几点。

（1）在保证丝杠有效行程（300 mm）的前提下，直线运动导轨的长度不够，工作台最大移动时撞到电动机。

解决方案：增加丝杠轴端长度，同时调整丝杠螺母在工作台上的定位。

（2）丝杠螺母副和直线运动导轨副的内部结构不清楚。

解决方案：查手册，设计外观。

（3）工作台上的沉孔过于密集，不方便加工。

解决方案：减少沉孔的数量，同时增大沉孔直径，即增大内六角圆头螺钉的公称直径，以保证工作台的稳定性。

（4）设计规定工作台理论最大尺寸为 210 mm×297 mm，考虑到直线运动导轨承受的载荷及工作台的粗糙度（铝合金材质），工作台尺寸设计为 230 mm×230 mm。实际画直线时，可考虑在工作台上固定一大小为 210 mm×297 mm 的注塑件平台，厚度为 2～3 mm。

（5）设计时还应考虑到加工工艺问题。

（6）控制系统的设计可直接参考市场上的控制模块。

（7）考虑到二维设计图的可读性，画笔及其支架等没有进行结构细节设计，且一些设计还应进行相应的校核。

## 4．项目评价

项目评价如表 5-3 所示。

表5-3 项目评价表

| 项 目 | 目 标 | 分 值 | 评 分 | 得 分 |
|---|---|---|---|---|
| 项目方案制定及部件选择 | 方案正确合理、部件选择得当 | 20 | 方案正确满分，基本正确酌情扣分 | |
| 机械部分设计、计算、校核 | 设计计算正确 | 40 | 每一步酌情扣5~10分 | |
| 控制部分设计、编程 | 设计计算正确 | 40 | 每一步酌情扣5~10分 | |
| 总分 | | 100 | | |

## 项目拓展——绘图机软件系统组成

绘图机软件系统组成：控制系统按照事先编好的控制程序实现各种控制功能。按照功能可将数控系统的控制软件分为以下几个部分。

（1）系统管理程序：它是控制系统软件中实现系统协调工作的主体软件。其功能主要是接收操作者的命令，执行命令，从命令处理程序到管理程序接收命令的环节，使系统处于新的等待操作状态。

（2）源程序的输入处理程序：该程序完成从外部 I/O 设备输入绘图源程序的任务。

（3）插补程序：根据绘图源程序进行插补，分配进给脉冲。

（4）伺服控制程序：根据插补运算的结果或操作者的命令控制伺服电动机的速度、转角及方向。

（5）诊断程序：包括移动部件移动超界处理、紧急停机处理、系统故障诊断、查错等功能。

## 仿真实验——机电气一体化系统控制实验

### 1．实验目的

（1）熟悉和了解气动控制的基本控制设备：气压表、电磁阀、阀岛和各种气缸。

（2）熟悉和了解 PLC 的基本控制原理，控制端子基本接线，功能配置与基本参数的设定。

（3）掌握 PLC 程序的编制方法和基本命令的使用。

（4）编写 PLC 实例控制程序，实现龙门式机械手的控制，在实验过程中理解并构建一个完整的气动与电动相结合的控制系统基本原理和方法。

### 2．实验设备

控制柜，包括 PLC、变频器、控制按钮、状态显示灯、各种外接端子、专业连接导线。

气动元件，包括气管、气压表、电磁阀、阀岛、气缸。

PLC 与 PC 连接专用电缆。

计算机。

PLC 编程软件。

由气缸和型材搭建的机械手。

气缸配置磁感应传感器。

### 3. 实验原理图（如图 5-16 所示）

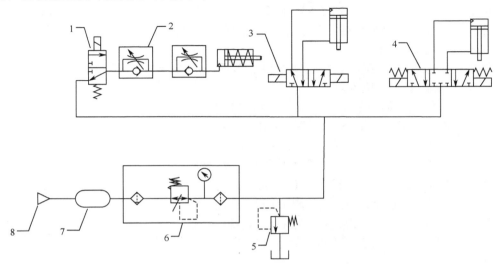

1—二位三通阀；2—单向节流阀；3—二位五通阀；4—三位五通阀；5—溢流阀；6—气动三大件；7—储气罐；8—气压源

图 5-16　实验原理图

### 4. 气动系统接线图（如图 5-17 所示）

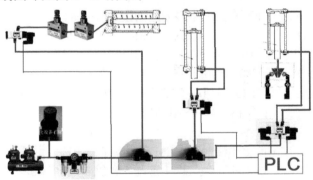

图 5-17　气动系统接线图

### 5. 运动过程分析

系统启动按钮 SB、停止按钮 Stop、复位按钮 Reset，系统动作状态与指示灯对照表如表 5-4 所示。

表 5-4　系统动作状态与指示灯对照表

| 状　态 | 气缸控制电磁阀 | 气缸传感器指示灯 | 状态指示灯 |
|---|---|---|---|
| 右移 | RHEM | HSE2 | LP1 |
| 左移 | LHEM | HSE1 | LP2 |
| 上移 | UVEM | VSE2 | LP3 |
| 下移 | DVEM | VSE1 | LP4 |
| 松开 | SVEM | SSE1 | LP5 |
| 夹紧 | JVEM | SSE2 | LP6 |

初始状态：初始时（系统加电或按 Reset 按钮），横向气缸处于最左边，横向气缸左边传感器指示灯 HSE1 亮，且状态指示灯 LP2 亮；纵向气缸停在最上边，纵向气缸上边传感器指示灯 VSE2 亮且状态指示灯 LP3 亮；机械手松开，机械手松开气缸传感器指标灯 SSE1 亮，且状态指示灯 LP5 亮。

动作顺序：按 SB 按钮，系统启动并自动运行；按 Stop 按钮时，系统停止运行；按 Reset 按钮，系统恢复初始位置。

（1）下移。纵向气缸控制向下电磁阀 DVEM 上电，气缸向下运动，状态指示灯 LP3 灭。当到达位置后，纵向气缸下边传感器 VSE1 亮，且状态指示灯 LP4 亮。

（2）夹紧。机械手夹紧气缸控制电磁阀 JVEM 上电，气缸向下运动，状态指示灯 LP5 灭。当到达位置后，夹紧气缸下边传感器指示灯 SSE2 亮，且状态指示灯 LP6 亮。

（3）上移。纵向气缸控制向上电磁阀 UVEM 上电，向下电磁阀 DVEM 失电，状态指示灯 LP4 灭，气缸向上运动。当纵向气缸到达最上边时，纵向气缸上边传感器指示灯 VSE2 亮，且状态指示灯 LP3 亮。

（4）右移。横向气缸控制电磁阀右位 RHEM 上电，左位 LHEM 断电，气缸向右边运动，状态指示灯 LP2 灭。当到达位置后，横向气缸右边传感器指示灯 HSE2 亮，且状态指示灯 LP1 亮。

（5）下移。纵向气缸控制向下电磁阀 DVEM 上电，气缸向下运动，状态指示灯 LP3 灭。当到达位置后，纵向气缸下边传感器指示灯 VSE1 亮，且状态指示灯 LP4 亮。

（6）松开。机械手松开气缸控制电磁阀 SVEM 上电，夹紧气缸控制电磁阀 JVEM 失电，气缸向上运动，状态指示灯 LP6 灭。当到达位置后，松开气缸上边传感器指示灯 SSE1 亮，且状态指示灯 LP5 亮。

（7）上移。纵向气缸控制向上电磁阀 UVEM 上电，向下电磁阀 DVEM 失电，状态指示灯 LP4 灭，气缸向上运动。当纵向气缸到达最上边时，纵向气缸上边传感器指示灯 VSE2 亮，且状态指示灯 LP3 亮。

（8）左移。横向气缸控制电磁阀左位 LHEM 上电，右位 RHEM 断电，气缸向左边运动，状态指示灯 LP1 灭。当到达位置后，横向气缸左边传感器指示灯 HSE1 亮，且状态指示灯 LP2 亮。

机械手动作流程图如图 5-18 所示。

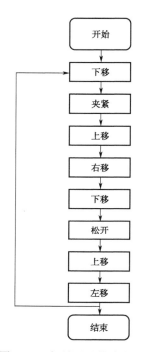

图 5-18　机械手动作流程图

### 6. 实验报告

（1）指出龙门机械手应用气动与电动相结合的控制特点是什么？

（2）为什么本龙门机械手的机械结构选择直角坐标型？

## 创新案例——自控型静电隔尘给气扇案例

### 1. 创新案例背景

当人们开窗透气时，灰尘及污物也随着空气通过窗户进入室内，不仅影响室内的卫生清洁，还影响室内的空气质量，危害人们的身体健康。静电隔尘给气扇能将室外空气经给气扇的静电过滤网过滤成清新纯净的空气送入室内，同时，排气扇又将室内污浊空气排出室外，如此在室内形成 24 h 空气循环。

### 2．创新设计要求

（1）能提供清新纯净的空气送入室内，隔尘率要高；

（2）能实现智能功能，可以自行设定通风时间、换气强度等；

（3）静电隔尘给气扇采用管道型结构，安装方便、使用简单。

### 3．设计方案分析

经调查市场上有静电隔尘窗、隔尘纱窗等，但它们都有明显的缺点。传统静电隔尘窗、隔尘纱窗等由于用户不慎接触到带电导线或被雨淋而短路，容易造成火灾，且投资费用较高、安装不便。为此，本设计方案采用管道型静电隔尘给气扇，先通过风扇将外界风经管道吸进，所吸进的风再经静电过滤网过滤成清新纯净的空气送入室内。同时，管道型排气扇又将室内污浊空气排出室外。

本方案的关键技术是如何实现静电隔尘：在致密性较高的金属网面上加上一个安全电压，使网面带电；由于灰尘在空气中飘浮时互相碰撞摩擦，便带有微量电荷；当带微量电荷的灰尘接触到带电场的网面时，如果灰尘带的微量电荷与网面电场极性相同，就被网面电场排斥；如果灰尘带的微量电荷与网面电场极性相反，就被网面电场吸附，从而达到屏蔽灰尘的目的。

### 4．技术解决方案

将制作好的两个金属网面安装在管道前端，两层网面分别连接在电源的正、负极导线上即可。两金属网层形成电容，灰尘由于质量小，被带电的网面吸附或击落，从而达到了将室外空气过滤成清新纯净的空气送入室内的目的。通风时间、换气强度等通过程序控制。

结构设计如图 5-19 所示。

#### 1）管罩

采用的管罩如图 5-20 所示，外部有半管罩覆盖，能有效防雨；内口有铁丝网，能有效防止异物进入房内。

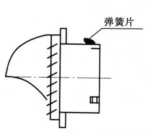

图 5-19　结构设计

图 5-20　管罩

型号：FV-XFW100PC；管道直径：100 mm；部件材质：铝质。

2）滤网

滤网在管道内主要起隔尘、隔音作用，如图 5-21 所示。

材质：不锈钢丝网。

3）风扇

选用最新的带冲印 LOGO 的折叶导流扇叶设计，实现了超大风量和超低噪声的效果，如图 5-22 所示。

尺寸：12 cm×12 cm；电源：12 V DC。

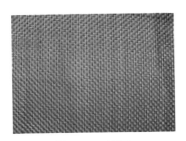

图 5-21　滤网

图 5-22　风扇

4）金属网（如图 5-23 所示）

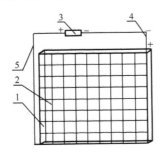

1—金属网窗框；2—网面；3—储能组合元件；4—电源；5—导线

图 5-23　金属网

连接方式：电源 4 正极一端与网面 2 一端连接，网面 2 另一端与储能组合元件 3 正极相连接，储能组合元件 3 负极与网面 6 一端连接，网面 6 另一端连接电源 4 负极。

储能组合元件的作用：克服静电除尘网在收集高比电阻粉尘时电场中形成的反电晕现象，从而提高静电除尘器处理高比电阻粉尘的除尘效率。

### 5．创新案例小结

案例应用了静电的科学原理，用稳压电源使交流变成直流，使作品更安全。空气质量关系每个人的身体健康，存在巨大的市场空间，有较好的应用推广前景，并且具有较好的社会效益和经济效益，可进行进一步需求调研和推广。

本案例创新点在于：

（1）管道型静电隔尘给气扇能防止灰尘及污物也随着空气通过窗户进入室内。

（2）通过控制器可以控制通风时间、换气强度，采用单片机控制，进行遥控定时、调速、自消毒等。

（3）在给气扇中使用了低噪声的扇叶，以达到优异的静音效果。

**6. 作品效果示意图**

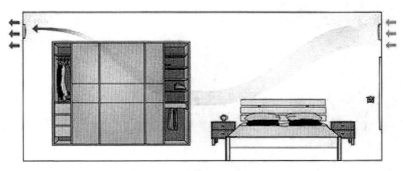

图 5-24　作品效果示意图

## 课后练习 5

1. 简述滚珠丝杠副的特点。
2. 试说明三坐标测量机与数控机床的区别。
3. 试举出几例生活中你所碰到的典型机电一体化系统，并说明其机电控制原理。
4. 谈谈你设想的 3D 打印机的未来发展。
5. 参观绘图机工作现场，并尝试操作完成绘图输出。
6. 参观或观看 3D 打印机的工作视频。
7. 试设计简单的机电一体化系统产品，画出其原理图，说明其功能及创新之处。

# 模块6 工业机器人

教学导航

| 学习目标 | 1. 掌握工业机器人的组成和分类;<br>2. 掌握串联关节机器人、并联机器人、检测机器人、搬运工业机器人四种典型工业机器人的工作原理;<br>3. 熟悉工业机器人的定义、运动学和力学分析;<br>4. 了解几种典型工业机器人的编程方式。 |
| --- | --- |
| 重点 | 1. 工业机器人的组成和分类;<br>2. 串联关节机器人、并联机器人的工作原理。 |
| 难点 | 1. 串联关节机器人、并联机器人、检测机器人、搬运工业机器人的工作原理;<br>2. 典型工业机器人的编程方式。 |

## 模块导学

　　工业机器人是面向工业领域的多关节机械手或多自由度的机器人，是一种高度自动化的机电一体化设备。作为工业自动控制系统中最常用的设备之一，工业机器人在其中起着举足轻重的作用，它对于提高生产自动化水平、劳动生产率和经济效益、保证产品质量、改善劳动条件等方面的作用尤为显著。

　　本模块内容为串联关节机器人、并联机器人、检测机器人、搬运工业机器人四种单独的工业机器人系统应用实例，学生主要从机电如何结合方面来分析这四种典型的工业机器人系统。

# 项目 6-1　串联关节机器人

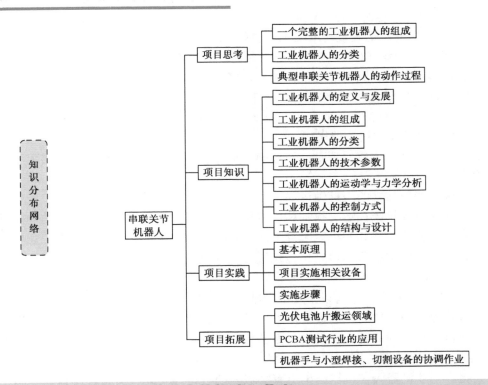

## 项目思考——工业机器人的组成与分类

　　机器人（Robot）一词来源于 1920 年捷克作家卡雷尔·查培克（Kapel Capek）所编写的戏剧中的人造劳动者，在那里机器人被描写成像奴隶那样进行劳动的机器，现在已被人们作为机器人的专用名词。目前，机器人是一种用于移动各种材料、零件、工具或专用装置，通过可编程序动作来执行任务，并具有编程能力的多功能机械手，是一种仿人操作、自动控制、可重复编程、能在三维空间完成各种作业的机电一体化自动化设备。机器人按照用途可分为工业机器人和特种机器人。本项目主要介绍在自动搬运、装配、焊接、喷涂等工业现场中有广泛应用的串联关节机器人。

从三个方面去思考：

（1）一个完整的工业机器人的组成。

（2）工业机器人的分类。

（3）典型串联关节机器人的动作过程。

## 6-1-1　工业机器人的定义与发展

机器人是一个在三维空间中具有较多自由度、并能实现诸多拟人动作和功能的机器；而工业机器人（Industrial Robot）则是在工业生产上应用的机器人，是一种具有高度灵活性的自动化机器，是一种复杂的机电一体化设备。

美国机器人工业协会（RIA）提出的工业机器人定义为："机器人是一种用于移动各种材料、零件、工具或专用装置，通过程序动作来执行各种任务，并具有编程能力的多功能操作机。"可见，这里的机器人是指工业机器人。日本工业机器人协会（JIRA）的定义为："工业机器人是一种装备有记忆装置和末端执行装置、能够完成各种移动来代替人类劳动的通用机器。"国际标准化组织（ISO）曾于 1987 年对工业机器人给出了定义："工业机器人是一种自动的、位置可控的、具有编程能力的多功能机械手。这种机械手具有几个轴，能够借助于可编程序动作来处理各种材料、零件、工具和专用装置，以执行各种任务。"

我国国家标准 GB/T12643—90 将工业机器人定义为："是一种能自动控制、可重复编程、多功能、多自由度的操作机，能搬运材料、工件或操持工具，用以完成各种作业。"由此可见，工业机器人的基本工作原理是：通过操作机上各运动构件的运动，自动实现手部作业的动作功能及技术要求。

一台数控机床有若干独立的坐标轴运动，可以再编程，能完成不同任务的加工作业。因此，工业机器人和数控机床在运动控制和可编程上是很相似的。尽管复杂一些的数控机床也能把装载有工件的托盘移动到机床床身上从而实现工件的搬运和定位，但是工业机器人通常在抓握、操纵、定位对象物体时比传统数控机床更灵巧，在诸多工业生产领域里具有更广泛的用途。

综合上述，可知工业机器人具有以下几个最显著的特点。

（1）可以再编程。生产自动化的进一步发展是柔性自动化。工业机器人可随其工作环境变化的需要而再编程，因此它在小批量、多品种、具有均衡高效率的柔性制造过程中能发挥很好的功用，是柔性制造系统（FMS）中的一个重要组成部分。

（2）拟人化。工业机器人在机械结构上有类似人的行走、腰转、大臂、小臂、手腕、手爪等部分，在控制上有计算机。此外，智能化工业机器人还有许多类似人类的"生物传感器"，如皮肤型接触传感器、力传感器、负载传感器、视觉传感器、声学传感器、语言传感器等，传感器提高了工业机器人对周围环境的自适应能力。

（3）通用性。除了专门设计的专用的工业机器人外，一般工业机器人在执行不同的作业任务时具有较好的通用性。例如，更换工业机器人手部末端执行器（手爪、工具等）便可执行不同的作业任务。

（4）机电一体化。工业机器人技术所涉及的学科相当广泛，但是归纳起来是机械学和微电子学的结合——即机电一体化技术。第三代工业机器人不仅具有获取外部环境信息的各种传感器，而且还具有记忆能力、语言理解能力、图像识别能力、推理判断能力等人工智能，这些都和微电子技术的应用，特别是计算机技术的应用密切相关。因此，机器人技术的发展必将带动其他技术的发展，机器人技术的发展和应用水平也可以验证一个国家科学技术和工业技术的发展和水平。

工业机器人的发展通常可划分为以下三代。

（1）第一代机器人。

20 世纪五六十年代，随着机构理论和伺服理论的发展，机器人进入了实用阶段。1954年，美国的 G.C.Devol 发表了"通用机器人"专利；1960 年，美国 AMF 公司生产了柱坐标型 Versatran 机器人，可进行点位和轨迹控制，这是世界上第一种应用于工业生产的机器人。

20 世纪 70 年代，随着计算机技术、现代控制技术、传感技术、人工智能技术的发展，机器人也得到了迅速的发展。1974 年，Cincinnati Milacron 公司成功开发了多关节机器人；1979 年，Unimation 公司又推出了 PUMA 机器人，它是一种多关节、全电动机驱动、多 CPU 二级控制的机器人，采用 VAL 专用语言，可配视觉、触觉、力觉传感器，在当时是技术最先进的工业机器人。现在的工业机器人在结构上大体都以此为基础，这一时期的机器人属于"示教再现"（Teach-in/Playback）型机器人，只具有记忆、存储能力，按相应程序重复作业，对周围环境基本没有感知与反馈控制能力。

（2）第二代机器人。

进入 20 世纪 80 年代，随着传感技术，包括视觉传感器、非视觉传感器（力觉、触觉、接近觉等）及信息处理技术的发展，出现了第二代机器人——有感觉的机器人。它能够获得作业环境和作业对象的部分相关信息，并进行一定的实时处理，引导机器人进行作业。第二代机器人已进入了实用化，在工业生产中得到了广泛应用。

（3）第三代机器人。

目前正在研究的"智能机器人"，它不仅具有比第二代机器人更加完善的环境感知能力，而且还具有逻辑思维、判断和决策能力，可根据作业要求与环境信息自主地进行工作。这一代工业机器人目前仍处在实验室研制阶段。

## 6-1-2　工业机器人的组成

工业机器人是一个机电一体化的设备。从控制观点来看，一个较完善的机器人系统可以分成四大部分：机器人执行机构、驱动装置、控制系统、感知反馈系统，如图 6-1 所示。

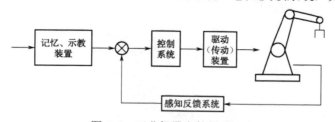

图 6-1　工业机器人的组成

执行机构是机器人完成作业的机械实体，具有和手臂相似的动作功能，是可在空间抓放物体或进行其他操作的机械装置。通常由末端机构、手腕、手臂及机座等组成。

驱动装置由驱动器、减速器和内部检测元件等组成，用来为操作机各运动部件提供动力和运动。驱动装置可以是液压传动、气动传动、电动传动，或者把它们结合起来应用的综合系统；可以直接驱动或者通过同步带、链条、轮系、谐波齿轮等机械传动机构进行间接驱动。

控制系统是机器人的核心，包括机器人主控制器和关节伺服控制器两部分，其主要任务是根据机器人的作业指令程序及从传感器反馈回来的信号支配机器人的执行机构去完成规定的运动和功能。假如工业机器人不具备信息反馈特征，则为开环控制系统；若具备信息反馈特征，则为闭环控制系统。根据控制原理可分为程序控制系统、适应性控制系统和人工智能控制系统。根据运动的形式可分为点位控制和轨迹控制。

感知反馈系统主要由内部传感器模块和外部传感器模块组成，获取内部和外部环境状态中有意义的信息。内部传感器模块负责收集机器人内部信息如各个关节和连杆的信息，如同人体肌腱内的中枢神经系统中的神经传感器。外部传感器负责获取外部环境信息，包括视觉系统、触觉传感器等。智能传感器的使用提高了机器人的机动性、适应性和智能化的水准。

### 6-1-3　工业机器人的分类

**1．按机械结构类型分类**

机器人的机械结构部分可以看做是由一些连杆和关节组装起来的。连杆和关节按照不同的坐标形式组装，机器人可分为以下五种。

1）直角坐标式机器人

直角坐标式机器人具有三个移动关节（P），能使手臂沿直角坐标系的 $X$、$Y$、$Z$ 三个坐标轴做直线移动，如图 6-2（a）所示。

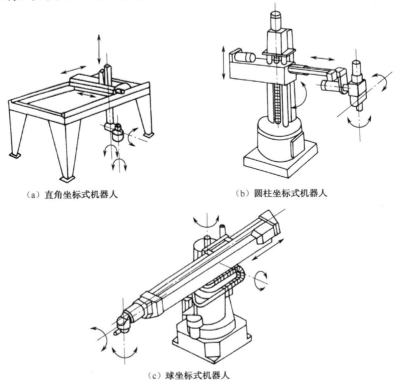

（a）直角坐标式机器人　　　　（b）圆柱坐标式机器人

（c）球坐标式机器人

图 6-2　三种坐标形式的工业机器人

2）圆柱坐标式机器人

具有一个转动关节（R）和两个移动关节（P），具有三个自由度：腰转、升降、手臂伸缩，构成圆柱形的工作范围，如图 6-2（b）所示。

3）球坐标式机器人

具有两个转动关节（R）和一个移动关节（P），具有三个自由度：腰转、俯仰、手臂伸缩，构成球形的工作范围，如图 6-2（c）所示。

4）关节坐标式机器人

具有三个转动关节（R），其中两个关节轴线是平行的，具有三个自由度：腰转、肩关节、肘关节，构成较为复杂的工作范围，如图 6-3（a）所示。

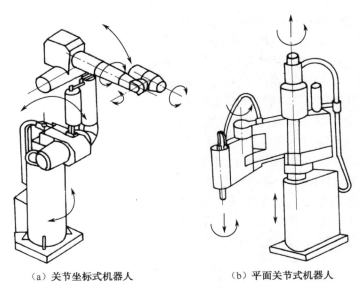

（a）关节坐标式机器人　　　　（b）平面关节式机器人

图 6-3　关节坐标式和平面关节式机器人

5）平面关节式机器人

可以看做是关节坐标式机器人的特例，它只有平行的肩关节和肘关节，关节轴线共面。它是一种装配机器人，也叫做 SCARA（Selective Compliance Assembly Robot Arm）机器人，如图 6-3（b）所示。在垂直面有很好的刚度，在水平面有很好的柔顺性，在装配行业获得广泛的应用。

**2．按驱动方式分类**

1）气力驱动式

机器人以压缩空气来驱动执行机构。这种驱动方式的优点是空气来源方便，动作迅速，结构简单，造价低；缺点是空气具有可压缩性，致使工作速度的稳定性较差。

2）液力驱动式

相对于气力驱动，液力驱动的机器人具有大得多的抓举能力，可高达上百千克。液力驱动式机器人结构紧凑、传动平稳且动作灵敏，但对密封的要求较高，且不宜在高温或低温的场合工作，要求的制造精度较高、成本较高。

3）电力驱动式

目前越来越多的机器人采用电力驱动式，这不仅是因为电动机品种众多可供选择，更因为可以运用多种灵活的控制方法。

4）新型驱动方式

伴随着机器人技术的发展，出现了利用新的工作原理制造的新型驱动器，如静电驱动器、压电驱动器、形状记忆合金驱动器、人工肌肉驱动器等。

### 3．按几何结构分类

从机构的几何结构角度可将机器人机构分为开环机构和闭环机构两大类：以开环机构为机器人机构原型的叫串联机器人；以闭环机构为机器人机构原型的叫并联机器人。如图 6-4 所示为常见的几种串联机器人。6 自由度并联机构是 Grough 在 1949 年设计出来的，20 世纪 60 年代，这种机构被应用于飞行模拟器上，并被命名为 Stewart 机构，后来作为机器人机构使用，被称为并联机器人。图 6-5（a）为 6 自由度并联机器人。从结构上看，它是用 6 根支杆将上、下两平台连接而成。这 6 根支杆都可以独立地自由伸缩，它分别用球铰和虎克铰与上、下平台连接，若将下平台（定平台）作为基础，则上平台（动平台）可获得 6 个独立的运动，即有 6 个自由度，在三维空间中可以做任意方向的移动和绕任意方向的轴向转动。图 6-5（b）为新型 3 自由度并联机器人，其动平台通过 3 个不完全相同的支链与固定平台相连接。具体叙述如下：并联机构由定平台 1 和动平台 6 及连接动平台和定平台的 3 个支链 3、5、7 组成，从而构成一闭环系统。其中，支链 3 和支链 7 具有相同的运动链，各包括 1 个定长杆、1 个滑块 2（或 8）、连接动平台的球铰链和连接滑块的转动副；支链 5 与支链 3、支链 7 不同，含有 1 个定长杆、1 个滑块 4、连接动平台和滑

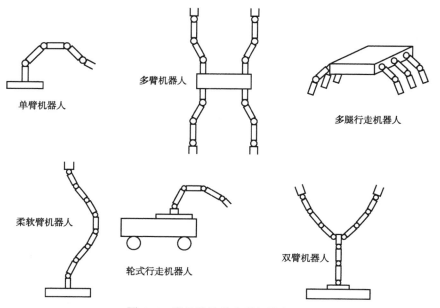

图 6-4　常见的几种串联机器人

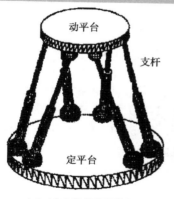

（a）6自由度并联机器人

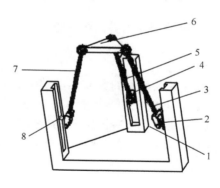

（b）新型3自由度机器人

1—定平台；2、4、8—滑块；3、5、7—支链；6—动平台

图 6-5　两种并联机器人

块的虎克铰链；3 个滑块与定平台通过移动副相连接。并联机器人是一类全新的机器人，其机构问题属于空间多自由度、多环机构学理论的新分支。并联机器人与串联机器人相比，它没有那么大的活动空间，活动上也远远不如串联机器人的手部来得灵活。但并联机器人具有刚度大等优点，有特殊的应用领域，与串联机器人形成互补的关系，是机器人的一种拓展。

### 4. 按控制方式分类

1）点位控制

按点位方式进行控制的机器人，其运动轨迹为空间点到点之间的直线。在作业过程中，只控制几个特定工作点的位置，不对点与点之间的运动过程进行控制。

2）连续轨迹控制

按连续轨迹方式进行控制的机器人，其运动轨迹可以是空间的任意连续曲线。机器人在空间的整个运动过程都处于控制之中，使得手部位置可沿任意形状的空间曲线运动，而手部的姿态也可以通过腕关节的运动得以控制，这对于焊接和喷涂作业是十分有利的。

### 5. 按机器人的性能指标分类

机器人按照负载能力和作业空间等性能指标可分为以下 5 种。

（1）超大型机器人，负载能力为 $10^7\,\text{N}$ 以上。

（2）大型机器人，负载能力为 $10^6 \sim 10^7\,\text{N}$，作业空间为 $10\,\text{m}^3$ 以上。

（3）中型机器人，负载能力为 $10^5 \sim 10^6\,\text{N}$，作业空间为 $1 \sim 10\,\text{m}^3$。

（4）小型机器人，负载能力为 $1 \sim 10^4\,\text{N}$，作业空间为 $0.1 \sim 1\,\text{m}^3$。

（5）超小型机器人，负载能力为 $1\,\text{N}$ 以下，作业空间为 $0.1\,\text{m}^3$ 以下。

### 6. 按用途和作业类别分类

工业机器人分为焊接机器人、冲压机器人、浇注机器人、装配机器人、喷漆机器人、搬运机器人、切削加工机器人、检测机器人、采掘机器人、水下机器人等。

本模块重点以串联机器人、并联机器人、检测机器人、搬运机器人为例介绍工业机器人的主要应用。

### 6-1-4 工业机器人的技术参数

#### 1. 自由度

自由度是指机器人具有的独立运动的数目，一般不包括末端操作器的自由度（如手爪的开合）。在三维空间中描述一个物体的位姿（位置和姿态）需要 6 个自由度，其中三个用于确定位置（$x$，$y$，$z$），另三个用于确定姿态（绕 $x$，$y$，$z$ 的旋转）。工业机器人的自由度是根据其用途而设计的，可能小于 6 个自由度，也可能大于 6 个自由度。

#### 2. 关节

机器人的机械结构部分可以看做是由一些连杆通过关节组装起来的，如图 6-6 所示。由关节完成连杆之间的相对运动。通常有两种关节，即转动关节和移动关节。

转动关节主要是电动驱动的，主要由步进电动机或伺服电动机驱动。

移动关节主要由气缸、液压缸或者线性电驱动器驱动。

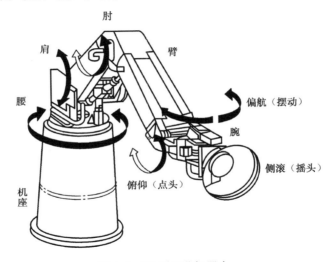

图 6-6　T3 型工业机器人

#### 3. 精度

精度包括定位精度和重复定位精度。定位精度是指机器人手部实际到达位置与目标位置之间的差异，主要受机械误差、控制算法误差与分辨率系统误差的影响。重复定位精度是指机器人手部重复定位于同一目标位置的能力（用标准偏差表示）。

#### 4. 工作空间

工作空间是指工业机器人正常运行时，其手腕参考点在空间所能达到的区域，用来衡量机器人工作范围的大小。由于末端执行器的形状和尺寸是多种多样的，为真实反映机器人的特征参数，故工作范围是指不安装末端执行器时的工作区域。

工作范围的形状和大小是十分重要的，机器人在执行某作业时可能会因存在手部不能到达的作业死区（dead zone）而不能完成任务。

### 5．最大工作速度

机器人生产厂家不同，对最大工作速度规定的内容亦有不同，有的厂家定义为工业机器人主要自由度上最大的稳定速度，有的厂家定义为手臂末端最大的合成速度，通常在技术参数中加以说明。

### 6．承载能力

承载能力是指机器人在工作范围内的任何位姿上所能承受的最大质量。承载能力不仅决定于负载的质量，还与机器人运行的速度和加速度有关。机器人的承载能力与其自身质量相比往往非常小。

## 6-1-5　工业机器人的运动学与力学分析

工业机器人运动学研究的是机器人各连杆间的位移关系、速度关系和加速度关系。本模块中只讨论位移关系，即研究的是机器人手部相对于机座的位置和姿态。

串联机器人是一开式运动链，是由一系列连杆通过转动关节或移动关节串联而成的。关节由驱动器驱动，关节的相对运动导致连杆的运动，使手部到达一定的位置和姿态（简称位姿）。已知机器人各关节的位移值，求其手部的位置和姿态，这称为机器人运动学的正问题；其逆问题则是：已知手部的位置和姿态，求解各关节变量的位移值。正问题和逆问题都与机器人连杆的结构和参数有关，如图 6-7 所示。

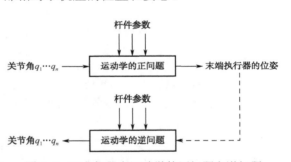

图 6-7　工业机器人运动学的正问题和逆问题

为了研究机器人连杆间的位移关系，可以在每个连杆上固联一个运动坐标系（称为连杆坐标系或附体坐标系），然后研究各坐标系（连杆）之间的关系。Denavit 和 Hartenberg 提出了一种建立连杆坐标系的规则，用一个 4×4 的齐次变换矩阵（D-H 矩阵）来描述相邻连杆间的位姿关系，进而推导出机器人手部坐标系相对于机座坐标系的位姿矩阵，建立机器人的运动方程。

$$\text{齐次变换矩阵（D-H 矩阵）}\qquad T = \begin{bmatrix} n_x & o_x & a_x & p_x \\ n_y & o_y & a_y & p_y \\ n_z & o_z & a_z & p_z \\ 0 & 0 & 0 & 1 \end{bmatrix} = \begin{bmatrix} n & o & a & p \\ 0 & 0 & 0 & 1 \end{bmatrix} \qquad (6\text{-}1)$$

两坐标系间的旋转用式（6-1）（D-H 矩阵）中左上角的一个 3×3 旋转矩阵（$R$）来描述；右上角是一个 3×1 的列矩阵，称为位置向量，表示两个坐标系间的平移，$P_x$、$P_y$、$P_z$ 为两坐标系间平移矢量的三个分量。D-H 矩阵中左下角的 1×3 行矩阵表示沿三根坐标轴的透视变换；右下角的 1×1 单一元素矩阵为使物体产生总体变换的比例因子。在 CAD 绘图中，透视变换和比例因子是重要参数；但在工业机器人控制中，透视变换值总是取零，而比例因子则总是取 1。

工业机器人力学分析主要包括静力学分析和动力学分析。静力学分析是研究操作机在

机电－体化系统项目教程

静态工作条件下手臂的受力情况；动力学分析是研究操作机各主动关节驱动力与手臂运动的关系，从而得出工业机器人的动力学方程。静力学分析和动力学分析是工业机器人操作机设计、控制器设计和动态仿真的基础。

在机器人静力学分析中，借助雅可比矩阵可建立外界环境对末端执行器的作用力/力矩与各关节力/力矩间的关系。

对于 $n$ 自由度的机器人，其关节变量为 $\boldsymbol{Q}=[q_1 \quad q_2 \quad q_3 \quad q_4 \quad q_5 \quad q_6]^T$，机器人末端执行器在笛卡儿坐标系中的位姿 $\boldsymbol{P}=[x \quad y \quad z \quad \theta_x \quad \theta_y \quad \theta_z]^T=[p_1 \quad p_2 \quad p_3 \quad p_4 \quad p_5 \quad p_6]^T$，$\boldsymbol{P}=\boldsymbol{\Phi}(q_1 \quad q_2 \quad q_3 \quad q_4 \quad q_5 \quad q_6)$，求导可得：

$$\frac{\mathrm{d}\boldsymbol{P}}{\mathrm{d}t}=\frac{\partial \boldsymbol{\Phi}}{\partial \boldsymbol{Q}}\cdot\frac{\partial \boldsymbol{Q}}{\partial t}$$

则：

$$\boldsymbol{J}=\frac{\partial \boldsymbol{\Phi}}{\partial \boldsymbol{Q}}=\begin{bmatrix} \frac{\partial p_1}{\partial q_1} & \cdots & \frac{\partial p_1}{\partial q_n} \\ \vdots & \vdots & \vdots \\ \frac{\partial p_6}{\partial q_1} & \cdots & \frac{\partial p_6}{\partial q_n} \end{bmatrix} \quad (6\text{-}2)$$

$\boldsymbol{J}$ 称为机器人速度雅克比矩阵。

假定关节无摩擦，并忽略各杆件的重力，则广义关节力矩 $\tau$ 与机器人手部端点力 $F$ 的关系可用下式描述：

$$\tau=\boldsymbol{J}^T F \quad (6\text{-}3)$$

式中，$\boldsymbol{J}^T$ 为 $n\times6$ 阶机器人力雅克比矩阵或力雅克比，并且是机器人速度雅克比矩阵 $\boldsymbol{J}$ 的转置矩阵。

机器人动力学是研究机器人各关节的驱动力/力矩与机器人末端执行器的位姿、速度和加速度之间的动态关系。由于机器人的复杂性，其动力学模型通常是一个多自由度、多变量、高度非线性、多参数耦合的复杂系统。建立机器人动力学模型的方法主要有拉格朗日法和牛顿－欧拉法。

拉格朗日函数 $L$ 定义为系统动能 $K$ 和位能 $P$ 之差，即 $L=K-P$。用拉格朗日法推导机器人的动力学模型可按以下步骤进行：①计算任一连杆上任一点的速度；②计算各连杆的动能和机器人的总动能；③计算各连杆的位能和机器人的总位能；④建立机器人系统的拉格朗日函数；⑤对拉格朗日函数求导，得到机器人的动力学方程。

## 6-1-6 工业机器人的控制方式

工业机器人的工作原理是一个比较复杂的问题。简单地说，工业机器人的原理就是模仿人的各种肢体动作、思维方式和控制决策能力。从控制的角度，工业机器人可以通过如下四种方式来达到这一目标。

1）"示教再现"方式

它通过"示教盒"或人"手把手"两种方式教机械手如何动作，控制器将示教过程记忆下来，然后机器人就按照记忆周而复始地重复示教动作，如喷涂机器人。

2）"可编程控制"方式

工作人员事先根据机器人的工作任务和运动轨迹编制控制程序，然后将控制程序输入给机器人的控制器。启动控制程序，机器人就按照程序所规定的动作一步一步地去完成；如果任务变更，只要修改或重新编写控制程序，非常灵活方便。大多数工业机器人都是按照前两种方式工作的。

3）"遥控"方式

由人用有线或无线遥控器控制机器人在人难以到达或危险的场所完成某项任务，如防暴排险机器人、军用机器人、在有核辐射和化学污染环境工作的机器人等。

4）"自主控制"方式

它是机器人控制中最高级、最复杂的控制方式，它要求机器人在复杂的非结构化环境中具有识别环境和自主决策的能力，也就是要具有人的某些智能行为。

以上四种方式中，目前在工业自动控制里最为常用的是"示教再现"方式。"示教再现"可分为示教—存储—再现—操作四步进行。

示教方式有两种：

（1）直接示教——手把手。操作人员直接带动机器人的手臂依次通过预定的轨迹，这时，顺序、位置和时间三种信息可以做到综合示教。再现时，依次读出存储的信息，重复示教的动作过程。

（2）间接示教——示教盒控制。操作人员通过操作示教盒上的按键，编制机器人的动作顺序、确定位置、设定速度或限时，三种信息的示教一般是分离进行的。在计算机控制下，用特定的语言编制示教程序，实际上是一种间接示教方式，位置信息往往需通过示教盒设定。

存储：在必要的期限内保存示教信息。

再现：根据需要，读出存储的示教信息，向机器人发出重复动作的命令。

操作：根据再现时所发出的一条条指令，驱使机器人的各个自由度产生相应的动作，最终使机器人手爪从空间一点移动到另一点。

## 6-1-7　工业机器人的结构与设计

### 1. 机械设计步骤

1）作业分析

作业分析包括任务分析和环境分析，不同的作业任务和环境对机器人操作机的方案设计有着决定性的影响。

2）方案设计

（1）确定动力源；

（2）确定机型；

（3）确定自由度；

（4）确定动力容量和传动方式；

（5）优化运动参数和结构参数；

（6）确定平衡方式和平衡质量；

（7）绘制机构运动简图。

3）结构设计

包括机器人驱动系统、传动系统的配置及结构设计，关节及杆件的结构设计，平衡机构的设计，走线及电器接口设计等。

4）动特性分析

估算惯性参数，建立系统动力学模型进行仿真分析，确定其结构固有频率和响应特性。

5）施工设计

完成施工图设计，编制相关技术文件。

**2．机器人控制系统结构的选择**

机器人控制系统按其控制方式可分为以下三类。

（1）集中控制方式：用一台计算机实现全部控制功能，结构简单、成本低，但实时性差，难以扩展。

（2）主从控制方式：采用主、从两级处理器实现系统的全部控制功能。主 CPU 实现管理、坐标变换、轨迹生成和系统自诊断等；从 CPU 实现所有关节的动作控制。主从控制方式系统实时性较好，适于高精度、高速度控制，目前在工业自动控制场合中应用广泛；但其系统扩展性较差，维修困难。

（3）分散控制方式：按系统的性质和方式将系统控制分成几个模块，每一个模块各有不同的控制任务和控制策略，各模式之间可以是主从关系，也可以是平等关系。这种方式实时性好，易于实现高速、高精度控制，易于扩展，可实现智能控制，是目前较为流行的方式。

**3．工业机器人的驱动与传动系统结构**

1）驱动—传动系统的构成

在机器人机械系统中，驱动器通过联轴器带动传动装置（一般为减速器），再通过关节轴带动杆件运动。

机器人一般有两种运动关节——转动关节（R）和移（直）动关节（P）。

为了进行位置和速度控制，驱动系统中还包括位置和速度检测元件。检测元件类型很多，但都要求有合适的精度、连接方式及有利于控制的输出方式。对于伺服电动机驱动，检测元件一般与电动机直接相连，如图 6-8（a）所示；但有些场合，检测元件安装在执行元件上。

2）驱动器的类型和特点

（1）电动驱动器。

电动驱动器的速度变化范围大，效率高，速度和位置精度都很高。但它们多与减速装置相连，直接驱动比较困难。

电动驱动器又可分为直流（DC）、交流（AC）伺服电动机驱动和步进电动机驱动。直流伺服电动机有很多优点，但它的电刷易磨损，且易形成火花。随着技术的进步，近年

模块 6 工业机器人

来，交流伺服电动机正逐渐取代直流伺服电动机而成为机器人的主要驱动器。步进电动机驱动多为开环控制，控制简单但功率不大，多用于低精度、小功率的机器人系统。

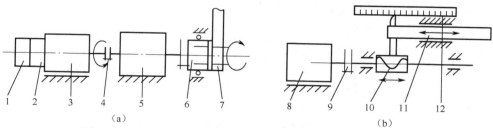

1—码盘；2—测速机；3—电动机；4—联轴器；5—传动装置；6—动关节；7—杆；

8—电动机；9—联轴器；10—螺旋副；11—移动关节；12—电位器（或光栅尺）

图 6-8　检测元件的连接方式

（2）液压驱动器。

液压驱动器的优点是功率大，可省去减速装置而直接与被驱动的杆件相连，结构紧凑、刚度好、响应快，伺服驱动具有较高的精度。但需要增设液压源，易产生液体泄漏，不适合高、低温场合，故液压驱动器目前多用于特大功率的机器人系统。

（3）气动驱动器。

气压驱动器的结构简单，清洁，动作灵敏，具有缓冲作用。但与液压驱动器相比，功率较小，刚度差，噪声大，速度不易控制，所以多用于精度不高的点位控制机器人。

驱动器的选择应以作业要求、生产环境为先决条件，以价格高低、技术水平为评价标准。一般说来，目前负荷为 100 kg 以下的可优先考虑电动驱动器；只需点位控制且功率较小者，可采用气动驱动器；负荷较大或机器人周围已有液压源的场合，可采用液压驱动器。

对于驱动器来说，最重要的是要求启动力矩大、调速范围宽、惯量小、尺寸小，同时还要有性能好的、与之配套的数字控制系统。

**3）机器人的常用传动机构**

工业机器人对传动机构的基本要求如下：

（1）结构紧凑，即同比体积最小、质量最轻；

（2）传动刚度大，即承受扭矩时角度变形要小，以提高整机的固有频率，降低整机的低频振动；

（3）回差小，即由正转到反转时空行程要小，以得到较高的位置控制精度；

（4）寿命长、价格低。

机器人几乎使用了目前出现的绝大多数传动机构，其中最常用的为谐波传动、RV 摆线针轮传动和滚动螺旋传动。

（1）谐波传动。

谐波传动是利用一个构件可控制的弹性变形来实现机械运动的传递的。谐波传动通常由三个基本构件（俗称三大件）组成，包括一个有内齿的刚轮、一个工作时可产生径向弹性变形并带有外齿的柔轮和一个装在柔轮内部、呈椭圆形、外圈带有滚动轴承的波发生器；柔轮的外齿数少于刚轮的内齿数。在波发生器转动时，相应于长轴方向的柔轮外齿正好完全啮入刚轮的内齿；在短轴方向，则外齿完全脱开内齿。当刚轮固定，波发生器转动时，柔轮的外齿将依次啮入和啮出刚轮的内齿，柔轮齿圈上任一点的径向位移将呈现近似余弦波形的变化，所以这种传动称为谐波传动，如图6-9所示。

谐波传动的主要特点如下：

① 传动比大，单级为50～300，双级可达$2\times10^6$。

② 传动平稳，承载能力高，传递单位扭矩的体积和质量小。在相同的工作条件下，体积可减小20%～50%。

③ 齿面磨损小而均匀，传动效率高。当结构合理、润滑良好时，对传动比$i=100$的传动，效率可达0.85。

④ 传动精度高。在制造精度相同的情况下，谐波齿轮传动的精度可比普通齿轮传动高一级；若齿面经过很好的研磨，则谐波齿轮传动的精度要比普通齿轮传动高4倍。

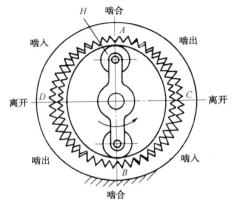

图6-9 谐波传动示意图

⑤ 回差小。精密谐波传动的回差一般可小于3，甚至可以实现无回差传动。

⑥ 可以通过密封壁传递运动，这是其他传动机构难实现的。

⑦ 谐波传动不能获得中间输出，并且杯式柔轮刚度较低。

（2）RV摆线针轮传动。

RV摆线针轮传动装置，是由一级行星轮系再串联一级摆线针轮减速器组合而成的，如图6-10所示。

RV摆线针轮传动主要特点：与谐波传动相比，RV摆线针轮传动除了具有相同的速比、同轴线传动、结构紧凑、效率高等特点外，最显著的特点是刚性好，传动刚度较谐波传动要大2～6倍，但质量却增加了1～3倍。

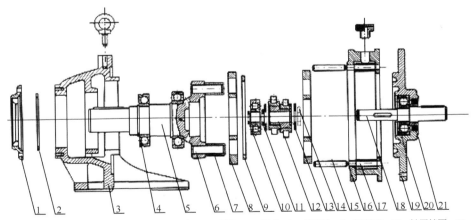

1—压盖；2—止动环；3—机座；4—挡圈；5—输出轴；6—销轴；7—销套；8—摆线轮；9—间隔环；10—轴用挡圈；11—挡圈；
12—偏心套；13—挡圈；14—挡圈；15—针齿销；16—针齿壳；17—针齿套；18—输入轴；19—法兰盘；20—孔用挡圈；21—紧固环

图6-10 RV摆线针轮传动

该减速器特别适用于操作机上的第一级旋转关节（腰关节），这时自重是坐落在底座上的，充分发挥了高刚度作用，可以大大提高整机的固有频率，降低振动；在频繁加、减速的运动过程中可以提高响应速度并降低能量消耗。

（3）滚动螺旋传动。

滚动螺旋传动是在具有螺旋槽的丝杠与螺母之间放入适当的滚珠，使丝杠与螺母之间由滑动摩擦变为滚动摩擦的一种螺旋传动，如图 6-11 所示。滚珠在工作过程中沿螺旋槽（滚道）滚动，故必须设置滚珠的返回通道，才能循环使用。为了消除回差（空回），螺母分成两段，以垫片、双螺母或齿差调整两段螺母的相对轴向位置，从而消除间隙并施加预紧力，使得在有额定轴向负荷时也能使回差为零。其中用得最多的是双螺母式，而齿差式最为可靠。

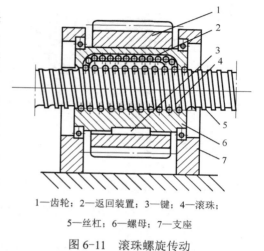

1—齿轮；2—返回装置；3—键；4—滚珠；

5—丝杠；6—螺母；7—支座

图 6-11　滚珠螺旋传动

### 4．工业机器人的机械结构系统设计

1）工业机器人的手臂和机座

工业机器人机械结构系统由机座、手臂、手腕、末端执行器和移动装置组成。工业机器人的手臂由动力关节和连接杆件构成，用以支承和调整手腕和末端执行器的位置。

（1）手臂结构设计要求。

① 手臂的结构和尺寸应满足机器人完成作业任务提出的工作空间要求；

② 合理选择手臂截面形状和高强度轻质材料，减轻自重；

③ 减小驱动装置的负荷，提高手臂运动的响应速度；

④ 提高运动的精确性和运动刚度。

（2）机座结构设计要求。

① 要有足够大的安装基面，以保证机器人工作时的稳定性；

② 机座承受机器人全部质量和工作载荷，应保证足够的强度、刚度和承载能力；

③ 机座轴系及传动链的精度和刚度对末端执行器的运动精度影响最大。

（3）典型结构。

电动机驱动机械传动圆柱坐标型机器人手臂和机座结构，如图 6-12 所示。

2）工业机器人的手腕

手腕是连接手臂和末端执行器的部件，其功能是在手臂和机座实现了末端执行器在作业空间三个位置坐标的基础上，再由手腕来实现末端执行器在作业空间的三个姿态坐标，即实现三个选择自由度，如图 6-13 所示。

（1）设计要求。

① 力求手腕部件的结构紧凑，以减轻其质量和体积；

② 自由度越多，运动范围越大，动作灵活性越高，机器人对作业的适应能力越强；

③ 提高传动刚度，尽量减少反转误差；

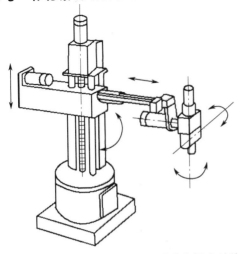

图 6-12　圆柱坐标型机器人手臂和机座结构

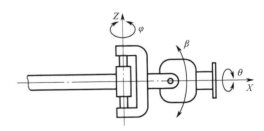

图 6-13　手腕的三个选择自由度

④ 对手腕回转各关节轴上要设置限位开关和机械挡块，以防止关节超限造成事故。

（2）手腕的结构。

用摆动液压缸驱动实现回转运动的手腕结构，如图 6-14 所示。

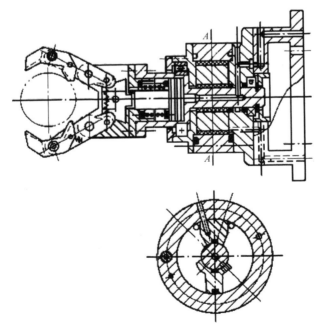

图 6-14　用摆动液压缸驱动实现回转运动的手腕结构

3）工业机器人的末端执行器

（1）分类和设计要求。

根据用途和结构的不同可以分为机械式夹持器、吸附式末端执行器和专用工具三类。

设计末端执行器时要求：满足作业需要的足够的夹持力和所需的夹持位置精度；尽可

能使末端执行器结构简单、紧凑，质量轻，以减轻手臂的负荷。

（2）机械式夹持器的结构与设计。

工业机器人中应用的机械夹持器多为双指手爪式，按其手爪的运动方式可分为平移型和回转型，回转型手爪又分为单支点回转型和双支点回转型；按夹持方式可分为外夹式和内撑式；按驱动方式可以分为电动、液压和气动。主要形式有：楔块杠杆式回转型夹持器；滑槽杠杆式回转型夹持器，如图 6-15 所示；连杆杠杆式回转型夹持器；齿轮齿条平行连杆式平移型夹持器；左右型丝杠平移型夹持器；内撑连杆杠杆式夹持器。

（3）吸附式末端执行器的结构与设计。

吸附式末端执行器（又称吸盘）有气吸式和磁吸式两种，它们分别是利用吸盘内负压产生的吸力或磁力来吸住并移动工件的。

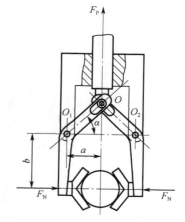

图 6-15　滑槽杠杆式回转型夹持器

## 项目实践——6 自由度串联关节式机器人设计

### 1．实践要求

（1）了解串联关节机器人的机构组成。

（2）掌握串联关节机器人的工作原理。

（3）熟悉串联关节机器人的性能指标。

（4）掌握串联关节机器人的基本功能及示教运动过程。

### 2．实践过程

1）基本原理

本项目所使用的机器人为苏州博实机器人技术有限公司开发的 6 自由度串联关节式机器人 RBT-6T/S02S，其轴线相互平行或垂直，能够在空间内进行定位；机器人各关节采用伺服电动机和步进电动机混合驱动，主要传动部件采用可视化设计，控制简单、编程方便。它是一个多输入多输出的动力学复杂系统，是进行控制系统设计的理想平台。它具有高度的能动性和灵活性，具有广阔的开阔空间，是进行运动规划和编程系统设计的理想对象。

整个系统包括机器人 1 台、控制柜 1 台、控制卡 2 块、实验附件 1 套（包括轴、套）和机器人控制软件 1 套（实验设备用户可选）。

机器人采用串联式开链结构，即机器人各连杆由旋转关节或移动关节串联连接，如图 6-16 所示。各关节轴线相互平行或垂直。连杆的一端装在固定的支座上（底座），另一端处于自由状态，可安装各种工具以实现机器人作业。关节的作用是使相互连接的两个连杆产生相对运动，关节的传动采用模块化结构，由锥齿轮、同步齿型带和谐波减速器等多种传动结构配合实现。

机器人各关节采用伺服电动机和步进电动机混合驱动，并通过 Windows 环境下的软件编程和运动控制卡实现对机器人的控制，使机器人能够在工作空间内任意位置精确定位。

机器人技术参数如表 6-1 所示。

表6-1 机器人技术参数

| 结 构 形 式 | | 串联关节式 |
| --- | --- | --- |
| 驱动方式 | | 步进、伺服混合驱动 |
| 负载能力 | | 6 kg |
| 重复定位精度 | | ±0.08 mm |
| 动作范围 | 关节 I | −150° ～ 150° |
| | 关节 II | −150° ～ −30° |
| | 关节III | −70° ～ 50° |
| | 关节IV | −150° ～ 150° |
| | 关节 V | −90° ～ 90° |
| | 关节VI | −180° ～ 180° |
| 最大速度 | 关节 I | 60°/s |
| | 关节 II | 60°/s |
| | 关节III | 60°/s |
| | 关节IV | 60°/s |
| | 关节 V | 60°/s |
| | 关节VI | 120°/s |
| 最大展开半径 | | 870 mm |
| 高度 | | 1 150 mm |
| 本体质量 | | ≤100 kg |
| 操作方式 | | 示教再现/编程 |
| 电源容量 | | 单相220 V 50 Hz 4 A |

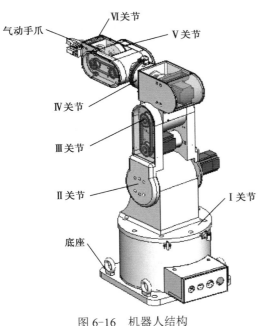

图6-16 机器人结构

2）项目实践相关设备

（1）RBT-6T/S02S 机器人1台。

（2）RBT-6T/S02S 机器人控制柜1台。

（3）装有运动控制卡和控制软件的计算机1台。

（4）轴和轴套各1个。

3）实践步骤

（1）连接好气路，启动气泵到预定压力。

（2）启动计算机，运行机器人软件，出现如图6-17所示主界面。

（3）接通控制柜电源，按下"启动"按钮。

（4）单击主界面"机器人复位"按钮，机器人进行回零运动；观察机器人的运动，6个关节全部运动完成后，机器人处于零点位置。

（5）单击"关节示教"按钮，出现如图6-18所示界面；单击"打开"按钮，在机器人软件安装目录下选择示教文件 BANYUN.RBT6，示教数据会在示教列表中显示。

（6）装配操作演示，在2个支架的相应位置上分别放置轴和轴套，然后单击"再现"按钮，机器人实现装配动作。

（7）运动完毕后，单击"复位"按钮，机器人回到零点位置，关闭对话框。

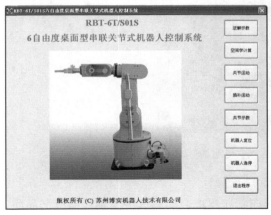

图 6-17 主界面

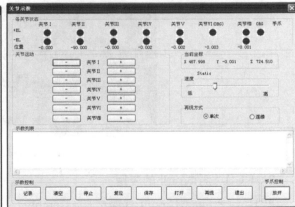

图 6-18 关节示教界面

（8）如果想再做一次装配动作，则把轴放回相应位置，单击"再现"按钮即可。

（9）单击主界面"机器人复位"按钮，使机器人回到零点位置。

（10）按下控制柜上的"停止"按钮，断开控制柜电源。

（11）退出机器人软件，关闭计算机。

### 3．项目小结

通过本项目使学生了解串联关节机器人的机构组成，掌握其工作原理、基本功能及示教运动过程。通过项目实践步骤，熟悉 RBT-6T/S02S 机器人的控制形式及其控制软件的"机器人复位"、"关节示教"、"复位"等基本操作。

### 4．项目评价

项目评价表如表 6-2 所示。

表 6-2 项目评价表

| 项 目 | 目 标 | 分 值 | 评 分 | 得 分 |
|---|---|---|---|---|
| 机械手机械结构的认识 | 1．正确认识机械手各关节组成<br>2．熟悉各关节技术参数 | 50 | 不正确，扣 5～10 分 | |
| 机器人控制系统硬件连接 | 将机器人与控制计算机正确连接 | 20 | 不正确，扣 5～10 分 | |
| 实验动作的运行 | 正确完成实施步骤要求的动作 | 30 | 不正确，扣 5～10 分 | |
| 总分 | | 100 | | |

## 项目拓展——工业机器人的应用行业与案例

### 1．光伏电池片搬运领域

电池片的制造要经过十个左右流程，每个工位都涉及电池片的搬运；由于电池片越来越薄，高价值和精细材料的结合使降低搬运中的碎片率成为首要需求。因此，机器人出色的重复定位精度和高可靠性成为完成这一任务的首选。如图 6-19 所示为微松公司开发的电池片搬运三轴机械手。

图 6-19　应用机械手搬运光伏电池片

## 2．PCBA 测试行业的应用

PCBA（Printed Circuit Board + Assembly）（印制线路板）的测试关系到线路板产品质量和企业的生命。在当前用工难和产品降价的双重压力下，用机械手减少或代替人工是企业的必然选择。如图 6-20 所示为机械手持线路板动态检测过程示意图。

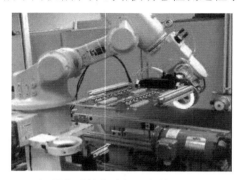

图 6-20　机器人手持线路板动态检测过程示意图

## 3．机械手与小型焊接、切割设备的协调作业

随着机械手和激光设备的小型化和价格走低，像汽车行业的大型机械手焊接方式被广泛应用到非汽车领域的小型机器人焊接行业，如金属片的图案切割、锂电池的焊接、塑料制品的切割和焊接等。由于轨迹的复杂多样，以 6 轴机械手的应用为主。如图 6-21 所示为机械手应用于非标零部件的精细切割作业照片。

图 6-21　机械手应用于非标零部件的精细切割作业照片

## 项目 6-2　并联机器人

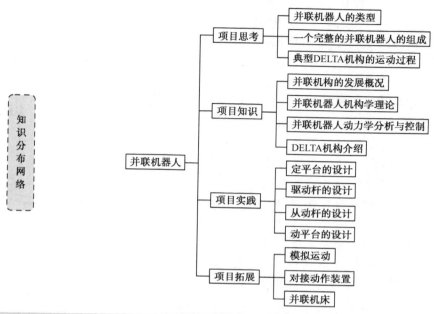

并联机器人

项目思考
- 并联机器人的类型
- 一个完整的并联机器人的组成
- 典型DELTA机构的运动过程

项目知识
- 并联机构的发展概况
- 并联机器人机构学理论
- 并联机器人动力学分析与控制
- DELTA机构介绍

项目实践
- 定平台的设计
- 驱动杆的设计
- 从动杆的设计
- 动平台的设计

项目拓展
- 模拟运动
- 对接动作装置
- 并联机床

### 项目思考——并联机器人的类型及组成

近年来，并联机器人的发展已成为机器人研究领域的热点之一，在某些方面它具有串联结构所无法相比的优点，因而扩大了机器人领域的应用范围。与串联结构相比，并联结构具有刚度大、动态性能优越、误差小、精度高、结构紧凑、使用寿命长等一系列优点，众多研究机构和制造企业都看好其在制造领域的应用前景。目前，多种并联机器人已经被设计和开发出来，应用的领域涉及机床、定位装置、娱乐、医疗卫生等。

本项目主要对并联机器人的分类和应用做了简要分析和概括，对其机构学、运动学、系统控制策略等关键技术做了概括性分析，并以 3 自由度并联机器人 DELTA 机构平台为例，对并联机器人在数控机床上的应用做了重点介绍。

从三个方面去思考：

（1）并联机器人的类型？

（2）一个完整的并联机器人的组成？

（3）典型 DELTA 机构的运动过程？

### 6-2-1　并联机构的发展概况

#### 1．并联机构

并联机构（Parallel Mechanism）是一组由两个或两个以上的分支机构通过运动副按一定的方式连接而成的闭环机构。它的特点是所有分支机构可以同时接收驱动器输入，而最终共同给出输出。组成并联机构的运动副可分为简单运动副和复杂运动副两大类。常见的简单运动副有旋转副 R（Revolute Pair）、滑移副 P（Prismatic Pair）、圆柱副 C（Cylinder

Pair）、螺旋副 H（Helix Pair）、球面副 S（Spherical Pair）和球销副 S′（Ball-and-Spigot Pair）等。为了设计出具有已知运动特性的支链而提出的复杂运动副有万向铰或虎克铰 U（Universal Pair）、纯平动万向铰 U*（Pure-Translation Universal Joint）等。

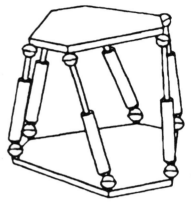

对并联机构的研究最早可追溯到 20 世纪初。1949 年，Gough 采用并联机构制作了轮胎检测装置；1965 年，英国高级工程师 Stewart 发表了名为 "A Platform with Six Degress of Freedom" 的论文，引起了广泛的注意，从而奠定了他在空间并联机构中的鼻祖地位，相应的平台称为 Stewart 平台，如图 6-22 所示。Stewart 平台机构由上、下平台及 6 根支杆构成，这 6 根支杆可以独立地上下伸缩，它分别由球铰和虎克铰与上、下平台连接。将下平台固定，则上平台就可进行 6 个自由度的独立运动，在三维空间可以做任意方向的移动和绕任何方向、位置的轴向转动。

图 6-22　Stewart 平台机构

为克服串联机器人刚性差、误差累积等诸多缺点，澳大利亚著名机构学学者 Hunt 于 1978 年首次提出把 Stewart 机构应用于工业机器人，提出一种新的 6 自由度并联机器人。1979 年，H.MacCallion 和 D.T.Pham 将该机构按操作器设计，成功地将 Stewart 机构用于装配生产线，从而标志着并联机器人的诞生，拉开了并联机器人发展的历史。随着计算机技术的发展，尤其是计算快速、功能强大的计算机出现之后，促进了并联机器人机构的应用和发展。

**2．并联机构的特点**

并联机构是一种闭环机构，其运动平台或末端执行器通过至少 2 个独立的运动链与机架相连接，必备的要素如下：①末端执行器必须具有运动自由度；②这种末端执行器通过几个相互关联的运动链或分支与机架相连接；③每个分支或运动链由唯一的移动副或转动副驱动。

与传统的串联机构相比，并联机构的零部件数目较串联构造平台大幅减少，主要由滚珠丝杠、伸缩杆件、滑块构件、虎克铰、球铰、伺服电动机等通用组件组成。这些通用组件可由专门厂家生产，因而其制造和库存备件成本比相同功能的传统机构低得多，容易组装和模块化。

除了结构上的优点，并联机构在实际应用中更是有串联机构不可比拟的优势。其主要优点如下：

（1）刚度质量比大。因采用并联闭环杆系，杆系理论上只承受拉、压载荷，是典型的二力杆，并且多杆受力，使得传动机构具有很高的承载强度。

（2）动态性能优越。运动部件质量轻、惯性低，可有效改善伺服控制器的动态性能，使动平台获得很高的进给速度与加速度，适于高速数控作业。

（3）运动精度高。这是与传统串联机构相比而言的，传统串联机构的加工误差是各个关节的误差积累，而并联机构各个关节的误差可以相互抵消、相互弥补。因此，并联机构是未来机床的发展方向。

（4）多功能、灵活性强。可构成形式多样的布局和自由度组合，在动平台上安装刀具进行多坐标铣、磨、钻、特种曲面加工等，也可安装夹具进行复杂的空间装配，适应性强，是柔性化的理想机构。

（5）使用寿命长。由于受力结构合理，运动部件磨损小，且没有导轨，不存在铁屑或冷却液进入导轨内部而导致其划伤、磨损或锈蚀现象。

并联机构作为一种新型机构，也有其自身的不足，由于结构的原因，它的运动空间较小。而串并联机构则弥补了并联机构的不足，它既有质量轻、刚度大、精度高的特点，又增大了机构的工作空间，因此具有很好的应用前景。尤其是少自由度串并联机构，适应能力强且易于控制，是当前应用研究中的一个新热点。

### 3．并联机构的种类

根据上面的定义，并联机器人机构可具有 2～6 个自由度。从已经问世的并联机构来看，其中 2 自由度的占有 10.5%，3、6 自由度的各占 40%，4 自由度的占 6%，5 自由度的占 3.5%。2 自由度的并联机构在并联领域自由度最少，主要应用于在空间内定位平面内点，如图 6-23 所示。3 自由度的并联机构种类较多，形式较复杂，有平面 3 自由度并联机构和空间 3 自由度的并联机构，如图 6-24 所示。4、5 自由度的并联机构很少，其原因在于人们还没有找到一种途径能把空间 3 个移动、3 个转动的自由度分解开；另一个原因是从结构对称的角度出发，4、5 自由度的并联机构很难得到。4 自由度并联机构大多不是完全并联机构，现有的 5 自由度并联机构结构复杂，如韩国的 5 自由度并联机构具有双层结构（2 个并联机构的组合）。6 自由度并联机构是并联机器人机构中的一个大类，是国内外学者研究最多的并联机构，并获得了广泛应用。从完全并联的角度出发，这类机构必须具有 6 个运动链，如 Stewart 机构。但现有的并联机构中，也有一种具有 3 个运动链的 6 自由度并联机构，如在 3 个分支的每个分支上附加 1 个 5 杆机构作为驱动机构的 6 自由度并联机构。

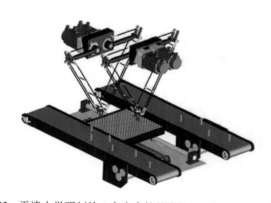

图 6-23　天津大学研制的 2 自由度的并联机构——Diamond 机器人　　图 6-24　DELTA 3 自由度的并联机构

目前，并联机构的自由度计算多采用 Kutzbach Grubler 公式：

$$M = d(n - g - 1) + \sum f_i \qquad (6\text{-}4)$$

式中，$M$ 为机构的自由度；$d$ 为机构的阶数，对于平面机构、球面机构 $d=3$，对于空间机构 $d=6$；$n$ 为机构的杆件数，包括机架；$g$ 为机构运动副数；$f_i$ 为第 $i$ 个运动副的自由度数。

例如，Stewart 机构的自由度为：

$$M = 6 \times (14 - 18 - 1) + (1 \times 6 + 2 \times 6 + 3 \times 6) = 6$$

式中，杆件数为 14，一个支杆因中间有移动副分割，故每个支杆的杆件数应计为 2，上下平台的杆件数共为 2；机构运动副数共为 18，其中，1 自由度运动副 6 个，2 自由度运动副 6 个，3 自由度运动副 6 个。

## 6-2-2　并联机器人机构学理论

### 1. 运动学

关于并联机器人的运动学问题可分成两个子问题：正向运动学问题和逆向运动学问题。当给定并联机器人上平台的位置参数，求解各输入关节的位置参数是并联机器人的运动学反解问题；当给定并联机器人各输入关节的位置参数，求解上平台的位置参数是并联机器人的运动学正解问题。对于并联机器人来说，其逆向运动学问题非常简单，而正向运动学问题却相当复杂，因此正向运动学问题一直是并联机器人运动学研究的难点之一。在 20 世纪 80 年代末 90 年代初，正向运动学问题处于并联机器人研究的中心地位。许多专家学者对这一问题进行了广泛而深入的研究，并解决了一些理论和实际问题。但要想完全解决这一问题却非常困难，从目前的研究成果来看，关于正向运动学问题的解法主要分为两大类：数值法和解析法。

由于并联机构结构复杂，位置正解的难度较大，其中一种比较有效的方法是采用数值法求解一组非线性方程，从而求得与输入对应的动平台的位置和姿态。数值法的优点是它可以应用于任何结构的并联机构，计算方法简单，但此方法计算速度较慢，不能保证获得全部解，并且最终的结果与初值的选取有关。1984 年，Fichter 对并联结构做了进一步理论分析，推导出并联机构的位置反解方程，Yang 等构造了含有 6 个未知数的 6 个非线性方程，然后求解此方程。

解析法是通过消元法消去机构约束方程中的未知数，从而获得输入/输出方程中仅含一个未知数的高次多项式。这种方法的优点是可以求解机构中所有可能解，并能区分不同连续工作空间中的解，但推导过程复杂。一般形式的 6-SPS 并联机构的解析位置正解问题还没有解决，但通过改变上、下平台上铰链点的分布或采用复合铰的方法，6-SPS 并联机构可以演化出许多结构形式，其中有一些结构有解析解。例如，三角平台型并联机构的位置有封闭解。

为了克服非线性方程组数值解法的复杂性，有一些学者应用遗传算法及神经网络这些非数值并行算法来解决 6-SPS 并联机构的位置正解问题。

Stewart 机构位置正解的常规解法都是根据 6 个主动分支的位置数据来求解的，方程的耦合度高，解法复杂，求解困难。为此一些学者提出了通过附加的结构位置数据来降低求解位置正解问题的复杂程度，即用附加的位置传感器来测量某些关键结构数据以避免数值运算，这种方法大大加快了位置正解问题的求解速度。

### 2. 奇异位形

奇异位形是并联机器人机构学研究的又一项重要内容，同串联机器人一样，并联机器人也存在奇异位形。当机构处于奇异位形时，其 Jacobian 矩阵为奇异阵，行列式值为零，此时机构速度反解不存在，存在某些不可控的自由度。另外当机构处于奇异位形附近时，关节驱动力将趋于无穷大从而造成并联机器人的损坏，因此在设计和应用并联机器人时应避开奇异位形。

Fichter 和曲义远等发现了 Stewart 平台机构的奇异位形是上平台相对于下平台转过 90°的位置。随后确定奇异位形的方法不断被提出：①通过机构的速度约束方程把并联机构的奇异位形分为边界奇异、局部奇异和结构奇异三种形式；②利用 Crassmen geometry 法详细地分析了 Stewart 平台的奇异位形。

虽然平面形并联机器人的工作空间和奇异位形可以同时确定，但如何确定工作空间中的奇异位形仍是一个有待进一步研究的问题。

### 3．工作空间

工作空间分析是设计并联机器人操作器的首要环节，机器人的工作空间是机器人操作器的工作区域，它是衡量机器人性能的重要指标。并联机器人的一个最大的弱点就是工作空间小，应该说这是一个相对的概念。同样的机构尺寸，串联机器人工作空间大，并联机构小；具备同样的工作空间，串联机构小，并联机构大，由此可见开发并联机构的工作空间是非常重要的。

根据操作器工作时的位置特点，工作空间又可分为可达工作空间和灵活工作空间。可达工作空间是指动平台上某一参考点可以达到的所有点的集合，这种工作空间不考虑动平台的姿势。灵活工作空间是指动平台上某一参考点可以从任何方向到达的点的集合。

并联机器人工作空间解析法求解是非常复杂的问题，它在很大程度上依赖于机构位置解的研究结果，至今仍没有完善的方法，这一方面的文献也比较有限。对于比较简单的机构，如平面并联机器人工作空间的边界可以解析表达，而对空间并联机器人目前只有数值解。Fichter 采用固定 6 个位姿参数中的 3 个姿态参数和 1 个位置参数而让其他 2 个变化，研究了 6 自由度并联机器人的工作空间。Gosselin 利用圆弧相交的方法来确定 6 自由度并联机器人在固定姿态时的工作空间并给出了工作空间的三维表示，因为这种方法是以求工作空间的边界为目的，所以比 Fichter 的扫描方法效率要高得多，并且可以直接计算工作空间的大小。

总体上，并联机器人工作空间的求解方法有解析法和数值法。在解析法研究方面，具有代表性的工作当属几何法，该方法基于给定动平台姿态，当受杆长极限约束时，假想单开链末杆参考点运动轨迹为一球面，将工作空间边界构造归结为对 12 张球面片求解问题。在数值法研究方面，主要有网格法和优化法，这些算法一般需依赖于位置逆解，故在不同程度上存在着适用性差、计算效率和求解精度低等缺点。

## 6-2-3　并联机器人动力学分析与控制

### 1．并联机器人动力学分析

并联机器人的动力学及动力学建模是并联机器人研究的一个重要分支，其中动力学建模是并联机器人实现控制的基础，因而在研究中占有重要的地位。动力学是研究物体的运动和作用力之间的关系。并联机器人是一个复杂的动力学系统，存在着严重的非线性，由多个关节和多个连杆组成，具有多个输入和多个输出，它们之间存在着错综复杂的耦合关系。因此，要分析研究机器人的动力学特性，必须采用非常系统的方法。现有的分析方法很多，有拉格朗日（Lagrange）法、牛顿—欧拉（Newton—Euler）法、高斯（Gauss）法、凯恩（Kane）法、旋量（对偶数）法和罗伯逊—魏登堡（Roberson—Wittenburg）法等。有关动力学建模的研究，在串联机器人领域已经取得了很大的进展；然而由于并联机构的复杂性，目前关于并联机器人的研究内容大都涉及机构及运动学的各方面，相对而言并联机器人的动力学研究相对较少。

因为 Stewart 平台具有完整的一般性结构和惯性扰动，Dasgupta 和 Mruthyunjaya 利用牛顿—欧拉法计算了完整的逆动力学方程，有效的计算方法显示出其适合于并联计算；Lebret 用拉格朗日方程建立了完整的并联机器人动力学方程。

### 2. 并联机器人控制分析

在并联机器人控制领域，目前主要有 PID 控制、自适应控制、变结构滑模控制。常规 PID 算法在一般性能数据处理器支持下，对于较低精度的点位控制有效；自适应控制及变结构滑模控制都属于模型控制，主要应用于高精度控制，但这种方法计算量很大。目前借助于高速的数字信号处理器 DSP 技术来解决并联机构逆解的在线计算问题，并采用增量式 PID 算法、交流伺服速度控制方式的控制策略，对于高速、高精度并联机构的点位控制已取得了很好的效果，值得推广和借鉴。另外这种具体控制方法在控制中要求对机构启动、停止阶段的速度进行规划，即有一个缓慢的上升和下降过程，以防止机构在启动、停止时有过大的冲击，利于系统控制精度的提高；同时还要求在控制中把行程较长的预定轨迹分成若干段来完成。这是因为机构末端走过的轨迹是一条弧线，弧线偏差过大则会造成机构运动不平稳、精度下降。研究表明其轨迹最大偏差与节点间距离的平方成正比，因此根据此关系预先计算出节点数，分段完成整个路径便于系统控制精度的保证。运用这种控制策略的精密并联机器人，其控制精度可达 0.02 μm，运动分辨率可达 0.5 μm，速度可达 2 mm/s。

## 6-2-4  DELTA 机构介绍

DELTA 机构是并联机构的一种，它属于少自由度空间并联机构，于 1985 年首次由瑞士洛桑工学院（EPEL）的 Reymond Clavel 博士提出，由于该机构的上下两个平台均呈三角形状而得名。

DELTA 机构是由三组摆动杆机构连接静平台和动平台的空间机构，其机构示意图如图 6-25 所示。它由两个正三角形平台组成，上面的平台是固定的，称其为静平台；下面的平台是运动的，称其为动平台。静平台的三条边通过三条完全相同的支链分别连接到动平台的三条边上。每条支链中有一个由 2 个虎克铰与杆件组成的平行四边形从动杆组，该杆组与主动臂相连，主动臂与静平台之间通过转动副连接。每条支链都含有 3 个转动副和 2 个虎克铰，这种机构采用外转动副驱动和平行四边形杆组结构，可实现末端执行器的高速三维平动；其中与静平台相连接的 3 个转动副为实验台的驱动副，每条支链上相对应的杆长是相等的。根据结构类型可知，基于 DELTA 机构的并联实验台在运动过程中，动平台相对于静平台可以实现三维平动。

目前，DELTA 机器人由于其机械结构简单、运动部件质量轻、动平台速度快等特点被广泛应用于多种场合。例如，它可以用于食品、制药、电子等轻工业中进行包装或 pick-and-place 操作等。瑞士巧克力制造商 Chocolat Frey 将 DELTA 机器人用于巧克力包装生产线

（如图 6-26 所示），从而获得巨大的商业利润，该包装生产线由博世（Bosch）的包装技术公司 Sigpack Systems AG 提供。在这条生产线上，8 个 DELTA 机器人从一连串的横向进给传送带上抓起巧克力并把它们放进泡沫塑料盒里，然后再把泡沫塑料盒放到纸箱里，从而减少了 Chocolat Frey 工厂里的手工作业量。

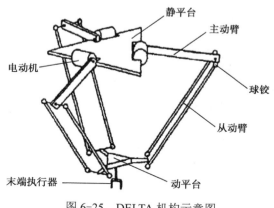

图 6-25　DELTA 机构示意图

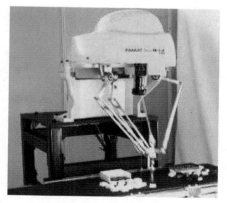

图 6-26　巧克力包装生产线

## 项目实践——DELTA 并联机器人的组装及结构设计

### 1．实践要求

（1）对 DELTA 机构各组成部件的演示，掌握并联机器人的组装过程；
（2）熟悉并联机器人的机械结构组成。

### 2．实践过程

#### 1）定平台的设计

定平台又称基座，在结构中属于固定的，具体参数如图 6-27 所示。厚度为 30 cm，定平台的等效圆半径为 210 mm。材料选用铸铁铸造加工，开口处磨削加工保证精度，最后进行打孔的工艺。

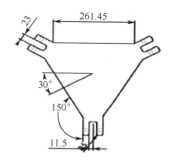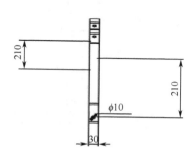

图 6-27　定平台的设计图

2）驱动杆的设计

具体参数为长×厚×宽：880 mm×10 mm×20 mm，孔的参数为$\phi$10×10 mm。材料选用铝合金，设计为杆式，质量小、经济，同时也满足载荷条件。驱动杆的设计图如图 6-28 所示。

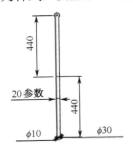

图 6-28　驱动杆的设计图

3）从动杆的设计

具体参数为长×宽×高：620 mm×20 mm×10 mm，孔参数为$\phi$10×10 mm，材料选用铝合金。从动杆的设计图如图 6-29 所示。

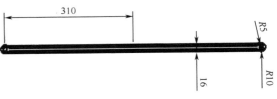

4）动平台的设计

具体参数如图 6-30 所示。考虑到质量因素，选用铝合金切削加工。动平台的等效圆半径为 50 mm，分布角为 21.5°。

图 6-29　从动杆的设计图

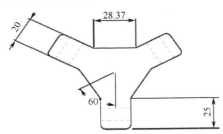

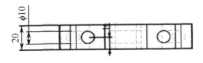

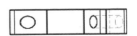

图 6-30　动平台的设计图

5）连接销的设计

选用45号钢，为主动杆和定平台的连接销：$\phi 9 \times 66$ mm。

6）球铰链的选型

目前，大多数DELTA机构的主动杆与从动杆的连接方式为球铰链的连接。球形连接铰链用于自动控制中的执行器与调节机构的连接附件，它采用了球形轴承结构，具有控制灵活、准确、扭转角度大的优点。由于该铰链安装、调整方便，安全可靠，所以，它广泛地应用在电力、石油化工、冶金、矿山、轻纺等工业的自动控制系统中。球铰链由于选用了球形轴承结构，因此能灵活地承受来自各异面的压力。本项目选用球铰链设计，主要是因为球铰链的可控性好，以及结构简单、易于装配，且有很好的可维护性。

本项目选用了伯纳德的SD系列球铰链，相对运动角为60°，如图6-31所示。

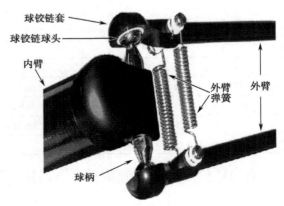

图6-31　SD系列球铰链

7）垫圈的选型

此处选用标准件。GB/T 97.1 10-140HV，10.5 mm×1.6 mm。

8）电动机的选型

本项目的DELTA机器人主要面向工业中轻载的场合，比如封装饼干等。因此，以下做电动机的选型处理。

由于需要对角度的精确控制，因此决定选用伺服电动机。交流伺服电动机有以下特点：启动转矩大，运行范围广，无自转现象。正常运转的伺服电动机，只要失去控制电压，电动机立即停止运转，这也是DELTA机构所需要的。交流伺服电动机运行平稳、噪声小；但其控制特性是非线性，并且由于转子电阻大、损耗大、效率低，与同容量的直流伺服电动机相比，体积大、质量重，所以只适用于0.5～100 W的小功率控制系统。

在本项目中，电动机的功率计算如下：机构的最高速度不超过2 m/s。考虑到运动杆件质量、摩擦力等，综合载重5 kg。则：$P=FV=5$ kg×10 m/s$^2$×2 m/s=100 W。取安全因子为1.2，则每个电动机的功率为1.2×100/3=40 W。故初步选用如表6-3所示的两款。

表6-3　选用的电动机型号

| 名　称 | 型　号 | 功　率 | 价　格 |
|---|---|---|---|
| 松下 | MSMD5AZG15 | 30～50 W | ￥9 000.00 |
| 三菱 | HC-MFS/kfso53k | 50 W | ￥4 790.00 |

考虑到经济原因，在其他参数相似的情况下，我们在这里选择三菱的HC-MFS/kfso53k。

9）执行器的设计与选型

考虑选用电控吸盘或机械手。

**3. 项目小结**

本项目以 DELTA 机构为例，训练学生按照定平台、动平台、驱动杆及从动杆图纸进行实物制作，合理选用合适连接件、垫圈及电动机等。在实验过程中，使学生对并联机器人的机械结构组成及电动机选用等方面有较为清晰的认识和了解。

**4. 项目评价**

项目评价表如表 6-4 所示。

表6-4 项目评价表

| 项 目 | 目 标 | 分 值 | 评 分 | 得 分 |
|---|---|---|---|---|
| DELTA 机构定、动平台等部分的制作 | 正确认识 DELTA 机构各组成部分 | 50 | 不正确，扣 5～10 分 | |
| DELTA 机构机械结构组装 | 正确组装各连接件 | 30 | 不正确，扣 5～10 分 | |
| 实验动作的运行 | 正确完成 DELTA 机构的正常动作 | 20 | 不正确，扣 5～10 分 | |
| 总分 | | 100 | | |

## 项目拓展——并联机构的主要应用

并联机构由于其本身特点，一般多用在需要高刚度、高精度和高速度而无须很大空间的场合。主要应用有以下几个方面：

（1）模拟运动。①飞行员三维空间训练模拟器驾驶模拟器；②工程模拟器，如船用摇摆台等；③检测产品在模拟的反复冲击、振动下的运行可靠性；④娱乐运动模拟台。

（2）对接动作。①宇宙飞船的空间对接；②汽车装配线上的车轮安装；③医院中的假肢接骨。

（3）金属切削加工，可应用于各类铣床、磨床、钻床或点焊机、切割机。

（4）并联机构还可用做机器人的关节、爬行机构、食品、医药包装和移载机械手等。

**1. 模拟运动**

1）飞行员三维空间训练模拟器驾驶模拟器

训练用飞行模拟器具有节能、经济、安全、不受场地和气候条件限制等优点，目前已成为各类飞行员训练必备工具。Stewart 在 1965 年首次提出把 6 自由度并联机构作为飞行模拟器，开启了此应用的先河。目前，国际上有大约 67 家公司生产基于并联机构的各种运动模拟器。并联平台机构在军事方面也得到了应用，将平台装于坦克或军舰上，用它来模拟仿真路面谱和海面谱，以使在目标的瞄准射击过程中不受这些因素的干扰，达到准确击中目标的目的。如图 6-32 所示是 Frasca 公司生产的波音 737-400 型客机的 6 自由度飞行模拟器；如图 6-33 所示是 CAE 公司生产的飞行模拟器。

2）检测产品在模拟的反复冲击、振动下的运行可靠性

Gough 在 1948 年提出用一种关节连接的机器来检测轮胎。轮胎检测是将轮胎安装在试验台轮毂上，施加载荷并让其高速旋转，通过测定轮胎旋转时所受的径向、侧向和纵向滚动阻力的变化值。并联机构的灵活性和高刚度具有很大的优势。目前，Stewart 平台仍广泛用于轮胎均匀性检测和动平衡实验。

图 6-32　波音 737-400 飞行模拟器

图 6-33　CAE 飞行模拟器

3）娱乐运动模拟台

运动仿真因能给人以动感刺激而逐步进入娱乐业，运动的并联机构平台配以视景、音响及触觉等，如美国和日本的"星球航行"、"宇宙航行"等娱乐设施均采用并联机构平台。

2．对接动作

1）宇宙飞船的空间对接

宇宙飞船的对接可以达到补给物品、人员交流等目的。要求上、下平台中间都有通孔，以作为结合后的通道，这样上平台就成为对接机构的对接环。它由 6 个直线式驱动器驱动，其上的导向片可帮助两飞船的对正，对接器还有吸收能量和减振的作用；对接机构可完成主动抓取、对正拉紧、柔性结合、最后锁住卡紧等工作。航天器对接口如图 6-34 所示。航海上也有类似的应用，如潜艇救援中也用并联机构作为两者的对接器。

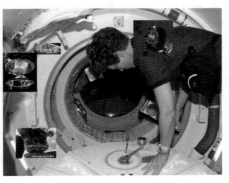

图 6-34　航天器对接口

2）汽车装配线上的车轮安装

并联机器人可以在汽车装配线上安装车轮，将并联机器人横向安装于能绕垂直轴线回转的转台上，它从侧面抓住从传送链送来的车轮，转过来以与装配线同步的速度将车轮装到车体上，再将所有螺栓一次拧紧。并联机器人还可以倒装在具有 $x$、$y$ 两方向受控的天车上用做大件装配，可以用在汽车总装线上吊装汽车发动机。

3．并联机床

虚拟轴车床是并联机构在工程应用领域最成功的范例。与传统数控机床相比，它具有传动链短、结构简单、制造方便、刚性好、质量轻、速度快、切削效率高、精度高、成本低等优点，容易实现六轴联动，因而能加工复杂的三维曲面。

1994 年，在芝加哥国际机床博览会上，美国 GIDDINGS&LEWIS 公司和英国 Geodetic 公司首次展出了称为 VARIAX 和 Hexapods 的虚拟轴机床，如图 6-35 所示，被认为是 20 世纪以来机床结构的最大变革与创新。此后，欧洲各国和日本也竞相研制。在 1997 年德国汉诺威国际机床博览会（EMO97）和 1999 年巴黎国际机床博览会（EMO99）上，又推出了多种并联机床样机。如图 6-36 所示是瑞典 Neos Robotics 公司生产的 Tricept 600 型并联机床，用于汽车装配自动线，可以完成加工、装配、焊接等工序。

图 6-35　VARIAX 和 Hexapods 的虚拟轴机床

图 6-36　Tricpet 600 型并联机床

# 项目 6-3　检测机器人

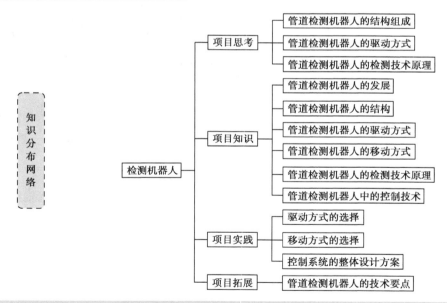

## 项目思考——管道检测机器人的组成及驱动方式

城市的污水、天然气输送、工业物料运输、给排水和建筑物的通风系统等，均使用大量复杂隐蔽的管道。对管道进行定期维护，提高管道的寿命，保持管道通畅，防止泄漏等故障的发生，就必须对管道进行有效的检测。长期以来，如何对管道进行经济、方便、快捷、有效地检测并准确定位故障，是管道系统维护和检修面临的难题。

本项目介绍的管道检测机器人是一种可在管道内、外行走的机电一体化装置，它可以携带一种或多种传感器及操作装置（如 CCD 摄像机位置和姿态传感器、超声传感器、涡流传感器、管道清理装置、管道接口焊接装置、防腐喷涂装置等操作装置），在操作人员的远距离控制下进行一系列的管道检测维修作业。

从三个方面去思考：

（1）管道检测机器人的结构组成。

（2）管道检测机器人的驱动方式。

（3）管道检测机器人的检测技术原理。

## 6-3-1　管道检测机器人的发展

### 1．国外研究现状

从 20 世纪 50 年代起，为满足长距离管道运输、检测的需要，美、英、法等国相继展开了管道检测机器人的研究，其最初成果就是一种无动力的管内检测设备，一般译名称"管道猪"。该设备依靠其首尾两端管内流体形成的压力为驱动力，随着管内流体的流动向前运动。它是一种被动的、无自主动力的检测设备，依靠外力的作用而实现在管道中移动。随着计算机、传感器、控制理论及技术的发展，近些年来，人们开始研究采用具有自主动力的机器人来进行管道检测。这种管道检测机器人能在管道中自主行走，可以准确接近管道的故障截面，获得故障状况的可靠信息，精确到达操作位置。

日本在管道微型检测机器人方面的研究最为活跃且富有代表性，日本通产省的"微机械技术"十年计划要制造出能进管道检修的智能微型机器人和能进入人体诊断和手术的微型机器人；日本 DENSO 公司用层叠式压电陶瓷作为驱动器，做出的微型机器人本体直径 5.5 mm、长 20 mm、自重 1 g、移动速度为 6 mm/s，可在直径为 10 mm 的管道内做水平、垂直运动。美国加州理工学院研制了一种主动内窥检查微型机器人。法国在 1995 年已研制出直径为 10 mm，长度为 30 mm 的医用管道微型机器人。意大利开发了用于结肠检查的携带主动内窥镜的微型机器人，机器人由母体微型手臂和人机接口组成。Masaki Takahash 等人研制了管道微机器人，该机器人由三个运动部分组成，每一段由一个柔性微驱动器和四个铰链组成，其最大运动速度为 2.2 mm/s、最大牵引力为 0.22 N，可在直径为 20 mm 的管道灵活地运动。

### 2．国内研究现状

国内在管道检测机器人方面的研究起步较晚，开始于 20 世纪 80 年代末。哈尔滨工业大学、上海交通大学、广东工业大学、大庆石油管理局、中原油田及胜利油田等先后参与了这方面的研究工作。国内的管道在线检测技术大部分也应用了"管道猪"。近些年来，我国也开始对带自主动力的机器人进行研究。

在常规口径管道检测方面，哈尔滨工业大学基于信息融合的定位管道检测机器人研究实验成功，提出了低频电磁波、视觉、计程轮这 3 种管道机器人定位方法信息融合规则，能够充分考虑 3 种传感器的定位精度及定位范围的不同，选择定位传感器；机器人根据定位传感器的特点控制机器人的运动速度，实现管道机器人准确、快速定位。广东工业大学研制了新型无缆管道机器人，设计了一种新型无缆微管道检测机器人的运动机构。该机人携带动力转换装置，并利用流体自身能量来运动和工作，所设计的结构和运动机构能满足机器人实现快速行走、调速、调节转弯及发电等要求。中科院已经研制出了低成本的管道清洗机器人，此机器人是根据 400 mm×400 mm 空调通风管道设计的，具有在管道行走、对管道进行观测、对污染物进行清洗的功能。

### 6-3-2 管道检测机器人的结构

管道检测机器人和通常的工业机器人的组成原理基本相同，一个完整的管道检测机器人系统应由移动载体（行走机构）、管道内部环境识别检测系统（操作系统）、信号传递和动力传输系统及控制系统组成，其中移动载体和管道内部环境识别检测系统是管道机器人系统的核心部分。

移动载体按移动方式可分为轮式、履带式、轮腿式、蠕动式等不同结构。管道内部环境识别检测系统中，传感器是机器人采集数据的主要部件。常见的管道检测机器人一般采用感应式传感器（涡流传感器）或视觉传感器，当然，根据不同的目的可采用不同的传感器，包括采集图像的 CCD 摄像头、采集温度数据的温度传感器及压力传感器、湿度传感器等。

一个典型的管道检测机器人的结构组成如图 6-37 所示，由电源、驱动系统、操作器、采样装置、摄像机、传感器、主控面板等几部分组成。

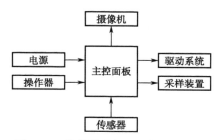

图 6-37　管道检测机器人的结构组成

机器人在自动模式下，可以在管道内自主行驶，检测管道的清洁状况；使用操作器可以随时将机器人改为手动模式，用操作器控制机器人的行动。主控面板是机器人的核心部分，它处理传感器的检测信号、接收并解释操作器的指令，给驱动系统、采样装置和摄像机提供控制信号。操作器是一个控制键盘，通过按键输入操作命令，然后传送给主控制板。驱动系统包括直流电动机、电动机驱动电路及机械传动部件，可驱动机器人前进、后退、左转、右转。采样装置的功能是收集管道内的污物供检测。摄像机安装在微型云台上，可以灵活转动，对管道进行全面的检查。传感器可以用来检测管道内的环境状态，并传送给主控面板。电源可以使用电池或外接直流电源。

### 6-3-3 管道检测机器人的驱动方式

由于管道检测机器人是在管道限定的环境里运行，尤其是在有弯曲的管道里运行，一方面，机器人在弯管（包括垂直管道）行走中要有足够的摩擦力来克服重力的影响；另一方面，需要提供足够大的驱动力来克服各种阻力。驱动器的选择在很大程度上决定了管道机器人的体积、质量和性能指标。

现在使用的驱动方式有如下几种。

（1）电磁驱动。最常用的是微电动机，微电动机又分为有刷直流电动机、无刷直流电动机、步进电动机和舵机等。步进电动机、直流电动机和无刷直流电动机的主要区别在于它们的驱动方式。步进电动机采用直接控制方式，它的主要命令和控制变量都是步阶位置。直流电动机则是以电动机电压或电流作为控制变量，以位置或速度作为命令变量，小尺寸可以产生较大的扭矩。直流电动机需要反馈控制系统，它会以间接方式控制电动机的位置，步进电动机可以产生精确控制，一般采用开环方式。无刷直流电动机以电子组件和传感器取代电刷，不但延长电动机寿命和减少维护成本，而且也没有电刷产生的噪声，因此无刷直流电动机可以达到更高的转速，对电动机的控制比较成熟。目前，小型电动机常采用 PWM 控制方法，控制方法比较简单，精度比较高。

（2）压电驱动。压电材料是一种受力即产生应变，在其表面出现与外力成比例电荷的材料，又称压电陶瓷。反过来，把一电场加到压电元件上，则压电元件产生应变。通常压电元件的能量变换率高（约 50%），驱动力大（$3\,500\,N/cm^2$），响应速度快（几十毫秒），稳定性好，驱动精度高。故通常压电元件有两种驱动方式：一种是利用动态响应快的特点，做高频振动，把振动作为动力源；另一种是利用驱动力大、精度高的特点，驱动位移或力作为驱动源。

（3）形状记忆合金。形状记忆合金是一种特殊的合金，其形状记忆效应产生的主要原因是相变，其相变是由可逆的热弹性马氏体的相变产生。一旦使它记忆了任意形状，当加热到某一适当的温度时，则恢复为变形前的形状。它的特点：一是变化率大，是普通金属的近十倍，达到 4 mm 每 10℃；二是变位方向的自由度大，由两种金属片贴合而成的双金属片的变位方向只能是垂直于贴合面的方向，而形状记忆合金是单一材料，没有方向的依赖性，可向任何方向变位，如做成线圈状扩大动作行程；三是在特定的温度下，变位急剧发生，并且具有温度的迟滞性，适合于开关动作。

（4）超声波驱动。利用超声波振动作为驱动力，即由振动部分和移动部分组成，靠振动部分和移动部分之间的摩擦力来驱动的一种驱动器。它具有结构简单、体积小、响应快、力矩大的特点，不需要减速就可以低速运行，常用于照相机快门的动作等。超声波驱动有三种驱动方式：振动方向变换型、行进波型和复合振动型，后两种驱动方式一般应用在微机器人上。

（5）气动驱动。利用压缩空气驱动气动马达或气缸运动，适合潮湿恶劣的环境，不需要电源，但运动精度比较低。

（6）人工肌肉。一种新型的气动橡胶驱动器（仿生物肌肉驱动），结构是由内部橡胶筒套及外部纤维编织网构成。当对橡胶筒套充气时，橡胶筒套因弹性变形压迫外部纤维编织网，由于编织网刚度很大，限制其只能径向变形，直径变大，长度缩短。此时，如果将气动人工肌肉与负载相连，就会产生收缩力；反之，当放气时，气动人工肌肉弹性回缩，直径变小，长度增加，收缩力减小。因此，气动人工肌肉具有质量轻、输出力大、柔顺性好等特点。如图 6-38 所示，其缺点是：

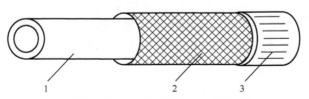

1—橡胶筒套；2—纤维编织网；3—螺丝口部

图 6-38　气动人工肌肉结构简图

① 气动人工肌肉与传统气动执行元件相比行程小（气动人工肌肉空载时可达 20%，有载时只可达到 10%，而有的传统气缸可达到 40%）。

② 气动人工肌肉的变形为非线性环节，具有时变性，使准确控制其位移十分困难。

③ 在工作过程中，气动人工肌肉自身温度会发生变化，随着温度的变化，其性能也会改变，这给高精度控制带来困难。

### 6-3-4 管道检测机器人的移动方式

管道检测机器人的移动方式可以分为轮式、履带式、足式、蠕动式、螺旋式、张紧式、流体推动式和蠕动式等，如图 6-39 所示。

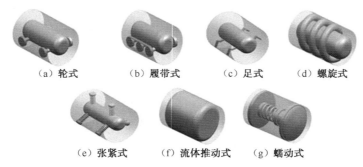

（a）轮式　　（b）履带式　　（c）足式　　（d）螺旋式

（e）张紧式　　（f）流体推动式　　（g）蠕动式

图 6-39　管道检测机器人的移动方式

轮式机器人以其运动的连续性、平稳性和车辆技术的成熟性而广为应用。然而对于轮式也还有限制：轮式跨越障碍能力比较差，牵引力相对履带式要小；在不平整地面环境下，运动不平稳，易倾斜；微型化比较难。

履带式机器人具有牵引力大，抓地性好，适应地面环境能力强的特点。同等条件下，可以跨越的障碍是所有驱动方式中最大的。

足式机器人模仿昆虫结构功能的移动方式，地形适应能力强，能越过较大的壕沟和台阶；其缺点是速度和效率低，转向比较困难，控制系统复杂。因为腿和地面的接触面积小而使得单位的压强太大，所以应用起来比较困难。日本用压电元件制成的足式步行机器人采用双压晶片型的压电元件，利用它的振动直接蹾着地面前进。

螺旋式机器人利用旋转摩擦管壁产生推力，适合在管径很小的管道中运动；缺点是效率低，推力比较小。

张紧式移动机构主要适合在垂直管道或大坡度管道中运动。它通过可变形的机构始终张紧管壁，保持与管壁的紧配合，一般与其他移动方式（如轮式和履带式）结合使用；缺点是不适合 L 形等没有圆弧过渡的弯道，适应的管道直径范围比较小。

流体推动式是一种无动力或被动式的移动方式。利用管道内流动液体的动力运动，可以在管道不停止工作的状态下进行管道的检测。一般没有缆绳，因此不受行走距离的限制；缺点是难以控制速度和方向。

蠕动式机器人是依靠柔性形体的变形产生移动，具有较大的吸引力。运用的驱动元件不同，但蠕动原理大致相同，对于不同的蠕动机理、蠕动规律及控制尚需深入研究；缺点是转向困难，速度和效率低，牵引力小。蠕动式有蛇行、仿蚯蚓等运动模型。

### 6-3-5　管道检测机器人的检测技术原理

当今国内外管道检测常用的技术手段有超声检测、涡流检测、漏磁检测、远场涡流检测及磁记忆检测等，其中较新的技术是漏磁检测、远场涡流检测及磁记忆检测。

#### 1．漏磁检测

管道漏磁检测的工作原理如图 6-40 所示。当铁磁性材料在磁场中被磁化时，材料表面或近表面存在的缺陷或组织状态变化会使磁导率发生变化，即磁阻增大，使得磁路中的磁通相应发生畸变。除了一部分磁通直接穿越缺陷或在材料内部绕过缺陷外，还有一部分磁通会离开材料表面，通过空气绕过缺陷再重新进入材料，从而在材料表面的缺陷处形成漏磁场。利用磁敏探头探查漏磁通的存在，采集漏磁信号，通过对信号的分析，即可确定管道壁的受损情况，故称为"漏磁检测"技术。其检测的穿透性相对较强，对结构内部的缺陷有较高的敏感性和响应性。

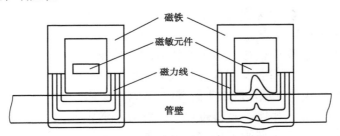

图 6-40　管道漏磁检测的工作原理

漏磁检测局限于材料表面和近表面的检测，因此，适用于薄壁管的检测，而不适于厚壁管的检测。漏磁检测对纵向性的缺陷敏感度很低，因此，当腐蚀缺陷面积大于探头的灵敏区时，壁厚的检测精度高；而当腐蚀缺陷面积小于探头的灵敏区时，壁厚的检测精度难以得到保证。为提高检测精度，可以增加探头数量。探头数越多，各探头之间的周向间距越小，检测精度越高。

#### 2．远场涡流检测

继 20 世纪 40 年代发现了远场效应以后，20 世纪 50 年代壳牌公司又发明了远场涡流检测技术。1961 年，他们将此项技术命名为"远场涡流检测"，以区别于普通涡流检测。远场涡流检测的理论基础为涡流检测，两者的区别在于：远场涡流探头的激励线圈与检测线圈必须相距约 2 倍以上的管径长度，如图 6-41 所示。

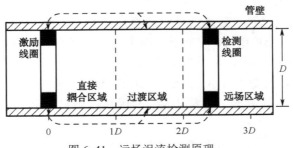

图 6-41　远场涡流检测原理

当激励线圈通以交变电流时，其产生的电磁能量将向各个方向传播。由于管壁中的涡流限制了磁场能量在管中沿轴向扩散，所以在激励线圈附近，能量沿径向扩散到管外，管外能量沿轴向衰减的情况比管内相应磁场小得多，从而使得远离激励线圈的区域（远场区域）管外场远强于管内场，能量又向管内扩散，此时与检测线圈耦合的磁场能量已两次穿过管壁，对应的区域就是二次穿透区。

与普通涡流、漏磁和超声检测相比，远场涡流检测具有以下优点：透壁性，能检测整个管壁上的缺陷，对内外壁的缺陷具有相同的灵敏度，且相位信号不受提离效应的影响；被检测的钢管的表面不必清洗；探头与钢管表面不接触，探头外径与钢管内径之间的间隙变化对检测结果的影响很小；探头的检测速度是否均匀对检测结果无影响；钢管内的气体、液体介质对检测结果无影响；检测设备体积小，质量轻，便于现场灵活应用。

### 3．磁记忆检测

20 年前，俄罗斯杜博夫教授在世界上率先揭示了铁磁材料的自磁化现象、漏磁场分布状况和强度同应力与变形集中区域及缺陷部位之间关系的规律性，并开发出金属磁记忆检测技术，研制出诊断与检测仪表。

磁记忆检测是利用金属磁记忆效应进行检测的，其原理是：处于地磁环境下的铁制工件受工作载荷的作用，其内部会发生具有磁致伸缩性质的磁畴组织定向的和不可逆的重新取向，并在应力与变形集中区域形成最大的漏磁场 $H_p$ 的变化。

同传统的无损检测方法相比，金属磁记忆检测方法的主要优点是：传统检测方法只能用于检测已产生的缺陷，而金属磁记忆检测方法则可预报可能产生缺陷与危险的区域，即最大应力与变形集中区域，从而及时采取措施防止破坏和事故的发生；由于可利用检测对象的自磁化现象，因而不需要人工磁化装置；可在保持被测金属构件原始状态下进行检测，所以无须对检测对象进行专门清理，这一方法更加实用于生产现场、野外条件和普查作业；检测灵敏度高于其他磁学检测方法；仪表体积小、质量轻，有独立电源和记录装置，便于携带，使用方便，检测效率高。

## 6-3-6　管道检测机器人中的控制技术

机器人技术的发展与嵌入式系统的发展密切相关。最早的机器人技术是 20 世纪 50 年代麻省理工学院（MIT）提出的数控技术，当时使用的控制方法还远未达到芯片水平，只是简单的与非门逻辑电路。之后由于处理器和智能控制理论的发展缓慢，机器人技术一直未能获得充分的发展。20 世纪 70 年代中期之后，由于智能控制理论的发展和 MCU 的出现，机器人逐渐成为研究热点，并且获得了长足的发展。

近来，由于嵌入式处理器的高速发展，机器人硬件、软件都呈现出新的发展趋势。典型的例子就是火星车，这个价值 10 亿美金的技术高密集型移动机器人采用的是美国风河公司的 VxWorks 嵌入式操作系统，可以在不与地球联系的情况下自主工作。以索尼的机器狗为代表的智能机器宠物，仅使用 8 位的 AVR MCS-51 单片机或者 16 位的 DSP 来控制舵机、进行图像处理，就能制造出那些人见人爱的玩具，让人不能不惊叹嵌入式处理器强大的功能。

近十年来，嵌入式系统与现场总线技术的发展为运动控制系统的结构带来了重大变革，产生了利用数字通信的开放的分布式控制结构。目前，国内外的许多机器人系统一般都采用了分布式控制结构。即上一级主控计算机负责整个系统管理、坐标变换和轨迹插补运算等，下一级由许多微处理器组成，每一个微处理器控制一个关节运动，它们并行地完成控制任务，因而提高了工作速度和处理能力。这些微处理器和主控机联系通过总线形式的耦合，代表了机器人控制系统发展的方向。现有的 RH-6 型焊接机器人采用的是集中式的控制系统结构，而改进型的新一代控制器则采用了基于控制器局域网（CAN）总线的分布式控制体系结构。在该机器人控制系统中，由总线连接各个控制模块，机器人系统的开放性、可靠性和鲁棒性都有所增强。

由上所知，机器人的发展与自动控制技术的发展有着密切的关系，控制技术实际上是一直随着计算机技术、微电子技术、电动机驱动技术及传感器技术等相关技术的发展而发展的。早期的机器人控制器功能很简单，但系统很庞大，操作起来比较复杂，精度和可靠性也不高，机器人也仅能完成一些简单的顺序作业，机器人的维护工作量非常大，寿命也不长，价格也很昂贵。进入 20 世纪 80 年代以后，随着微电子技术的发展，特别是随着微处理器的出现，机器人控制器也发生了革命性的变化。机器人控制器由过去的一个简易控制装置，变成了一个由计算机控制的高性能控制器。它具有良好的人机界面，功能完善的编程语言，系统保护、状态监控、诊断功能日趋完善，对外通信能力进一步加强。这时的机器人控制器已能实现一些比较复杂的控制算法，完成复杂轨迹的规划和插补运算，因此大大提高了机器人的控制精度和作业能力；同时机器人的操作也变得非常简单，可靠性有了很大提高。此外，由于机器人通信能力的增强，使得机器人由过去的单台独立工作，变成可以多台机器人协同作业，甚至形成一条由多台机器人组成的机器人生产线，大大拓展了机器人的应用领域。

机器人越来越复杂，人们对其控制的要求越来越高。机器人的控制系统具有以下特点：

① 数学模型难建立、扰动有界但未知。

② 仅含有控制对象的输入/输出数据或在操作过程中积累起来的经验信息。对该类系统采用常规的控制理论方法一般难以奏效，而基于神经网络的智能控制方法则提供了解决这类系统控制问题的重要途径。神经网络是从微观结构与功能上对人脑神经系统的模拟而建立起来的一类模型，具有模拟人的部分形象思维的能力，其特点主要是具有非线性特性、学习能力和自适应性，是模拟人类智能的一条重要途径，是一种大规模并行分布处理非线性动力系统。

## 项目实践——履带式管道检测机器人设计

### 1. 实践要求

（1）熟悉履带式管道检测机器人的整体设计方案；

（2）掌握其驱动方式、移动方式、控制系统等的设计过程。

### 2. 实践过程

1）驱动方式的选择

本项目的管道检测机器人选用电磁驱动的驱动方式，采用微型直流电动机进行驱动，选用充电电池作为电源，即可减轻机器人的质量，从而减轻机器人在管道内部运动的阻力。

2）移动方式的选择

由于管道内壁的情况复杂，会有许多突起的障碍，管壁的环境也可能较泥泞，行走条件苛刻，因此选择履带式为管道检测机器人的移动方式，结构如图 6-42 所示。

本项目的履带式管道检测机器人具有以下特点：

（1）履带式管道检测机器人支撑面积大，接地比压小，适合松软或泥泞场地作业，下陷度小；滚动阻力小，通过性能好；越野机动性能好，爬坡、越沟等性能均优于轮式管道检测机器人。

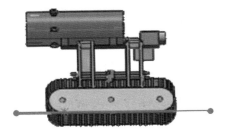

图 6-42　履带式管道检测机器人的结构示意图

（2）履带式管道检测机器人转向半径极小，可以实现原地转向，其转向原理是靠两条履带之间的速度差，即一侧履带减速或刹死而另一侧履带保持较高的速度来实现转向。

（3）履带支撑面上有履齿，不易打滑，牵引附着性能好，有利于发挥较大的牵引力。

（4）履带式管道检测机器人具有良好的自复位和越障能力，带有履带臂的机器人可以像腿式机器人一样实现行走。

当然，履带式管道检测机器人也存在一些不足之处，比如在机器人转向时，为了实现转大弯，往往要采用较大的牵引力，在转弯时会产生侧滑现象，而且在转向时对地面有较大的剪切破坏作用。

3）控制系统的整体设计方案

控制系统的整体设计方案如图 6-43 所示。设计的思路及其方案如下。

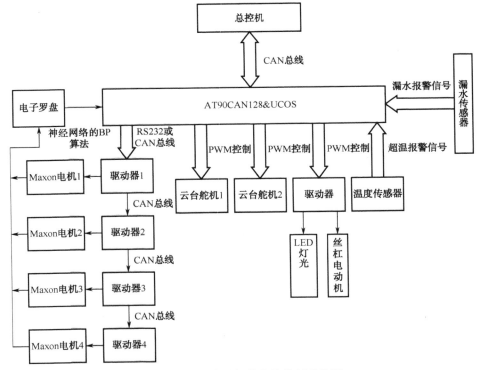

图 6-43　管道检测机器人的控制系统图

（1）控制器采用 ATMEL 系列的 AT90CAN128 单片机，内部集成了 CAN 控制器，支持 CAN2.0B 和 CAN2.0A 协议；能完成运动控制算法，数据采集处理。

（2）自动升降的云台满足不同管径采集图像的需要，两舵机运动通过单片机 PWM 控制来实现 0°～180°的两个自由度线性运动。

（3）利用温度传感器和漏水检测电路实现安全检测措施。

（4）LED 灯光用于 CCD 摄像头的照明，实现光线强弱可控制功能，这里采用的是 PWM 控制方式，通过输出电压的不同调节灯光的强弱。

（5）电子罗盘把收集到的数据返回给单片机，通过神经网络的 BP 算法对数据进行处理，改变控制的方向，实现位姿平稳的实时控制。

（6）机器人的运动采取四轮驱动的方式，能很好地实现前进、后退、左转等控制命令。

### 3．项目小结

本项目以履带式管道检测机器人为例，训练学生按照要求合理选用合适的驱动、移动方式等，并且能掌握该类型机器人控制系统的整体设计方案。在实践过程中，学生能够对管道检测机器人的结构组成有较为清晰的认识和了解。

### 4．项目评价

项目评价表如表 6-5 所示。

表 6-5　项目评价表

| 项　目 | 目　标 | 分　值 | 评　分 | 得　分 |
|---|---|---|---|---|
| 驱动方式选择 | 正确选择管道检测机器人的驱动方式 | 30 | 不正确，扣 5～10 分 | |
| 移动方式选择 | 正确选择管道检测机器人的移动方式为履带式 | 30 | 不正确，扣 5～10 分 | |
| 控制系统设计 | 根据控制系统图尝试机器人控制系统连接 | 40 | 不正确，扣 5～10 分 | |
| 总分 | | 100 | | |

## 项目拓展——管道检测机器人的技术要点

### 1．数据存储

受检测机器人工作环境及内部空间所限，对数据存储器件的要求较高，一般采用磁带或硬盘存储。由于机器人 CCD 摄像探头的数据量大，故采集的检测数据先由内置微处理器进行选择，滤除非受损管段的检测数据，然后将受损管段的检测数据进行压缩存储。

### 2．数据处理

目前检测机器人对检测数据尚无实时处理功能，只能先将数据压缩并存储。待检测结束后，从机内取出存储硬盘，将数据输入计算机。因此，数据的最终处理是由外部计算机完成的。使用专门的分析软件，可将检测数据转换成反映受损管壁实际状况的彩色图形，在屏幕上即可直观而清晰地看到管壁的受损面积、受损程度等。

### 3．电源

检测机器人要求电源为内部的各种检测装置及控制装置提供动力。目前检测机器人的供电形式有电缆供电和电池供电两种，相应地称为有缆式和无缆式检测机器人。电缆供电是指机器人尾部拖有电缆，由外部通过电缆向机器人提供动力；无缆式检测机器人自身携带电池做电源。

### 4．机体

由于检测机器人多在油、水介质和高温、高压环境中工作，为了密封，机体外部常覆以聚氨酯或橡胶。

## 项目 6-4　工业搬运机器人

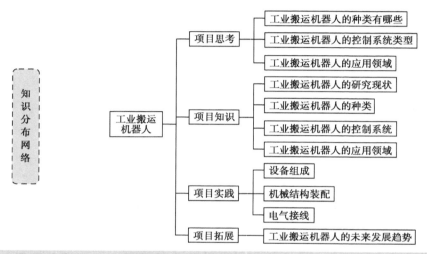

### 项目思考——工业搬运机器人的种类、控制及应用

在现代工业中，生产过程的机械化、自动化已成为突出的主题。在机械工业中，加工、装配等生产是不连续的。目前，专用机床是大批量生产自动化的有效办法，数控机床、加工中心等自动化机械是有效解决多品种、小批量生产自动化的重要办法。据资料统计，金属加工生产批量中有四分之三在 50 件以下，零件真正在机床上加工的时间仅占零件生产时间的 5%。这说明零件在加工过程中，除了切削加工本身外，还有大量的装卸、搬运、装配等作业，搬运机器人就是为实现这些工序的自动化而产生的。搬运机器人可在空间抓放物体，动作灵活多样，适用于可变换生产品种的中、小批量自动化生产，广泛应用于柔性自动线、自动化仓库等场合的物料搬运工作。

从三个方面去思考：

（1）工业搬运机器人的种类有哪些？

（2）工业搬运机器人的控制系统类型？

（3）工业搬运机器人的应用领域？

### 6-4-1　工业搬运机器人的研究现状

我国工业搬运机器人是从 20 世纪 80 年代开始起步，经过二十多年的努力，已经形成了一些具有竞争力的工业机器人研究机构和企业，先后研发出弧焊、电焊、装配、搬运、注塑、冲压及喷漆等工业机器人。近几年，我国工业搬运机器人及含机器人的自动化生产线相关产品的年销售额已突破 10 亿元。目前，国内市场年需求量在 3 000 台左右，年销售额在 20 亿元以上。统计数据显示，中国市场上工业机器人总拥有量近万台，占全球总量的 0.56%，其中完全国产工业机器人（行业规模比较大的前三家工业机器人企业）行业集中度占 30%左右，其余都是从日本、美国、瑞典、德国、意大利等 20 多个国家引进的。目前，工业机器人的应用领域主要有弧焊、电焊、装配、搬运、喷漆、检测、码垛、研磨抛光和激光加工等复杂作业。

### 6-4-2　工业搬运机器人的种类

#### 1．机床上下料搬运机器人

目前在机床加工行业中，要求加工精度高、批量加工速度快，导致生产线自动化程度要有很大的提升，首先一点就是针对机床方面进行全方位自动化处理，使人力从中解放出来。直角坐标机器人目前在机床行业内正在逐步大量使用，包括数控车床上下料机器人、数控冲床上下料机器人、数控加工中心上下料机器人等。在加工轮毂等大型零件时，负载可达几十千克重，其外形也大多是盘类件。这类加工件数量大，机床几乎要 24 h 运行，欧美等发达国家早已采用机械手来自动上料和下料。要根据加工零件的形状及加工工艺的不同，采用不同的手爪抓取系统。而完成抓取、搬运和取走过程的运动机构就是大型直角坐标机器人，它们通常具有一个水平运动轴（$X$ 轴）和上下运动轴（$Z$ 轴）。立式加工中心上下料机器人在被加工零件形状和质量不同时，所采用的手爪形状及结构也不同，手爪的类型及尺寸要根据具体的零件及加工工艺来定。

在德国，几乎所有批量加工都采用机器人自动上下料。但根据要加工工件的几何形状，加工工艺和工作节拍不同，所采取的手爪和机器人的型号也有所区别。如加工工件不同或加工工件时间较长，可选用不同的手爪结构，用单台机器人对多台机床进行上下料，或是多台机器人联机上下料实现自动化生产线过程。无论多台机器人同步工作，还是单台机器人独立工作，其本质是相近的。由于直角坐标机器人非常适合各种机床上下料应用，它不仅比其他的机器人成本低，而且效率更高，必将在更多的行业被广泛的应用。

#### 2．物料搬运机器人

搬运机器人在实际的工作中就是一个机械手，机械手的发展是由于它的积极作用正日益为人们所认识：①它能部分代替人工操作；②它能按照生产工艺的要求，遵循一定的程序、时间和位置来完成工件的传送和装卸；③它能操作必要的机具进行焊接和装配，从而大大地改善了工人的劳动条件，显著地提高了劳动生产率，加快了实现工业生产机械化和自动化的步伐。因而，搬运机器人受到很多国家的重视，这些国家投入大量的人力、物力来研究和应用它。尤其是在高温、高压、粉尘、噪声及带有放射性和污染的场合，搬运机器人的应用更为广泛。近几年它在我国也有较快的发展，并且取得一定的效果，受到机械工业的重视。机械手的结构形式开始比较简单，专用性较强。随着工业技术的发展，制成了能够独立的按程序控制实现重复操作，适用范围比较广的"程序控制通用机械手"，简称通用机械手。由于通用机械手能很快地改变工作程序，适应性较强，所以它在不断变换生产品种的中、小批量生产中获得广泛的应用。

### 6-4-3　工业搬运机器人的控制系统

#### 1．工业机器人控制系统的特点和基本要求

工业机器人的控制技术是在传统机械系统的控制技术基础上发展起来的，因此两者之间并无根本的不同，但工业机器人控制系统也有许多特殊之处。其特点如下：

（1）工业机器人有若干个关节，典型工业机器人有五至六个关节，每个关节由一个伺服系统控制，多个关节的运动要求各个伺服系统协同工作。

（2）工业机器人的工作任务是要求操作机的手部进行空间点位运动或连续轨迹运动，对工业机器人的运动控制需要进行复杂的坐标变换运算及矩阵函数的逆运算。

（3）工业机器人的数学模型是一个多变量、非线性和变参数的复杂模型，各变量之间还存在着耦合，因此工业机器人的控制中经常使用前馈、补偿、解耦和自适应等复杂控制技术。

（4）较高级的工业机器人要求对环境条件、控制指令进行测定和分析，采用计算机建立庞大的信息库，用人工智能的方法进行控制、决策、管理和操作，按照给定的要求，自动选择最佳控制规律。

对工业机器人控制系统的基本要求有：

（1）实现对工业机器人位置、速度、加速度等的控制功能，对于连续轨迹运动的工业机器人还必须具有轨迹的规划与控制功能。

（2）方便的人机交互功能，操作人员采用直接指令代码对工业机器人进行作业指示，使工业机器人具有作业知识的记忆、修正和工作程序的跳转功能。

（3）具有对外部环境（包括作业条件）的检测和感觉功能。为使工业机器人具有对外部状态变化的适应能力，工业机器人应能对诸如视觉、力觉、触觉等有关信息进行检测、识别、判断、理解等功能。

（4）具有诊断、故障监视等功能。

#### 2．工业机器人控制的分类

工业机器人控制结构的选择是由工业机器人所执行的任务决定的，对不同类型的机器人已经发展了不同的控制综合方法，从来没有人企图用统一的控制模式对不同类型的机器人进行控制。工业机器人控制的分类没有统一的标准，如按运动坐标控制的方式来分，有关节空间运动控制、直角坐标空间运动控制；按控制系统对工作环境变化的适应程度来分，有程序控制系统、适应性控制系统、人工智能控制系统；按轨迹控制方式的不同，可分为点位控制、连续轨迹控制；按速度控制方式的不同，可分为速度控制、加速度控制、力控制。

这里主要介绍程序控制系统、适应性控制系统和人工智能控制系统。

1）程序控制系统

目前工业用的绝大多数第一代机器人，属于程序控制机器人，其程序控制系统的结构简图如图 6-44 所示，包括程序装置、信息处理器和放大执行装置。信息处理器对来自程序装置的信息进行变换，放大执行装置则对工业机器人的传动装置进行作用。

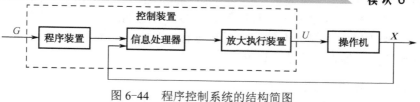

图 6-44　程序控制系统的结构简图

输出变量 $X$ 为一向量，表示操作机运动的状态，一般为操作机各关节的转角或位移。控制作用 $U$ 由控制装置加于操作机的输入端，也是一个向量。给定作用 $G$ 是输出量 $X$ 的目标值，即 $X$ 要求变化的规律，通常是以程序形式给出的时间函数。$G$ 的给定可以通过计算工业机器人的运动轨迹来编制程序，也可以通过示教法来编制程序。这就是程序控制系统的主要特点，即系统的控制程序是在工业机器人进行作业之前确定的，或者说工业机器人是按预定的程序工作的。

2）适应性控制系统

适应性控制系统多用于第二代工业机器人，即具有知觉的工业机器人，它具有力觉、触觉或视觉等功能。在这类控制系统中，一般不事先给定运动轨迹，由系统根据外界环境的瞬时状态实现控制，而外界环境状态用相应的传感器来检测。其系统框图如图 6-45 所示。

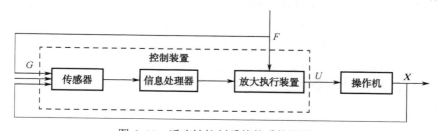

图 6-45　适应性控制系统的系统框图

图中 $F$ 是外部作用向量，代表外部环境的变化；给定作用 $G$ 是工业机器人的目标值，它并不是简单地由程序给出，而是存在于环境之中，控制系统根据操作机与目标之间的坐标差值进行控制。显然这类系统要比程序控制系统复杂得多。

3）人工智能控制系统

人工智能控制系统是最高级、最完善的控制系统。在外界环境变化不定的条件下，为了保证所要求的品质，控制系统的结构和参数能自动改变，其框图如图 6-46 所示。

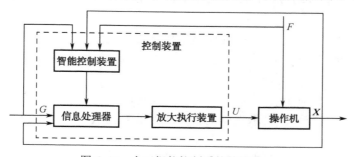

图 6-46　人工智能控制系统的框图

人工智能控制系统具有检测所需新信息的能力，并能通过学习和积累经验不断完善计划。该系统在某种程度上模拟了人的智力活动过程，具有人工智能控制系统的工业机器人为第三代工业机器人，即自治式工业机器人。

### 3. 工业机器人的控制系统

目前，大部分工业机器人都采用二级计算机控制，第一级为主控制级，第二级为伺服控制级。

主控制级由主控制计算机及示教控制盒等外围设备组成，主要用于接收作业指令，协调关节运动，控制运动轨迹，完成作业操作。伺服控制级为一组伺服控制系统，其主体亦为计算机，每一伺服控制系统对应一定关节，用于接收主控制计算机向各关节发出的位置、速度等运动指令信号，以实时控制操作机各关节的运行。

系统的工作过程是：操作人员利用控制键盘或示教盒输入作业要求，如要求工业机器人手部在两点之间做连续轨迹运动。主控制计算机完成以下工作：分析解释指令，坐标变换、插补计算、矫正计算，最后求取相应的各关节协调运动参数。坐标变换即用坐标变换原理，根据运动学方程和动力学方程计算工业机器人与工件关系、相对位置和绝对位置关系，是实现控制所不可缺少的；插补计算是用直线的方式解决示教点之间的过渡问题；矫正计算是为保证在手腕各轴运动过程中保持与工件的距离和姿态不变，对手腕各轴的运动误差补偿量的计算。运动参数输出到伺服控制级作为各关节伺服控制系统的给定信号，实现各关节的确定运动。控制操作机完成两点之间的连续轨迹运动。操作人员可直接监视操作机的运动，也可以从显示控制屏上得到有关的信息。这一过程反映了操作人员、主控制级、伺服控制级和操作机之间的关系。

#### 1）主控制级

主控制级的主要功能是建立操作和工业机器人之间的信息通道，传递作业指令和参数，反馈工作状态，完成作业所需的各种计算，建立于伺服控制级之间的接口。总之，主控制级是工业机器人的"大脑"，它由以下几个主要部分组成。

（1）主控制计算机。主要完成从作业任务、运动指令到关节运动要求之间的全部运算，完成机器人所有设备之间的运动协调。对主控制计算机硬件方面的主要要求是运算速度和精度、存储容量及中断处理能力。大多数工业机器人采用十六位以上的 CPU，并配以相应的协调处理器以提高运算速度和精度。存储容量则根据需要配置 16 KB 到 1 MB。为提高中断处理能力，一般采用可编程中断控制器，使用中断方式实时进行工业机器人运行控制的监控。

（2）主控制软件。工业机器人控制编程软件是工业机器人控制系统的重要组成部分，其功能主要包括：指令的分析解释。运动的规划（根据运动轨迹规划出沿轨迹的运动参数），插值计算（按直线、圆弧或多项插值，求得适当密度的中间点），坐标变换。

（3）外围设备。主控制级除具有显示器、控制键盘、软/硬盘驱动器、打印机等一般外围设备外，还具有示教控制盒。示教盒是第一代工业机器人——示教再现工业机器人的重要外围设备。

要使工业机器人具有完成预定作业任务的功能，必须预先将要完成的作业教给工业机器人，这一操作过程称为示教。将示教内容记忆下来，称为存储。使工业机器人按照存储的示教内容进行动作，称为再现。工业机器人的动作就是通过"示教—存储—再现"的过程来实现的。

示教的方式主要有两种，即间接示教方式和直接示教方式。间接示教方式是一种人工数据输入编程的方法。将数值、图形等与作业有关的指令信息采用离线编程方法，利用工业机器人编程语言离线编制控制程序，经键盘、图像读取装置等输入设备输入计算机。离线编程方法具有不占用工业机器人工作时间，可利用标准的子程序和 CAD 数据库的资料加快编程速度，能预先进行程序优化和仿真检验等优点。

直接示教方式是一种在线示教编程方式。它又可分为两种形式，一种是手把手示教编程方式，另一种是示教盒示教编程方式，如图 6-47 所示。手把手示教方式就是由操作人员直接手把着工业机器人的示教手柄，使工业机器人的手部完成预定作业要求的全部运动（路径和姿态），与此同时计算机按一定的采样间隔测出运动过程的全部数据，记入存储器。再现过程中，控制系统以相同的时间间隔按顺序取出程序中各点的数据，使操作机重复示教时完成的作业。这种编程方法操作简便，能在较短时间内完成复杂的轨迹编程，但编程点的位置准确度较差。对于环境恶劣的操作现场可采用机械模拟装置进行示教。

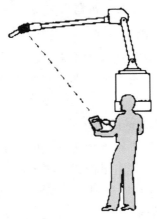

（a）手把手示教方式　　　　　　　　（b）示教盒示教方式

图 6-47　直接示教方式

示教盒示教编程方式是利用示教盒进行编程的，如图 6-48 所示，利用装在示教盒上的按钮可以驱动机器人按需要的顺序进行操作。在示教盒中，每一个关节都有一对按钮，分别控制该关节在两个方向上的运动；有时还提供附加的最大允许速度控制。

示教盒一般用于对大型机器人或危险作业条件下的机器人示教。但这种方法仍然难以获得高的控制精度，也难以与其他设备同步，且不易与传感器信息相配合。

2）伺服控制级

伺服控制级是由一组伺服控制系统组成，每一个伺服控制系统分别驱动操作机的一个关节。关节运动参数来自主控制级

图 6-48　工业机器人示教盒

的输出。主要组成部分包括伺服驱动器和伺服控制器。

（1）伺服驱动器。伺服驱动器通常由伺服电动机、位置传感器、速度传感器和制动器组成。伺服电动机的输出轴直接与操作机关节轴相连接，以完成关节运动的控制和关节位置、速度的检测。失电时制动器能自动制动，保持关节原位静止不动。制动器由电磁铁、摩擦盘等组成。工作时，电磁铁线圈通电、摩擦盘脱开，关节轴可以自由转动；失电时，摩擦盘在弹簧力的作用下压紧而制动。为使总体结构简化，通常将制动器与伺服机构做成一体。

（2）伺服控制器。伺服控制器的基本部件是比较器、误差放大器和运算器。输入信号除参考信号外，还有各种反馈信号。控制器可以采用模拟器件组成，主要用集成运算放大器和阻容网络实现信号的比较、运算和放大等功能，构成模拟伺服系统。控制器也可以采用数字器件组成，如采用微处理器组成数字伺服系统，其比较、运算和放大等功能由软件完成。这种伺服系统灵活性强，便于实现各种复杂的控制，能获得较高的性能指标。

### 6-4-4　工业搬运机器人的应用领域

国内外机械工业搬运机器人主要应用于以下几方面：

#### 1．热加工方面的应用

热加工是高温、危险的笨重体力劳动，很久以来就要求实现自动化。为了提高工作效率并确保工人的人身安全，尤其对于大件、少量、低速和人力所不能胜任的作业就更需要采用机械手操作。

#### 2．冷加工方面的应用

冷加工方面的机械手主要用于柴油机配件及轴类、盘类和箱体类等零件单机加工时的上下料和刀具安装等，进而在程序控制、数字控制等机床上应用，成为设备的一个组成部分。最近在加工生产线、自动线上应用，成为机床、设备上下工序连接的重要手段。

#### 3．拆修装方面

拆修装是铁路工业系统繁重体力劳动较多的部门之一，促进了机械手的发展。目前国内铁路工厂、机务段等部门已采用机械手拆装三通阀、钩舌、分解制动缸、装卸轴箱、组装轮对、清除石棉等，减轻了劳动强度，提高了拆修装的效率。近年还研制了一种客车车内喷漆通用机械手，可用以对客车内部进行连续喷漆，以改善劳动条件，提高喷漆的质量和效率。

## 项目实践——自动堆垛式搬运机器人的组成、装配过程及功能

#### 1．实践要求

本项目以北京中科远洋科技有限公司的 ZKRT-300 自动堆垛式搬运机器人为例，介绍其机械、电气部分的主要组成，分析其装配过程及主要功能。

#### 2．实践过程

ZKRT-300 自动堆垛式搬运机器人由机器人行走底盘、回转机构、升降机构、平移机构、手爪机构以及单片机控制系统组成，主要可实现如下功能：

（1）循线计数行走、路径规划；

（2）自动取物、自动堆垛；

（3）多种货物取放任务方案可自由设计；

（4）可自行更换手爪结构以满足不同尺寸、形状货物的抓取任务。

结构说明如图 6-49 所示。

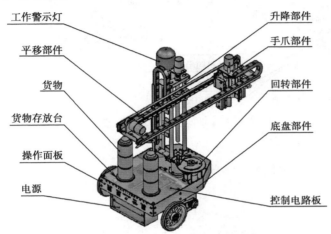

图 6-49　ZKRT-300 自动堆垛式搬运机器人结构说明

1）设备组成

ZKRT-300 型自动堆垛式搬运机器人由机械本体、微计算机控制系统、传感器系统组成。

2）装配调试说明

（1）机械结构装配。

① 行走轮组件装配。

如图 6-50 所示为车轮部件装配示意图，如图 6-51 所示为底盘部件装配示意图。

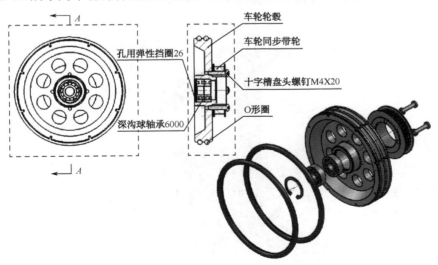

图 6-50　车轮部件装配示意图

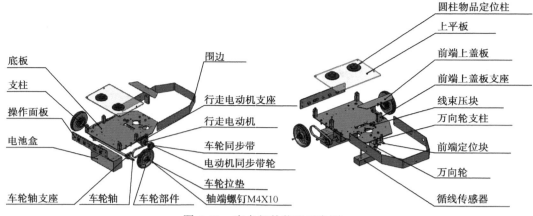

底板　围边　行走电动机支座　行走电动机　车轮同步带　电动机同步带轮　车轮拉垫　轴端螺钉M4X10　支柱　操作面板　电池盒　车轮轴支座　车轮轴　车轮部件　圆柱物品定位柱　上平板　前端上盖板　前端上盖板支座　线束压块　万向轮支柱　前端定位块　万向轮　循线传感器

图 6-51　底盘部件装配示意图

② 槽轮回转机构装配。

如图 6-52 所示为回转部件装配示意图。

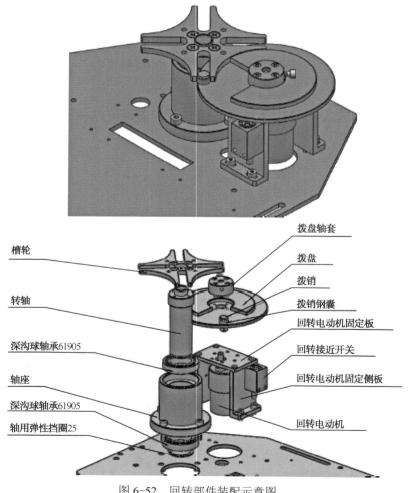

槽轮　转轴　深沟球轴承61905　轴座　深沟球轴承61905　轴用弹性挡圈25　拨盘轴套　拨盘　拨销　拨销钢囊　回转电动机固定板　回转接近开关　回转电动机固定侧板　回转电动机

图 6-52　回转部件装配示意图

③ 丝杠升降机构装配。

如图 6-53 所示为升降部件装配示意图。

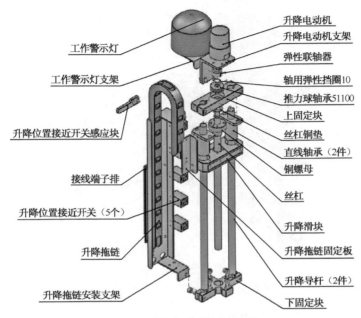

| 工作警示灯 | 升降电动机 |
| 工作警示灯支架 | 升降电动机支架 |
| | 弹性联轴器 |
| 升降位置接近开关感应块 | 轴用弹性挡圈10 |
| | 推力球轴承51100 |
| | 上固定块 |
| | 丝杠铜垫 |
| 接线端子排 | 直线轴承（2件） |
| | 铜螺母 |
| 升降位置接近开关（5个） | 丝杠 |
| | 升降滑块 |
| 升降拖链 | 升降拖链固定板 |
| | 升降导杆（2件） |
| 升降拖链安装支架 | 下固定块 |

图 6-53　升降部件装配示意图

④ 同步带平移机构装配。

如图 6-54 所示为平移部件装配示意图。

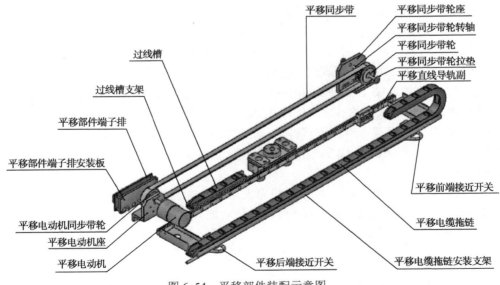

图 6-54　平移部件装配示意图

⑤ 双曲线槽轮手爪机构装配。

如图 6-55 所示为手爪部件装配示意图。

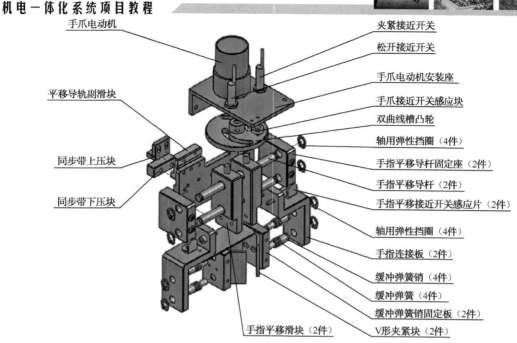

图 6-55　手爪部件装配示意图

⑥　总装。整机总装示意图如图 6-49 所示。

（2）电气接线。

①　将传感器信号处理板、电动机驱动板、主控制板固定在机器人底盘上。

②　连接信号线。如图 6-56 所示，先连接三块电路板之间的接线，具体为：用 10 芯排线连接 8 路巡线传感器的输出和传感器信号处理板的传感器输入接口；用 10 芯排线连接传感器信号处理板的信号输出接口与主控制板的 8 路传感器输入接口；面板上的启动按钮连接主控制板的启动按钮插座；用 10 芯排线连接主控制板的行走电动机接口与电动机驱动板的行走电动机接口；用 10 芯排线连接主控制板的电动机 12 接口与电动机驱动板的电动机 12 接口；用 10 芯排线连接主控制板的电动机 34 接口与电动机驱动板的电动机 34 接口。

③　连接电源线。面板上的 12 V 开关电源线连接电动机驱动板的 12 V 电源输入插座；驱动板的 12 V 电源输出插座连接传感器信号处理板的 12 V 电源输入插座；驱动板的 12 V 电源输出插座连接主控制板的 12 V 电源输入插座；面板上的 24 V 电源连接电动机驱动板的 24 V 电源插座。

④　接线排的接线。如图 6-57 所示，机器人上部安装了 2 个接线排，机器人上部 10 个接近传感器和 4 个电动机的连线全部通过接线排实施连接，在连线时需要注意每根线上面的线号，接在接线排相同标号处。

### 3．项目小结

本项目以 ZKRT-300 自动堆垛式搬运机器人为例，训练学生按照要求合理组装机器人机械部分，并且能掌握该类型机器人控制板的接线原理。在实践过程中，学生能够对搬运机器人的结构组成有较为清晰的认识和了解。

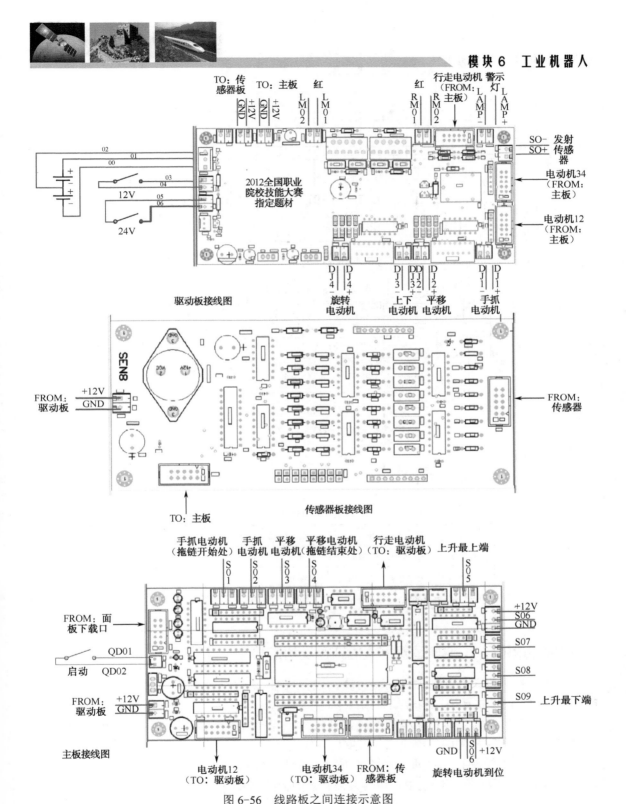

驱动板接线图

传感器板接线图

主板接线图

图6-56　线路板之间连接示意图

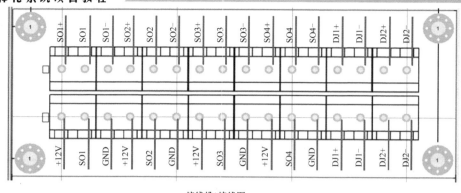

接线排1接线图

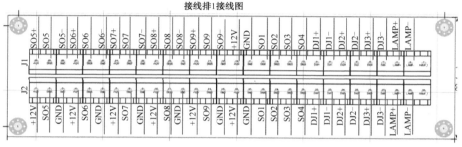

接线排2接线图

图6-57　接线排的接线

#### 4．项目评价

项目评价表如表6-6所示。

表6-6　项目评价表

| 项　　目 | 目　　标 | 分　　值 | 评　　分 | 得　　分 |
| --- | --- | --- | --- | --- |
| 机械组装部分 | 按照实验要求正确组装机器人的机械部分 | 40 | 不正确，扣5～10分 | |
| 电气接线部分 | 按照实验要求正确连接机器人的电气接线部分 | 40 | 不正确，扣5～10分 | |
| 程序调试部分 | 根据学生自身编程能力完成机器人程序调试 | 20 | 不正确，扣5～10分 | |
| 总分 | | 100 | | |

### 项目拓展——工业搬运机器人的未来发展趋势

目前国际机器人界都在加大科研力度，进行机器人共性技术的研究，并朝着智能化和多样化方向发展。主要研究内容集中在以下几个方面。

（1）工业机器人操作机结构的优化设计技术：探索新的高强度轻质材料，进一步提高负载/自重比，同时机构向着模块化、可重构方向发展。

（2）机器人控制技术：重点研究开放式、模块化控制系统，人机界面更加友好，语言、图形编程界面正在研制之中。机器人控制器的标准化和网络化及基于PC网络式控制器已成为研究热点。编程技术除了进一步提高在线编程的可操作性之外，离线编程的实用化将成为研究重点。

（3）多传感系统：为进一步提高机器人的智能性和适应性，多种传感器的使用是解决

问题的关键。其研究热点在于有效可行的多传感器融合算法，特别是在非线性及非平稳、非正态分布的情形下的多传感器融合算法。另一个问题就是传感系统的实用化。

（4）机器人的结构灵巧，控制系统愈来愈小，两者正朝着一体化方向发展。

（5）机器人遥控及监控技术、机器人半自主和自主技术：多机器人和操作者之间的协调控制，通过网络建立大范围内的机器人遥控系统，在有延时的情况下，建立预先显示进行遥控等。

（6）虚拟机器人技术：基于多传感器、多媒体和虚拟现实以及临场感技术，实现机器人的虚拟操作和人机交互。

（7）多智能体（multi-agent）控制技术：这是目前机器人研究的一个崭新领域。主要对多智能体的群体体系结构、相互间的通信与磋商机理，感知与学习方法，建模和规划、群体行为控制等方面进行研究。

（8）微型和微小型机器人技术（micro/miniature robotics）：这是机器人研究的一个新的领域和重点发展方向。过去的研究在该领域几乎是空白，因此该领域研究的进展将会引起机器人技术的一场革命，并且对社会进步和人类活动的各个方面产生不可估量的影响。微小型机器人技术的研究主要集中在系统结构、运动方式、控制方法、传感技术、通信技术以及行走技术等方面。

（9）软机器人技术（soft robotics）：主要用于医疗、护理、休闲和娱乐场合。传统机器人设计未考虑与人紧密共处，因此其结构材料多为金属或硬性材料。软机器人技术要求其结构、控制方式和所用传感系统在机器人意外地与环境或人碰撞时是安全的，机器人对人是友好的。

## 仿真实验：5 自由度关节型机械手夹取物体控制实验

### 1．实验目的

（1）对 5 自由度串联关节机械手各组成部件的演示，掌握 5 关节机械手组装运行过程。

（2）熟悉串联关节机械手控制系统的连接过程。

（3）熟悉串联关节机械手夹取物体的动作过程。

### 2．实验原理

如图 6-58 所示为 5 自由度串联关节机械手结构示意图。

实验器材：TowerPro MG995 舵机 3 个，TowerPro SG5010 舵机 2 个，塑料连接件若干，圆形底盘 1 个，圆柱形夹取物 1 个，捷龙 D3009 舵机伺服控制器 1 个，系统电源 1 个（9 V，600 mA），舵机电源 1 个（5 V，3 A），BASIC Stamp2 微控制器 1 个，PC 1 台。

实验说明：底座回转、仰俯关节、肘关节共采用 3 个辉盛 TowerPro MG995 舵机。

无负载速度：0.17 s/60°（4.8 V）。

最大扭矩：13 kg·cm。

工作电压：4.8～7.2 V。

腕回转关节、夹抓夹取关节共采用 2 个辉盛 TowerPro SG5010 舵机。

无负载速度：0.20 s/60°（4.8 V）。

最大扭矩：4.5 kg·cm。

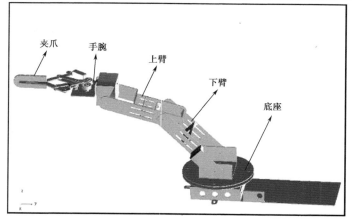

图 6-58　5 自由度串联关节机械手结构示意图

工作电压：4.8～6.0 V。

各关节旋转角度范围如表 6-7 所示。

表 6-7　各关节旋转角度范围

| 关 节 号 码 | 关 节 名 称 | 角 度 范 围 |
|:---:|:---:|:---:|
| 0 | 底座回转 | 0°～180° |
| 1 | 仰俯关节 | 0°～110° |
| 2 | 肘关节 | 45°～135° |
| 3 | 腕回转关节 | 0°～180° |
| 4 | 夹抓夹取关节 | 0°～180° |

## 3．实验步骤

如图 6-59 所示为机械手接线原理图。

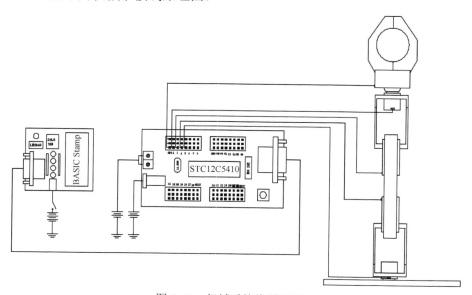

图 6-59　机械手接线原理图

模块6 工业机器人

1）实验环境

（1）设定各关节（夹抓关节除外）初始角度为 90°，夹抓夹取关节初始角度为 0°，各关节处于初始位置。

（2）机械手底盘约距离圆柱形夹取物 200 mm（机械手伸展后，总长约 350 mm），夹取物处于 1 号工作台。

（3）2 号工作台与 1 号工作台、机械手底盘之间距离呈等边三角形关系，如图 6-60 所示。

图 6-60　机械手与工作台 1、2 位置示意图

2）实验动作

（1）输入底盘旋转角度（-90°），仰俯关节旋转角度（-50°），肘关节旋转角度（-30°），腕回转关节旋转角度（0°），夹抓夹取关节旋转角度（70°），从 1 号工作台夹取物体成功。

（2）输入肘关节旋转角度（10°），底盘旋转角度（60°），肘关节旋转角度（-10°），夹抓夹取关节旋转角度（-70°），物体移动到 2 号工作台上。

（3）回零操作，机械手返回初始位置。

3）动作程序（略）

4．结论分析

本项目通过训练学生按照五自由度串联关节型机械手接线原理图进行实物接线，在实验过程中，使学生对串联机械手的机械结构组成及硬件控制器等方面有较为清晰的认识和了解。

## 创新案例：环境探测履带爬行机器人案例

1．创新案例背景

在发生火灾、地震等灾难及一些环境比较恶劣等人力所不能触及的地方，如果能采用可代替人的自动化设备深入这些环境较复杂的地方，就能在确保人员安全前提下实施高效率的工作，最大限度减少人员和财产损失。

本作品的目的就在于提供一种可以实现复杂恶劣环境探测自动化的探测机器人，它可以在运动过程中进行现场视频、图像、温度等信息的采集，为控制人员提供最直观的现场情况。

2．创新设计要求

（1）具有视频、图像、温度等信号采集功能。

（2）具有适应较复杂环境的装备移动功能。

（3）具有自动控制及信息传输功能。

（4）要求使用简单，安全可靠，便于携带。

3．设计方案分析

经调查，目前市面上已有各种搜救机器人、救援机器人等，但是普遍存在结构复杂、成本较高等问题，并且一般也不具备现场温度检测功能等。本作品拟通过视频、图像、温度等信号采集，采用单片机控制方案，提供一种可以实现复杂恶劣环境探测自动化的探测机器人。

### 4．技术解决方案

整个设计基于单片机控制器模块通过视频、图像采集模块，获取现场相关视频、图像信息；通过温度传感器，获取现场温度信息，最后将采集到的数据通过 RS-232 串口上传至PC。

具体实施方式：

硬件上主要包括车体、探测支架、摄像头和温度传感器。车体上设置有履带式行走机构，在车体和探测支架之间还设置有转动装置。探测支架由相互铰接的主支架和副支架组成，主支架和副支架分别通过各自的摆动机构控制，与摄像头还连接有信号发射装置。从而机器人在运动过程中进行现场视频、图像、温度等信息的采集，为控制人员提供最直观的现场情况。如图 6-61 所示为该机器人结构示意图。

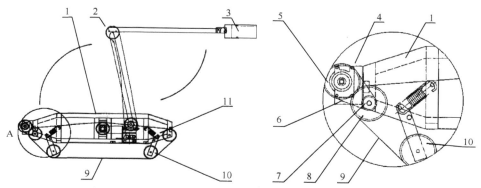

1—车体；2—探测支架；3—摄像头；4—行走电动机；5—链轮；6—链条；

7—主动链轮；8—主动行走轮；9—履带；10—从动行走轮；11—缓冲支撑机构

图 6-61　环境探测履带爬行机器人结构示意图

如图 6-62 所示为上位机 PC 与下位机连接框图。

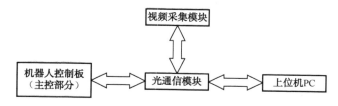

图 6-62　上位机 PC 与下位机连接框图

### 5．创新案例小结

创新设计案例应用了单片机控制、传感检测、伺服传动等技术，实现机器人的整个动作过程。设计巧妙，适用于多种情况下的事故或火灾场合。产品成熟后可开发高端产品，具有更高的智能程度。

本案例的创新点在于：

（1）本作品具有智能功能，简单实用，有利于减轻现场工作人员的负担；

（2）采用单片机控制、传感检测技术，实现机器人的探测工作。

## 课后练习 6

1. 工业机器人主要由哪几部分组成？各组成部分起什么作用？

2. 按操作机坐标形式、控制方式、几何结构类型、驱动方式，工业机器人各分为哪些类？

3. 工业机器人操作机的主要组成部分有哪些？工业机器人的自由度数取决于什么？

4. 并联机器人机构的种类有哪些？

5. 常见管道检测机器人的检测方式有哪些？

6. 一般工业机器人采用几级计算机控制？各为什么级？各级主要由哪些部分组成？其功能是什么？

# 模块 7　柔性制造系统

## 教学导航

| 学习目标 | 1. 了解教学型柔性制造系统组成及控制原理;<br>2. 了解柔性制造系统中加工工作站控制器硬件、软件结构;<br>3. 学生掌握对教学型柔性制造系统进行相应的实训操作。 |
|---|---|
| 重点 | 1. 掌握 THMSRX-2 型柔性系统控制原理、操作。 |
| 难点 | 1. 教学型 THMSRX-2 型柔性制造系统控制原理。 |

## 模块导学

随着社会的进步和生活水平的提高，社会对产品的多样化、低制造成本及短制造周期等需求日趋迫切，传统的制造技术已不能满足市场对多品种、小批量、更具特色的符合顾客个人要求样式和功能的产品需求。20 世纪 90 年代后，随着微电子技术、计算机技术、通信技术、机械与控制设备的发展，制造业自动化进入了一个崭新的时代，技术日益成熟。柔性制造技术已成为各工业化国家机械制造自动化的研制发展重点。本模块将结合 THMSRX-2 型柔性系统和加工工作站控制器技术向学生做一个全面的介绍。

# 项目 7-1　教学型模块式柔性自动化生产线的应用

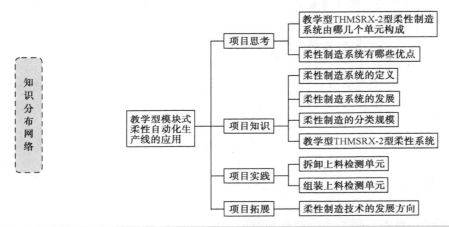

# 项目思考——教学型 THMSRX-2 型柔性制造系统的构成

模块式柔性自动化生产线实训系统是一种最为典型的机电一体化、自动化类产品，它是为职业院校、技工学校、教育培训机构等而研制的，适合机械制造及其自动化、机电一体化、电气工程及自动化、自动化工程、控制工程、测控技术、计算机控制、自动控制、机械电子工程、机械设计与理论等相关专业的教学和培训。它在接近工业生产制造现场基础上又针对教学进行了专门设计，强化了各种控制技术和工程实践能力。本项目以教学型 THMSRX-2 型柔性系统为例来做介绍。

从两个方面去思考：

（1）教学型 THMSRX-2 型柔性制造系统由哪几个单元构成？

（2）柔性制造系统有哪些优点？

## 7-1-1　柔性制造系统的定义

柔性制造系统（FMS）也称柔性集成制造技术，是现代先进制造技术的统称。FMS 集自动化技术、信息技术和制作加工技术于一体，把以往工厂企业中相互孤立的工程设计、制造、经营管理等过程，在计算机及其软件和数据库的支持下，构成一个覆盖整个企业的有机系统。

### 7-1-2　柔性制造系统的发展

1967 年，英国莫林斯公司首次根据威廉森提出的 FMS 基本概念，研制了"系统 24"。它的主要设备是 6 台模块化结构的多工序数控机床，目标是在无人看管条件下，实现昼夜 24 h 连续加工，但最终由于经济和技术上的困难而未能全部建成。

同年，美国的怀特·森斯特兰公司建成 Omniline I 系统，它由 8 台加工中心和 2 台多轴钻床组成，工件被装在托盘上的夹具中，按固定顺序以一定节拍在各机床间传送和加工。这种柔性自动化设备适于在少品种、大批量生产中使用，在形式上与传统的自动生产线相似，所以也叫柔性自动线。日本、前苏联、德国等也都在 20 世纪 60 年代末至 70 年代初，先后开展了 FMS 的研制工作。

1976 年，日本发那科公司展出了由加工中心和工业机器人组成的柔性制造单元（简称 FMC），为发展 FMS 提供了重要的设备形式。FMC 一般由 1～2 台数控机床与物料传送装置组成，有独立的工件储存站和单元控制系统，能在机床上自动装卸工件，甚至自动检测工件，可实现有限工序的连续生产，适于在多品种、小批量生产中应用。

20 世纪 70 年代末期，柔性制造系统在技术上和数量上都有较大的发展，20 世纪 80 年代初期已进入实用阶段，其中以由 3～5 台设备组成的柔性制造系统为最多，但也有规模更庞大的系统投入使用。

1982 年，日本发那科公司建成自动化电动机加工车间，由 60 个柔性制造单元（包括 50 个工业机器人）和一个立体仓库组成，另有 2 台自动引导台车传送毛坯和工件，此外还有一个无人化电动机装配车间，它们都能连续 24 h 运转。

这种自动化和无人化车间是向实现计算机集成的自动化工厂迈出的重要一步。与此同时，还出现了若干仅具有柔性制造系统的基本特征、但自动化程度不很完善的经济型柔性制造系统 FMS，使柔性制造系统 FMS 的设计思想和技术成果得到普及应用。

迄今为止，全世界有大量的柔性制造系统投入了应用，仅在日本就有 175 套完整的柔性制造系统。国际上以柔性制造系统生产的制成品已经占到全部制成品的 75%以上，而且比率还在增加。

### 7-1-3　柔性制造的分类规模

#### 1．柔性制造单元（FMC）

FMC 由单台带多托盘系统的加工中心或 3 台以下的 CNC 机床组成，具有适应加工多品种产品的灵活性。FMC 的柔性最高，可视为 FMS 的基本单元，是 FMC 向廉价、小型化方向发展的产物。FMC 问世并应用于生产比 FMS 晚 6～8 年，现已进入普及应用阶段。

#### 2．柔性制造线（FML）

FML 是处于非柔性自动线和 FMS 之间的生产线，对物料系统的柔性要求低于 FMS，但生产效率更高。FML 采用的机床大多为多轴主轴箱的换箱式或转塔式组合加工中心，能同时或依次加工少量不同的零件，它以离散型生产过程中的 FML 和连续型生产过程中的 DCS 为代表。FML 技术已日趋成熟，进入实用阶段。

### 3. 柔性制造系统（FMS）

FMS 通常包括 3 台以上的 CNC 机床（或加工中心），由集中的控制系统及物料系统连接起来，可在不停机情况下实现多品种、中小批量的加工管理。FMS 是使用柔性制造技术最具代表性的制造自动化系统。值得一提的是由于装配自动化技术远远落后于加工自动化技术，产品最后的装配工序一直是现代化生产的一个瓶颈问题。研制开发适用于中小批量、多品种生产的高柔性装配自动化系统，特别是柔性装配单元（FAC）及相关设备已越来越广泛地引起人们的重视。

## 7-1-4　教学型 THMSRX-2 型柔性系统

随着我国综合国力的提升，我们国家也在大力发展 FMS；但由于这方面的人才缺乏，这就对学校传统的教学提出了更高的要求，要求学校在专业教学中更加全面地引进制造技术。但是，目前现有的实验、实习环境还不能提供全面的培训，包括加工中心、搬运机器人、数控机床、物料传送、仓储设备和信息控制系统等先进设备，而且一般生产型 FMS 难以作为教学实验使用；同时生产型 FMS 初始投资高，占地面积较大，即便可以提供这些昂贵的设备，也往往因为系统已经定型，只能进行系统演示，而不能让学生直接参与系统的设计、构建和调试。因此，典型模块化生产工作单元（MPS）构建的柔性制造系统，是目前高等职业院校柔性制造技术通用的实训设备。

本项目以教学型 THMSRX-2 型柔性系统为例，介绍模块式柔性自动化生产线实训系统，方便学生进行相应的实训操作。该实训系统由 7 个单元组成，分别为：上料检测单元、搬运单元、加工与检测单元、安装单元、安装搬运单元、分类单元和主控单元。控制系统选用西门子，具有较好的柔性，即每站各有一套 PLC 控制系统独立控制，在基本单元模块培训完成以后，又可以将相邻的两站、三站……直至六站连在一起，学习复杂系统的控制、编程、装配和调试技术。图 7-1 给出了系统中工件从一站到另一站的物流传递过程：上料检测站将大工件按顺序排好后提升送出；搬运站将大工件从上料检测站搬至加工站；加工站将大工件加工后送出工位；分拣站将加工过的正常工件搬运到传送站；安装搬运站将大工件从加工站搬至安装站放下，安装站再将对应的小工件装入大工件中。而后，安装搬运站再

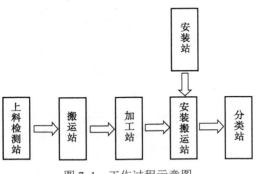

图 7-1　工作过程示意图

将安装好的工件送至分类站，分类站再将工件送入相应的料仓。

THMSRX-2 型西门子控制器采用 PROFIBUS-DP 通信实现 7 个单元与主站之间的网络控制方案，通过 S7-300 主机采集并处理各站的相应信息，完成 6 个单元间的联动控制。将 DP 连线首端出线的网络连接器接到 S7-300 主机的 DP 口上，其他网络连接器依次接到 6 个单元的 EM277 模块 DP 口上。

PROFIBUS-DP 为保证系统中各站能联网运行，必须将各站的 PLC 连接在一起使独立

的各站间能交换信息；而且加工过程中所产生的数据，如工件颜色、装配信息等，也需要向下站传送，以保证工作正确。

### 1. 上料检测站

#### 1）主要组成与功能

上料检测站主要由料斗、回转台、导料机构、平面推力轴承、工件滑道、提升装置、检测工件和颜色识别光电开关、开关电源、可编程序控制器、按钮、I/O 接口板、通信接口板、电气网孔板、直流减速电动机、电磁阀及气缸组成。主要完成将工件从上料检测站依次送到检测工位，提升装置将工件提升并检测工件颜色，如图 7-2 所示。

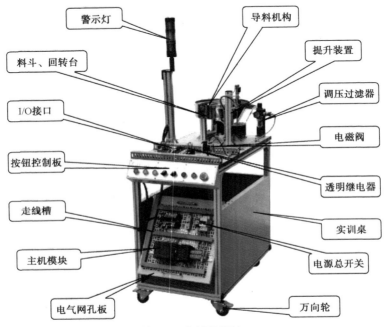

图 7-2　上料检测站

（1）料斗：用于存放物料。

（2）回转台：带动物料转动。

（3）导料机构：使物料在回转台上能按照设定好的方向旋转，输送工件。

（4）工件滑道：使物料下滑到物料台上。

（5）直流减速电动机：用于驱动回转台转动，通过导料机构输送工件。

（6）光电传感器 1：检测输送台上工件的颜色、物料用光电漫反射型传感器，工件库中有物料时为 PLC 提供一个输入信号。

（7）光电传感器 2：检测物料到达，等待抓取位。

（8）磁性传感器：用于气缸的位置检测。当检测到气缸准确到位后将给 PLC 发出一个到位信号。（磁性传感器接线时注意蓝色接"-"，棕色接"PLC 输入端"。）

（9）单杆气缸：由单向气动电控阀控制。当气动电磁阀得电，气缸伸出，同时将物料送至直线移动装置上。

（10）警示灯：系统上电、运行、停止信号指示。

（11）安装支架：用于安装提升气缸及各个检测传感器。

（12）控制按钮板：用于系统的基本操作、单机控制、联机控制。

（13）电气网孔板：主要安装 PLC 主机模块、空气开关、开关电源、I/O 接口板、各种接线端子等。

（14）使用方法。

① 气源由调压过滤器的左侧气口连接 $\phi6$ 气管，另一端连接静音气泵（长时间使用注意及时将过滤器内的水分排出）。

② 如使用外部 PLC 时，可通过转接板与 I/O 接口连接，详见 I/O 配置表。注意：必须将系统原配的主机连接线拔出。

③ 编制程序（样例程序详见配套光盘）。

④ 接通电源前，先检查各模块接线。

⑤ 下载程序。

⑥ 将黑白工件放到料斗上。

⑦ 运行方式：系统接通电源后，操作按钮控制板，上电、复位、调试，直流减速电动机旋转，导料机构驱使工件从滑道滑到提升等待位，当光电传感器 1 检测有物料时，提升机构升至等待抓取位。

2）控制面板连线端子排

控制面板连线端子排如图 7-3 所示。

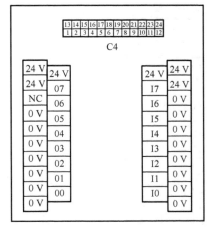

图 7-3　控制面板连线端子排

3）气动回路原理图

气动控制系统是本工作单元的执行机构，该执行机构的逻辑控制功能是由 PLC 实现的，气动控制回路的工作原理如图 7-4 所示。图中 1B1、1B2 为安装在推料气缸的两个极限工作位置的磁性传感器，1Y1 为控制推料气缸的电磁阀。

4）PLC 的控制原理图

该站 PLC 主要负责检测货料是否到位、货料的颜色、开始按钮等信号，控制料盘电动

297

机、货台电磁阀、开始灯等输出信号。如图 7-5 所示为该站 PLC 的控制原理图。

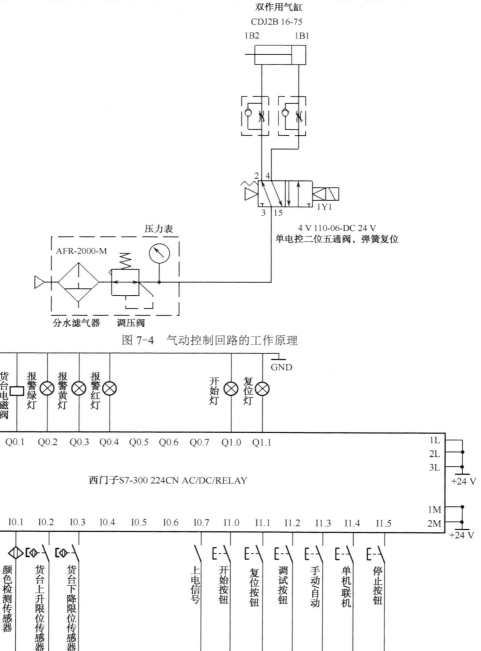

图 7-4　气动控制回路的工作原理

图 7-5　PLC 的控制原理图

5）网络控制

该单元的复位信号、开始信号、停止信号均从触摸屏发出，经过 S7-300 程序处理后，向各单元发送控制要求，以实现各站的复位、开始、停止等操作。各从站在运行过程中的状态信号应存储到该单元 PLC 规划好的数据缓冲区，以实现整个系统的协调运行。网络读写数据规划见表 7-1。

表 7-1 网络读写数据规划

| 序号 | 系统输入网络向 MES 发送数据 | 200 从站数据从站 1（上料） | 300 主站对应数据主站（S7-300） |
|---|---|---|---|
| 1 | 上电 I0.7 | V 10.7 | I22.7 |
| 2 | 开始 I1.0 | V 11.0 | I23.0 |
| 3 | 复位 I1.1 | V 11.1 | I23.1 |
| 4 | 调试 I1.2 | V 11.2 | I23.2 |
| 5 | 手动 I1.3 | V 11.3 | I23.3 |
| 6 | 联机 I1.4 | V 11.4 | I23.4 |
| 7 | 停止 I1.5 | V 11.5 | I23.5 |
| 8 | 开始灯 Q1.0 | V 13.0 | I25.0 |
| 9 | 复位灯 Q1.1 | V 13.1 | I25.1 |
| 10 | 已经加工 | VW8 | IW20 |

6）开机前检查项目

（1）电气连接是否到位。

（2）各路气管连接是否正确可靠。

（3）机械部件状态（如运动时是否干涉、连接是否松动）。

（4）排除已发现的故障。

（5）电源电压为 220 VAC，请注意安全。

（6）工作台面上使用电压为 24 VDC（最大电流为 5 A）。

（7）供气由各站的过滤减压阀供给，额定的使用气压为 6 bar（600 kPa）。

（8）当所有的电气连接和气动连接接好后，将系统接上电源，程序开始。

7）操作过程

系统上电后，将"单机/联机"开关打到"单机"，"手动/自动"开关打到"手动"状态。上电后"复位"按钮灯闪烁，按"复位"按钮，本单元回到初始位置，同时"开始"按钮灯闪烁；按"开始"按钮，等待进入单站工作状态；要运行时，按下"调试"按钮即可按工作流程动作。

当出现异常，按下该单元"急停"按钮，该单元立刻会停止运行。当排除故障后，按下"上电"按钮，该单元可接着从刚才的断点继续运行。

8）工作流程

上料单元运行，转盘转动，将工件从转盘经过滑道送入货台上，物料台检测传感器检测到有工件后物料台上升，工件在 30 s 内没有送到物料台上时警示黄灯亮，物料台在上升过程中卡住时（3 s 内气缸没有运行到上限位）警示红灯亮。传感器检测物料台上工件，在 PLC 网络中给网路完成信号。

### 2. 搬运站

搬运站主要由气动机械手、气动手指、双导杆气缸、回转台、单杆气缸、旋转气缸、磁性传感器、开关电源、可编程序控制器、按钮、I/O 接口板、通信接口板、电气网孔板、多种类型电磁阀组成。主要完成将工件从上料单元搬运到加工单元待料区工位，如图 7-6 所示。

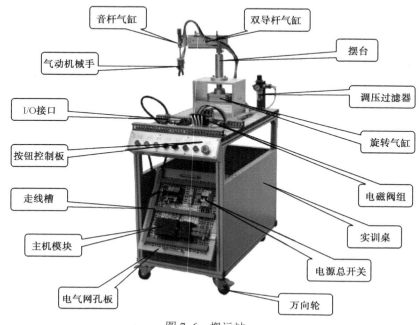

图 7-6 搬运站

（1）气动机械手：完成工件的抓取动作，由双向电控阀控制，手爪放松时磁性传感器有信号输出，磁性开关指示灯亮。

（2）双导杆气缸（双联气缸）：控制机械手臂伸出、缩回，由双向电控气阀控制。

（3）回转台：采用旋转气缸设计，由双向电控气阀控制机械的左、右摆动。

（4）单杆气缸：由单向气动电控阀控制。当气动电磁阀得电，气缸伸出，同时将物料送至等待位。

（5）磁性传感器：用于气缸的位置检测。当检测到气缸准确到位后将给 PLC 发出一个到位信号。（磁性传感器接线时注意蓝色接"-"，棕色接"PLC 输入端"。）

（6）开关电源：完成整个系统的供电任务。

（7）I/O 接口板：完成 PLC 信号与传感器、电磁信号、按钮之间的转接。

（8）按钮控制板：用于系统的基本操作、单机控制、联机控制。

（9）安装支架：用于安装提升气缸及各个检测传感器。

（10）电气网孔板：主要安装 PLC 主机模块、空气开关、开关电源、I/O 接口板、各种接线端子等。

### 3. 加工站

加工站主要由 6 工位回转工作台、刀具库（3 种刀具）、升降式加工系统、加工组件、检测组件、步进驱动器、三相步进电动机、光电传感器、接近开关、开关电源、平面推力

轴承、可编程序控制器、按钮、I/O 接口板、电气网孔板、通信接口板、直流减速电动机、多种类型电磁阀及气缸组成。回转工作台有 6 个旋转工位，加工站主要完成工件的加工（钻孔、铣孔），并进行工件检测，如图 7-7 所示。

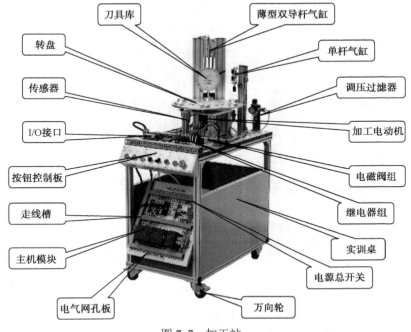

图 7-7　加工站

（1）单杆气缸：检测单杆气缸进行深度测量，由单向电控气阀控制。当电控气阀得电，气缸升出，检测打孔深度。

（2）薄型双导杆气缸：刀具主轴电动机的上升与下降由薄型双导杆气缸控制，气缸动作由单向电控气阀控制。

（3）辅助加工装置：由单杆气缸推动顶杆机构，实现对工件的夹紧。

（4）电感传感器：转盘旋转到位检测，在工位到位后传感器信号输出。（接线时注意棕色接"+"、蓝色接"−"、黑色接"输出"。）

（5）光电传感器：用于检测工件的正常与否，当工件为正常时，传感器有信号输出；反之，无输出。（接线时注意棕色接"+"、蓝色接"−"、黑色接"输出"。）

（6）步进电动机：采用步进电动机旋转，进行刀具库的选择。

（7）加工电动机：采用直流电动机旋转、模拟钻头轴转动、模拟绞刀扩孔等完成工件的三刀具加工。

（8）搬运装置：装置上设有 4 个工位，分别为待料工位、加工工位、检测工位、中转工位。工件的工位转换由电感传感器定位，直流减速电动机控制。

**4．安装搬运站**

安装搬运站主要由平移工作台、塔吊臂、机械手、齿轮齿条传动、工业导轨、开关电源、可编程序控制器、按钮、I/O 接口板、通信接口板、电气网孔板、多种类型电磁阀及气缸组成。主要完成将上站工件拿起放入安装平台，等待安装站将小工件安装到位后，将装好的工件拿起放下站，如图 7-8 所示。

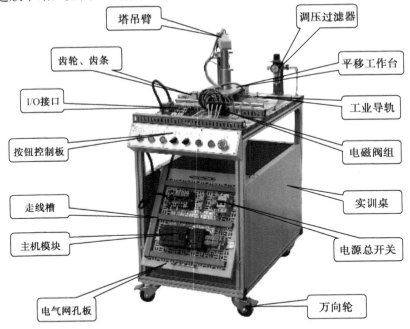

图 7-8　安装搬运站

（1）机械手：与塔吊臂结合一起，用于夹取工件。

（2）齿轮齿条传动：完成平移工作台左右移动。

（3）工业导轨：辅助平移工作台左右移动。

（4）电磁阀组：用于控制各个气缸的升出、缩回动作。

（5）磁性传感器：用于气缸的位置检测。当检测到气缸准确到位后将给 PLC 发出一个到位信号。（磁性传感器接线时注意蓝色接"-"，棕色接"PLC 输入端"。）

（6）单杆气缸：由单向气动电控阀控制。当气动电控阀得电，气缸缩回，同时塔吊臂下降与机械手爪组合完成工件的夹取。

（7）警示灯：系统上电、运行、停止信号指示。

（8）安装支架：用于安装提升气缸及各个检测传感器。

（9）按钮控制板：用于系统的基本操作、单机控制、联机控制。

（10）电气网孔板：主要安装 PLC 主机模块、空气开关、开关电源、I/O 接口板、各种接线端子等。

## 5．安装站

安装站主要由吸盘机械手、摇臂部件、旋转气缸、料仓换位部件、工件推出部件、真空发生器、开关电源、可编程序控制器、按钮、I/O 接口板、通信接口板、电气网孔板、多种类型电磁阀及气缸组成。主要完成选择要安装工件的料仓，将工件从料仓中推出，将工件安装到位，如图 7-9 所示。

（1）吸盘机械手：利用真空原理吸取物料。

（2）摇臂部件：带动吸盘机械手前后摆动。

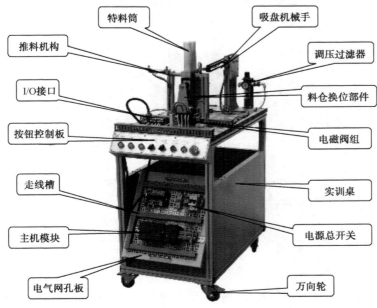

特料筒
吸盘机械手
推料机构
调压过滤器
I/O接口
料仓换位部件
按钮控制板
电磁阀组
走线槽
实训桌
主机模块
电源总开关
电气网孔板
万向轮

图 7-9　安装站

（3）旋转气缸：摇臂部件的执行机构。

（4）料仓换位部件：用于黑白工件的选择。

（5）工件推出部件：将黑白工件推出。

（6）磁性传感器：用于气缸的位置检测。当检测到气缸准确到位后将给 PLC 发出一个到位信号。（磁性传感器接线时注意蓝色接"－"，棕色接"PLC 输入端"。）

（7）单杆气缸 1：由单向气动电控阀控制。当气动电控阀得电，气缸伸出，进行料仓换位。

（8）单杆气缸 2：由单向气动电控阀控制。当气动电控阀得电，气缸伸出，将黑白小工件推出。

（9）安装支架：用于安装提升气缸及各个检测传感器。

（10）按钮控制板：用于系统的基本操作、单机控制、联机控制。

（11）电气网孔板：主要安装 PLC 主机模块、空气开关、开关电源、I/O 接口板、各种接线端子等。

### 6．分类站

分类站主要由滚珠丝杠、滑杆推出部件、分类料仓、步进电动机、步进驱动器、电感传感器、开关电源、可编程序控制器、按钮、I/O 接口板、通信接口板、电气网孔板、多种类型电磁阀及气缸组成，主要完成按工件类型分类，将工件推入料仓，如图 7-10 所示。

（1）滑杆推出部件：用于将上站搬运过的物料推入相应的仓位里。

（2）分类料仓：存储机构。

（3）步进电动机：分别控制 $X$、$Y$ 两轴滚珠丝杠完成仓储位置选择。

（4）步进驱动器：步进电动机的执行机构。

（5）电感传感器：用于 $X$ 轴左限位。

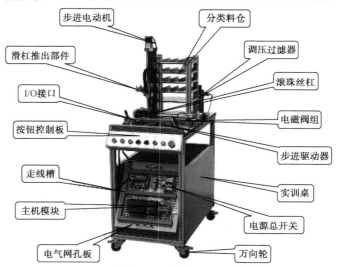

图 7-10  分类站

（6）磁性传感器：用于气缸的位置检测。当检测到气缸准确到位后将给 PLC 发出一个到位信号。（磁性传感器接线时注意蓝色接 "－"，棕色接 "PLC 输入端"。）

（7）单杆气缸：由单向气动电控阀控制。当气动电控阀得电，气缸伸出，同时将物料推出送至相应的仓储位。

（8）安装支架：用于安装拖链及各个限位开关。

（9）按钮控制板：用于系统的基本操作、单机控制、联机控制。

（10）电气网孔板：主要安装 PLC 主机模块、空气开关、开关电源、I/O 接口板、各种接线端子等。

### 7. 主控站

采用了先进的总线控制方式，增配有主控 PLC、工业触摸屏等，系统更加完整，更能展现工业现场的工作状态及现代制造工业的发展方向，如图 7-11 所示。

图 7-11  主控站

## 项目实践——教学型 THMSRX-2 型柔性制造系统的拆装

### 1. 实践要求

机械拆装教学型 THMSRX-2 型柔性制造系统上料检测单元，具体要求如下：

（1）识别各种工具，掌握正确使用方法。

（2）拆卸、组装各机械零部件、控制部件，如气缸、电动机、转盘、过滤器、PLC、开关电源、按钮等。

（3）装配所有零部件，装配到位、密封良好、转动自如。

### 2. 实践过程

1）拆卸上料检测单元

工作台面：

（1）准备各种拆卸工具，熟悉工具的正确使用方法。

（2）了解所拆卸机器的主要结构，分析和确定主要拆卸内容。

（3）端盖、压盖、外壳类拆卸；接管、支架、辅助件拆卸。

（4）主轴、轴承拆卸。

（5）内部辅助件及其他零部件拆卸、清洗。

（6）各零部件分类、清洗、记录等。

网孔板：

（1）准备各种拆卸工具，熟悉工具的正确使用方法。

（2）了解所拆卸器件的主要分布，分析和确定主要拆卸内容。

（3）主机 PLC、空气开关、保险丝座、I/O 接口板、转接端子及端盖、开关电源、导轨拆卸。

2）组装上料检测单元

（1）理清组装顺序，先组装内部零部件，再组装主轴及轴承。

（2）组装轴承固定环、上料地板等工作部件。

（3）组装内部件与壳体。

（4）组装压盖、接管、各辅助部件等。

（5）检查是否有未装零件，检查组装是否合理、正确和适度。

（6）具体组装可参考总图。

### 3. 项目小结

本项目以教学型 THMSRX-2 型柔性系统为例，分别对上料检测单元、搬运单元等 7 个单元做了介绍，重点介绍了上料检测单元的组成、控制原理和注意事项。在项目实施部分通过机械拆装上料检测单元，让学生对该单元机械元件、整体结构、控制原理有一个清晰的认识和了解。

### 4. 项目评价

在规定时间内完成任务，各组自我评价并进行展示，各组之间根据评价表进行检查。项目评价表如表 7-2 所示。

表7-2  项目评价表

| 项　目 | 目　标 | 分　值 | 评　分 | 得　分 |
|---|---|---|---|---|
| 拆卸上料检测单元 | 正确使用工具，能按照拆卸步骤进行拆卸，无元件损坏 | 50 | （1）不能按照拆卸步骤进行拆卸，每处扣5分<br>（2）损坏工具或元件，扣10分 |  |
| 组装上料检测单元 | 能按照组装步骤进行组装，无元件损坏 | 50 | （1）不能按照组装步骤进行组装，每处扣5分<br>（2）损坏工具或元件，扣10分 |  |
| 总分 |  | 100 |  |  |

## 项目拓展——柔性制造技术的发展方向

（1）不断推出新型控制软件。随着 FMS 的发展，特别是 CIMS 的发展，单元控制软件的发展很快，无论是制造商还是应用商都在不断推出或引进新的单元控制软件。

（2）控制软件的模块化、标准化。为了便于对柔性制造控制软件进行修改、扩展或集成，控制软件模块化、标准化已成为 FMS 控制系统的主要发展趋势。

（3）迅速发展新型软件。软件开发已成为控制系统发展的瓶颈，因此一些软件公司不断推出一些称为"平台"的支持开发工具，帮助用户来完成自己的工程项目设计和实施。

（4）积极引入设计新方法。为提高控制系统的正确性和有效性，人们在不断开发新型控制软件，发展软件开发工具的同时，还积极引入设计新方法，如面向对象方法。

（5）发展新型控制体系结构。FMS 控制系统的体系结构早期参考传统的生产管理方式，采用集中式分级递阶控制体系结构，这种结构控制功能的实现比较困难，顶层控制系统出现故障时 FMS 将全部瘫痪。随后出现的多级分布控制体系结构虽然易于实现各种控制功能，可靠性也比较高，但由于控制层数比较多，工作效率和灵敏性则相对比较差，所以又发展出非递阶或自制协商式控制体系结构。这种控制结构虽然还是采用分布控制，但响应速度快、柔性好，更适合于开始先安装一个或几个小型的易于管理的柔性制造单元，然后再集成单元之间的信息流和物料流的分步实施方法。

（6）大力开发应用人工智能技术。单元控制系统功能的增强除了本身控制技术的发展外，还有一个重要原因就是人工智能（AI）的专家系统在控制、检测、监控和仿真等单元控制技术中的广泛应用。

FMS 物流系统性能更趋于完善。FMS 虽然具有自动化程度高和运行效率高等特点，但由于其不仅注重信息流的集成，也特别强调物料流的集成与自动化，所以物流自动化设备投资在整个 FMS 的投资中占有相当大的比重；且 FMS 的运行可靠性在很大程度上依赖于物流自动化设备的正常运行，因此 FMS 也具有投资大、见效慢和可靠性比较差等不足。21 世纪 FMS 物流系统性能提高主要体现在构成 FMS 的各项技术，如加工、运储等技术的迅速发展。

随着各类先进加工技术的相继问世，FMS 系统性能的提高是不言而喻的。如瑞士的一家工业公司采用了由激光加工中心及 CNC 自动车床和自动磨床组成的柔性制造单元，该单元由于改用激光加工中心来代替原来的铣床，生产率提高了很多倍，而且产品精度高、质量好。

# 项目 7-2　柔性制造系统中加工工作站控制技术

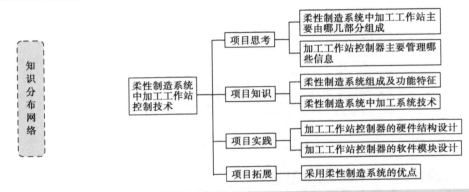

## 项目思考——柔性制造系统中加工工作站的组成及控制

柔性制造系统 FMS 一般由加工系统、物流系统和控制与管理系统组成。在工厂的经营管理、工程设计、制造三大功能中，FMS 负责制造功能的实施，所有产品的物理转换都是由制造单元完成的。工厂的经营管理所制定的经营目标，设计部门所完成的产品设计、工艺设计等都要由制造单元来实现。可见制造单元的运行特性对整个工厂具有举足轻重的作用，其中加工工作站负责指挥和协调车间中一个加工设备小组的活动。为了实现柔性制造自动化，要求 FMS 具有良好的制造管理及优化生产调度的功能，且系统中的制造设备必须协调运行。这就对加工工作站提出了较高的要求，它运行的有效性和柔性将直接影响 FMS 运行的有效性和柔性。

从两个方面去思考：

（1）柔性制造系统中加工工作站主要由哪几部分组成？

（2）加工工作站控制器主要管理哪些信息？

### 7-2-1　柔性制造系统组成及功能特征

典型的 FMS 一般由三个子系统组成，它们是加工系统、物流系统和控制与管理系统，各子系统的组成框图及功能特征如图 7-12 所示。三个子系统的有机结合，构成了一个制造系统的能量流（通过制造工艺改变工件的形状和尺寸）、物料流（主要指工件流和刀具流）和信息流（制造过程的信息和数据处理）。

加工系统在 FMS 中好像人的手脚，是实际完成改变物性任务的执行系统。加工系统主要由数控机床、加工中心等加工设备（有的还带有工件清洗、在线检测等辅助与检测设备）构成，系统中的加工设备在工件、刀具和控制三个方面都具有可与其他子系统相连接的标准接口。从柔性制造系统的各项柔性含义中可知，加工系统的性能直接影响着 FMS 的性能，且加工系统在 FMS 中又是耗资最多的部分，因此恰当地选用加工系统是 FMS 成功的关键。加工系统中的主要设备是实际执行切削等加工、把工件从原材料转变为产品的机床。

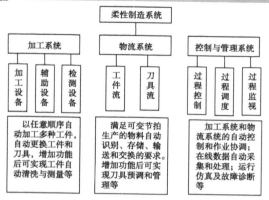

图 7-12　FMS 组成框图及功能特征

## 7-2-2　柔性制造系统中加工系统技术

### 1．加工系统的配置

目前金属切削 FMS 的加工对象主要有两类工件：棱柱体类（包括箱体形、平板形）和回转体类（包括长轴形、盘套形）。对加工系统而言，通常用于加工棱柱体类工件的 FMS 由立、卧式加工中心，数控组合机床（数控专用机床、可换主轴箱机床、模块化多动力头数控机床等）和托盘交换器等构成；用于加工回转体类工件的 FMS 由数控车床、车削中心、数控组合机床和上下料机械手或机器人及棒料输送装置等构成。

### 2．加工系统中常用加工设备介绍

加工中心是一种备有刀库并能按预定程序自动更换刀具，对工件进行多工序加工的高效数控机床。它的最大特点是工序集中和自动化程度高，可减少工件装夹次数，避免工件多次定位所产生的累积误差，节省辅助时间，实现高质、高效加工。

常见加工中心按工艺用途可分为镗铣加工中心、车削加工中心、钻削加工中心、攻螺纹加工中心及磨削加工中心等。加工中心按主轴在加工时的空间位置可分为立式加工中心、卧式加工中心、立卧两用（也称万能、五面体、复合）加工中心。

在实际应用中，以加工棱柱体类工件为主的镗铣加工中心和以加工回转体类工件为主的车削加工中心最为多见。

#### 1）加工中心

加工中心可完成镗、铣、钻、攻螺纹等工作，它与普通数控镗床和数控铣床的区别之处主要在于它附有刀库和自动换刀装置，如图 7-13 所示。衡量加工中心刀库和自动换刀装置的指标有刀具存储量、刀具（加刀柄和刀杆等）最大尺寸与质量、换刀重复定位精度、安全性、可靠性、可扩展性、选刀方法和换刀时间等。

（a）卧式　　　　　　　　　　（b）立式

图 7-13　加工中心

加工中心的刀库有链式、转塔式和盘式等基本类型，如图 7-14 所示。链式刀库的特点是存刀量多、扩展性好、在加工中心上的配置位置灵活，但结构复杂。转塔式和盘式刀库的特点是构造简单、适当选择刀库位置还可省略换刀机械手，但刀库容量有限。根据用途，加工中心刀库的存刀量可为几把到数百把，最常见的是 20～80 把。

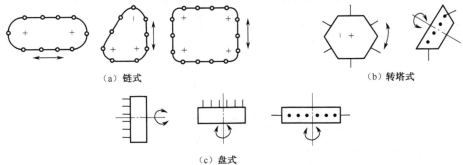

（a）链式　　　　　　　　　　　　　　　　　　　　（b）转塔式

（c）盘式

图 7-14　加工中心刀库的基本类型

　　2）车削加工中心

　　车削加工中心简称为车削中心（Turning Center），它是在数控车床的基础上为扩大其工艺范围而逐步发展起来的。车削中心有如下特征：带刀库和自动换刀装置；带动力回转刀具；联动轴数大于 2。由于有这些特征，车削中心在一次装夹下除能完成车削加工外，还能完成钻削、攻螺纹、铣削等加工。车削中心的工件交换装置多采用机械手或行走式机器人。随着机床功能的扩展，多轴、多刀架及带机内工件交换器和带棒料自动输送装置的车削中心在 FMS 中发展较快，这类车削中心也被称为车削 FMM。如对置式双主轴箱、双刀架的车削中心可实现自动翻转工件，在一次装夹下完成回转体工件的全部加工。

　　3）数控组合机床

　　数控组合机床是指数控专用机床、可换主轴箱数控机床、模块化多动力头数控机床等加工设备。这类机床是介于加工中心和组合机床之间的中间机型，兼有加工中心的柔性和组合机床的高生产率的特点，适用于中大批量制造的柔性生产线（FML 或 FTL）。这类机床可根据加工工件的需求，自动或手动更换装在主轴驱动单元上的单轴、多轴或多轴头，或更换具有驱动单元的主轴头本身。

　　**3.加工系统中的刀具与夹具**

　　FMS 加工系统要完成它的加工任务，必须配备相应的刀具、夹具和辅具。目前国内在设计和选择 FMS 加工设备时，或者在介绍国外的制造水平时往往都强调系统功能和设备功能。而从国外众多使用 FMS 的企业来看，他们更重视其实用性，即机床和刀、夹、辅具的合理配合与有效利用，以及企业现有制造技术和工艺技巧在 FMS 中的应用。一般而言，一台加工中心要能充分发挥它的功能，所需刀、夹、辅具的价格近于或高于加工中心本身的价格。据国外资料统计，一台加工中心一年在刀具上消耗的资金约为购买一台新加工中心费用的 2/3。因此，在选择加工设备时，应充分考虑刀、夹、辅具的问题。

　　**4.加工系统的监控**

　　FMS 加工系统的工作过程都是在无人操作和无人监视的环境下高速进行的，为保证系统的正常运行、防止事故、保证产品质量，必须对系统工作状态进行监控。通常加工系统的监控内容如表7-3所示。

表7-3　加工系统的监控内容

| 监控功能 | 设备运行状态 | | 通信及接口、数据采集与交换、与系统内各设备间的协调、与系统外的协调、NC 控制、PLC控制、误动作、加工时间、生产业绩、故障诊断、故障预警、故障档案、过程决策与处理等 |
| --- | --- | --- | --- |
| | 切削加工状态 | 机床 | 主轴转动、主轴负载、进给驱动、切削力、振动、噪声、切削热等 |
| | | 夹具 | 安装、精度、夹紧力等 |
| | | 刀具 | 识别、交换、损伤、磨损、寿命、补偿等 |
| | | 工件 | 识别、交换装夹等 |
| | | 其他 | 切屑、切削液、温度、湿度、油压、气压、电压、火灾等 |
| | 产品质量状态 | | 形状精度、尺寸精度、表面粗糙度、合格率等 |

### 5. 加工工作站控制器

加工工作站控制器是柔性制造系统中实现设计集成和信息集成的关键。它执行前端控制职能，既要能接收单元控制器的命令并上报命令执行情况，也要能独立运行，对设备实施控制和监视。其功能需求如下：

1）加工操作排序

（1）从单元控制器接受命令。

（2）加工路径选择与优化。

（3）实时调度。

2）加工设备监控

（1）机床状态监控。

（2）故障诊断与监控。

（3）设备运行方式。

（4）机床远程控制。

3）加工工作信息管理

（1）工艺信息管理。

（2）NC 程序管理。

（3）工作日志管理。

（4）向单元控制器上报信息。

### 6. 集线器

集线器（HUB）属于数据通信系统中的基础设备，它和双绞线等传输介质一样，是一种不需任何软件支持或只需很少管理软件管理的硬件设备。它被广泛应用于各种场合。

## 项目实践——设计加工工作站控制器软、硬件结构图

### 1. 实践要求

现有加工设备是 2 台立卧转换加工中心和 3 台立式综合加工中心，均采用日本

FANUCOM 控制系统。要求如下：

（1）设计出加工工作站控制器的硬件结构图。

（2）设计出加工工作站控制器的软件模块图。

**2．实践过程**

因加工中心进线是实现柔性制造的必要条件之一，而 5 台数控加工中心控制系统均未配备 DNC 接口，不具备直接进线功能，于是另外设计了 5 套独立的 DNC 接口装置，实现工作站与设备间的信息传送和工作站对设备的实时控制。

1）加工工作站控制器的硬件结构设计

（1）系统结构。

加工工作站控制器是基于网络通信的 DNC 数控系统，实现对 5 台加工中心的 DNC 控制及通信。它通过 Ethernet TCP/IP 与单元控制器连接，通过 DNCFSO 与设备控制器连接。

（2）硬件结构。

该加工工作站控制器用于监控 5 台加工中心，实现 DNC 控制。其控制结构图如图 7-15 所示。

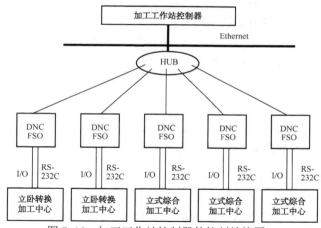

图 7-15　加工工作站控制器的控制结构图

图 7-15 中，加工工作站控制器选用了适用于工业生产环境的 P5/166 研华工控机。DNCFSO 是独立于加工中心数控系统的 DNC 设备。它们向上通过集线器 HUB 经 Ethernet 与加工工作站相连，向下通过 I/O 口和 RS-232C 与加工中心相连，其中 RS-232C 主要用于传送 NC 程序，而 I/O 口用于传送控制信息。DNCFSO 的主要任务是接收工作站控制器下载的 NC 程序和机床操作指令并传递至加工中心 CNC 设备，同时及时反馈加工中心状态和故障信息，实现工作站控制器对机床的实时控制。

2）加工工作站控制器的软件模块设计

加工工作站控制器的软件模块共分为 9 个模块，如图 7-16 所示。

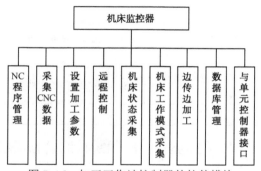

图 7-16　加工工作站控制器的软件模块

各模块的具体功能说明如下。

（1）NC 程序管理：NC 程序的上传和下传。

（2）采集 CNC 数据：读取刀具表、偏置量、工件坐标系、当前坐标值、模态指令值及当前刀号、刀编号和刀偏置量。

（3）设置加工参数：设置刀具偏置量和工件坐标系。

（4）远程控制：启动加工、进给保持和 CNC 复位。

（5）机床状态采集：采集机床的下列状态——正在加工、机床空闲、装夹完成、故障排除、CNC 报警、CNC 恢复正常、机床报警及报警号、机床报警消除。

（6）机床工作模式采集：采集机床的下列工作模式——程式编辑、自动执行、纸带执行、手动指令、手轮、手轮传授、寸动传授、寸动和原点复归。

（7）边传边加工：实现大 NC 程序的边传边加工。

（8）数据库管理：日志库、程序库和报警信息库的管理。

（9）与单元控制器接口：与单元控制器通信，以获取命令和 NC 程序并上报状态。

在 FMS 加工过程中，为保证加工质量，需实时地对其中的自动化设备及运行状态进行检测监控，以保证系统可靠运行。DNCFSO 只要检测到任何设备的状态变化，就立即上报，即把状态数据写入共享文件并置读写标志为 1。工作站每隔 100 ms 查询一次共享文件，若检测到读写标志为 1，则读入状态数据，并将相应的状态信息及出现此状态的时间显示在工作站控制器的状态信息栏中。同时，在不同的机床工作状态，显示不同的图标，使用户一目了然。如果出现报警，用户也可及时查看报警原因及相应的处理措施，以便尽快恢复正常工作。

### 3．项目小结

本项目以柔性制造系统中加工工作站为例，介绍了加工系统组成及功能。在项目实践部分通过对加工工作站控制器软、硬件结构的设计，让学生对加工工作站控制器结构有一个清晰的认识和了解。

### 4．项目评价

在规定时间内完成任务，各组自我评价并进行展示，各组之间根据评价表进行检查。项目评价表如表 7-4 所示。

表 7-4　项目评价表

| 项　目 | 目　标 | 分　值 | 评　分 | 得　分 |
|---|---|---|---|---|
| 加工工作站控制器的硬件结构设计 | （1）结构设计合理<br>（2）网络通信设备选择合适 | 50 | （1）结构设计不合理，每处扣 5 分<br>（2）网络通信设备选择不正确，每处扣 10 分 | |
| 加工工作站控制器的软件模块设计 | 设计的模块要符合控制要求 | 50 | 不符合控制要求，每个模块扣 10 分 | |
| 总分 | | 100 | | |

## 项目拓展——采用柔性制造系统的优点

采用柔性制造系统有许多优点，主要有以下几个方面：

（1）设备的利用率高。一组机床编入柔性制造系统后的产量一般可达这组机床单机作业时的 3 倍。柔性制造系统能获得高效率的原因，一是计算机把每个零件都安排了加工机床，一旦机床空闲，即刻将零件送上加工，同时将相应的数控加工程序输入这台机床；二是由于送上机床的零件早已装卡在托盘上（装卡工作是在单独的装卸站进行），因而机床不用等待零件的装卡。

（2）减少设备投资。由于设备的利用率高，柔性制造系统能以较少的设备来完成同样的工作量。把车间采用的多台加工中心换成柔性制造系统，其投资一般可减少三分之二。

（3）减少直接工时费用。由于机床是在计算机控制下进行工作，不需人工操纵，而唯一用人的工位是装卸站，因此减少了工时费用。

（4）减少了工序间制品量，缩短了生产准备时间。和一般加工相比，柔性制造系统在减少工序间零件库存数量上有良好效果，有的减少了 80%，这是因为缩短了等待加工时间。

（5）改进生产要求有快速应变能力。柔性制造系统有其内在的灵活性，能适应由于市场需求变化和工程设计变更所出现的变动，进行多品种生产。而且还能在不明显打乱正常生产计划的情况下，插入备件和急件制造任务。

（6）维持生产的能力。许多柔性制造系统具有当一台或几台机床发生故障时仍能降级运转的能力。即采用了加工能力有冗余度的设计，并使物料传送系统有自行绕过故障机床的能力，系统仍能维持生产。

（7）产品质量高。减少零件装卡次数，一个零件可以少上几种机床加工，设计更好的专用夹具，更加注意机床和零件的定位都有利于提高零件的质量。

（8）运行的灵活性。运行的灵活性是提高生产率的另一个因素，有些柔性制造系统能够在无人照看的情况下进行第二班和第三班的生产。

（9）产量的灵活性。车间平面布局规划合理，需要增加产量时，可以增加机床以满足扩大生产能力的需要。

## 仿真实验——柔性制造系统（FMS）车间规划实验

### 1．实验目的

（1）了解柔性制造系统组成原理、运行步骤，初步掌握柔性制造系统零件加工程序的编制及柔性制造系统的运行方法。

（2）通过实验巩固所学理论知识，加强学生系统概念，完成系统运行、操作技能的训练。

（3）要求学生能仿真完成柔性制造车间的规划布置，完成柔性制造加工等任务，达到训练综合技能的目的，培养学生的综合素养。

### 2．实验原理

FMS（Flexible Manufacturing System）是一种在中央计算机控制下由两台以上配有自动刀具交换及自动工件托盘交换装置的数控机床，以及由自动化物料运送装置组成的、具有生产负荷平衡、生产调度、对制造过程实时控制与监控功能的、可加工多种零件的柔性自动化生产系统。

FMS 通常由四大部分组成：加工单元、自动物料运输及管理系统、计算机控制与管理装置、辅助工作站。

### 3. 实验内容

**1）车间规划图**

柔性制造系统车间规划设计图如图 7-17 所示。

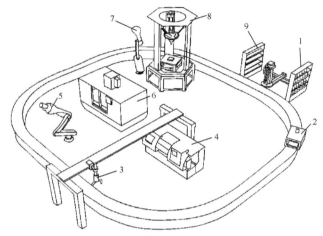

1—毛坯仓储；2—运输小车；3—龙门式机械手；4—数控车床；5—机器人；6—加工中心；

7—机器人；8—检测机器人；9—成品仓储库

图 7-17　柔性制造系统车间规划设计图

**2）车间规划设计**

要求：根据如图 7-17 所示柔性制造系统车间规划设计图，从元件库中选择合适的机器进行装配。

柔性制造系统车间设计布置图如图 7-18 所示。

### 4. 实验步骤

动作：

（1）按开始按钮后，机器人从毛坯仓储（右下角）中取出毛坯，置于运输小车上。

图 7-18　柔性制造系统车间设计布置图

（2）运输小车运行到数控车床位置，龙门式机械手提取工件，置于车床加工，完成后再将加工过的工件置于小车上。

（3）小车移动至加工中心，机器人抓取工件放于加工中心加工，完成后再将加工过的工件置于小车上。

（4）小车移动至测量中心，机器人抓取工件放于并联检测机器人测量工作台，测量合格的工件置于小车上，不合格的工件置于旁边箱子中。

（5）小车移动至成品仓储库，机器人将成品置于仓储库。

（6）按停止按钮，停止运行；按复位按钮，回到起点位置。

### 5. 实验结果

完成柔性制造系统车间规划，按照实验步骤进行操作，观察能否满足控制要求。若不能满足控制系统要求，则根据柔性制造系统车间规划设计图检查设备之间的连接是否正确。

### 6．结论分析

根据实验结果分析总结在实验中遇到的问题，以及是如何解决的。

### 7．思考题

（1）何为柔性制造系统?其适用什么样的生产形式?

（2）柔性制造系统和柔性制造单元的本质区别是什么?

## 创新案例——带有滴液监测功能的病床呼叫系统

### 1．创新案例背景

目前，用于医院的病床呼叫管理装置很多，它们多数是通过声光报警及 LED 显示告知呼叫救援的床位。这种呼叫系统装置呼叫方式单一，而且没有病人输液时的滴液监测功能。本作品的目的就在于提供一种可以实现病人输液时滴液监测功能的病床呼叫系统，它可以在病人无人看护时对滴液进行监测；当输液即将结束时，向护士站发出呼叫。

### 2．创新设计要求

（1）在病人输液时具有滴液监测功能。

（2）要求能实现当输液即将结束时，病床自动呼叫。

（3）要求结构简单，使用方便，安全可靠。

### 3．设计方案分析

经调查，目前市面上已有各种类型的病床呼叫系统，但是普遍存在结构复杂、成本较高等问题，并且一般也不具备滴液检测功能等。本方案考虑装置要具备智能检测和自动呼叫，拟采用将整个控制过程基于 STC 单片机控制，具有一个主机（护士工作室）：LCD 显示实时时钟，LED 显示来自呼叫的病房房间号和床位；一个从机（病房）：带有滴液监测，病人呼叫、取消功能。

### 4．技术解决方案

带有滴液监测功能的病床呼叫系统应用了单片机控制、传感检测等技术，实现呼叫系统的整个动作过程。

具体实施方式：本装置硬件上主要包括STC 单片机、LCD、LED 和红外管传感器等。整个控制过程基于 STC 单片机控制，具有一个主机（护士工作室）：LCD 显示实时时钟，LED 显示来自呼叫的病房房间号和床位；一个从机（病房）：带有滴液监测（通过红外管传感器检测实现），病人呼叫、取消功能。如图 7-19 所

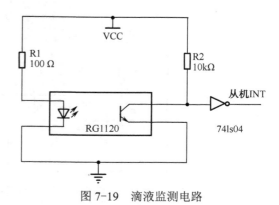

图 7-19　滴液监测电路

示为滴液监测电路，如图 7-20 所示为主机硬件系统电路原理图，如图 7-21 所示为从机硬件系统电路原理图。

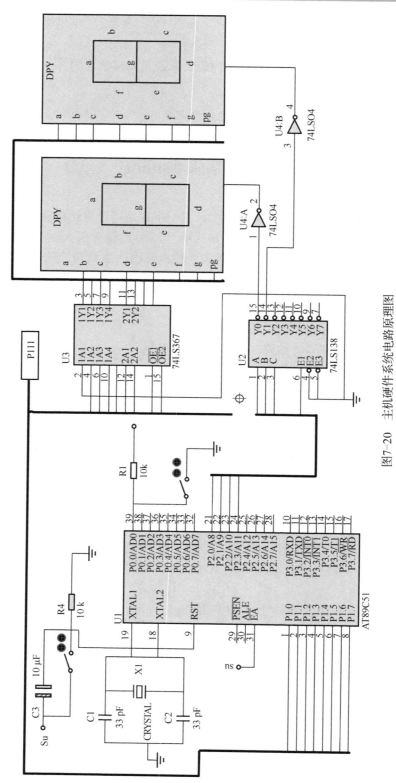

图7-20 主机硬件系统电路原理图

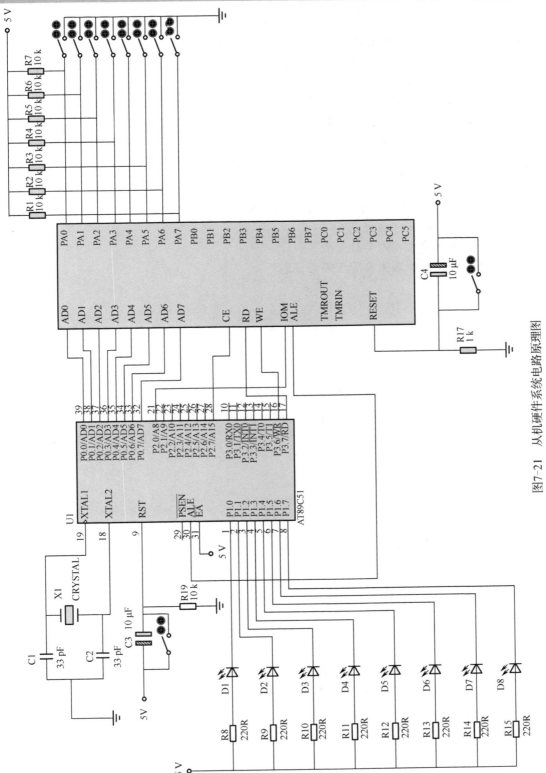

图7-21 从机硬件系统电路原理图

### 5. 创新案例小结

带有滴液监测功能的病床呼叫系统创新设计案例应用了单片机控制、传感检测等技术，实现呼叫系统的整个动作过程，结构简单，使用方便，安全可靠。

本案例的创新点在于：

（1）本作品具有智能功能，简单实用，有利于减轻现场看护人员的负担。

（2）采用单片机控制、传感检测技术，实现呼叫系统的工作，具有智能作用。

## 课后练习7

（1）THMSRX-2型柔性系统由哪几个单元构成？

（2）柔性制造系统有哪些优点？

（3）加工系统主要由哪些部分组成？

（4）加工工作站控制器主要管理哪些信息？

# 参 考 文 献

[1] 尹志强，等．机电一体化系统设计课程设计指导书[M]．北京：机械工业出版社，2007．

[2] 机电一体化技术委员会编．机电一体化技术手册（第 2 版）[M]．北京：机械工业出版社，1999．

[3] 三浦宏文．机电一体化实用手册[M]．北京：科学出版社，2001．

[4] 刘宝廷，等．步进电动机及其驱动控制系统[M]．哈尔滨：哈尔滨工业大学出版社，1997．

[5] 电机工程手册编辑委员会编．机械工程手册[M]．北京：机械工业出版社，1996．

[6] 蔡春源．机电液设计手册[M]．北京：机械工业出版社/沈阳：东北大学出版社，1997．

[7] 何铭新，等．机械制图[M]．北京：高等教育出版社，1997．

[8] 武汉科技学院辜浪，张智明指导．机电一体化系统设计课程设计．

[9] 高安邦，田敏，成建生．机电一体系统实用设计案例精选[M]．北京：中国电力出版社，2010．

[10] 计时鸣．机电一体化控制技术与系统[M]．西安：西安电子科技大学出版社，2012．

[11] 谢佩军．基于机器视觉的晶振外壳缺陷在线抽检系统的研究[D]．杭州：浙江工业大学，2006．

[12] 黄军辉，张南峰．汽车电气及车身电控技术[M]．北京：人民邮电出版社，2009．

[13] 林小宁．可编程控制器应用技术[M]．北京：电子工业出版社，2013．

[14] 吴宗泽．机械结构设计准则与实例[M]．北京：机械工业出版社，2006．

[15] 梁景凯．机电一体化技术与系统[M]．北京：机械工业出版社，2008．

[16] http://home.51.com/yinjun1991314/diary/item/10047920.html．

[17] 张心明，崔连柱．三坐标测量机触发式测头误差分析——机电技术，2011，2(34)．

[18] 卢燿晖，周继伟，张蔚，等．基于三坐标测量机的平面测量方法研究——装备制造技术，2011，4．

[19] 骆捷．三坐标测量机测球直径的校正和误差分析．科学之友（下），2011，4．

[20] http://baike.baidu.com.cn．

[21] 太平洋 3D 打印网 3dtpy.com．

[22] http://zhidao.baidu.com/question/506507629.html．

[23] http://wenku.baidu.com/view/2d6d9ec12cc58bd63186bd0c.html．

[24] 董鹏英，郭世锋．数控机床滚珠丝杠副的选用与计算．精密制造与自动化，2002，2：22-24．

[25] 韩红．机电一体化系统设计[M]．北京：中国人民大学出版社，2013．

[26] 张冰蔚，黄彬，王佳．基于 PMAC 的活塞车床开放式数控系统——机电一体化，

2006，1.

[27] HTSD－LGR 系列滚动直线导轨副．武汉意达机电科技有限责任公司．

[28] 孙健利，赵虎，陈锐．滚动直线导轨副滚道几何尺寸与性能的关系．在线工博会．

[29] 串联式教学机器人．上海宝凯锅炉技术有限公司．

[30] 田地银，田云．关于滚珠丝杠副的选择．山西启益精密机械厂．

[31] 屈岳陵．新一代全电式射出成形机．上银科技股份有限公司．

[32] 余泳．Lh637C 谐波齿轮减速器的研制[D]．贵阳：贵州大学，2008．

[33] 杨艳国，王爱荣．滚动直线导轨副的安装技术研究．汉江机床有限公司．

[34] 钱乃岩．如何正确选用直线导轨副．天津罗升企业有限公司．

[35] 屈岳陵．直线导轨的原理与发展[J]．现代制造，2003（20）．

[36] 闻邦椿．机械设计手册[M]．北京：机械工业出版社，2010．

[37] 吴振彪，王正家．工业机器人[M]．武汉：华中科技大学出版社，2006．

[38] 郭洪红．工业机器人技术[M]．西安：西安电子科技大学出版社，2006．

[39] 丹尼斯·克拉克，迈克尔·欧文斯．机器人设计与控制[M]．宗光华，张慧慧，译．北京：科学出版社，2004．

[40] RBT-6T/S02S 中型串联关节式机器人实验指导书．苏州博实机器人技术有限公司．

[41] ZKRT-300 自动堆垛式载运机器人说明手册．北京中科远洋科技有限公司．

[42] 余永权，汪明慧，黄英．单片机在控制系统中的应用[M]．北京：电子工业出版社，2003．

[43] 刘胜，彭侠夫，叶瑰昀，等．现代伺服系统设计[M]．哈尔滨：哈尔滨工程大学出版社，2001．

[44] 张鄂亮，等．微型计算机原理与应用[M]．武汉：华中科技大学出版社，2001．

[45] 刘惟信，等．机械最优化设计[M]．北京：清华大学出版社，1986．

[46] 成都电机厂编著．步进电动机[M]．哈尔滨：哈尔滨工业大学，1979．

[47] 正田英介，吉永淳．电机电器[M]．北京：科学出版社，1983．

[48] 翁桂荣，邹丽新．单片机微型计算机接口技术[M]．苏州：苏州大学出版社，2002．

[49] 李仁定．电机的微机控制[M]．北京：机械工业出版社，1999．

[50] 何立民．单片机应用技术选编[M]．北京：北京航空航天大学出版社，1999．

[51] 高明．单片机微机接口与系统设计[M]．苏州：哈尔滨工业大学出版社，1995．

[52] 陈隆昌，阎治安等．控制电机（第 3 版）[M]．西安：西安电子科技大学出版社，2000．

[53] 张志良．单片机原理与控制技术[M]．北京：机械工业出版社，2002．